网络空间安全问题研究丛书

SHENGCHENGSHI RENGONG ZHINENG (GAI) SHIDAI
WANGLUO KONGJIAN ANQUAN WENTI YANJIU

本书由贵州省高校人文社会科学研究项目（2024RW290）资助出版

生成式人工智能（GAI）时代网络空间安全问题研究

张武桥 ◎ 著

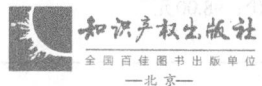

知识产权出版社
全国百佳图书出版单位
—北京—

图书在版编目（CIP）数据

生成式人工智能（GAI）时代网络空间安全问题研究/张武桥著. -- 北京：知识产权出版社, 2024. 11. -- ISBN 978-7-5130-9487-0

Ⅰ. TP393.08

中国国家版本馆CIP数据核字第2024T1U395号

内容提要

本书着力突出"1234"工作思路，即"一套运行机制：生成机制、动员机制、心理机制、动力机制、放大机制、传播机制、防控机制等；两个形势研判：国内外发展形势、网络空间安全形势；三个方案设计：风险研判方案、预警处置方案、风险防控方案；四个应对策略：夯实基础、革新理念、健全机制、提升能力"治理格局，突破了当前学界的网络空间安全问题研究范式，为当前网络空间生态治理和网络空间文明创建提供了有一定价值的理论支撑和实践参考。

本书可作为相关研究者和从业者的参考用书，也可作为普通高等院校传播学等专业学生的课外读物。

责任编辑：李小娟　　　　　　　　　　　　　　责任印制：孙婷婷

生成式人工智能(GAI)时代网络空间安全问题研究
SHENGCHENGSHI RENGONG ZHINENG（GAI）SHIDAI WANGLUO KONGJIAN ANQUAN WENTI YANJIU

张武桥　著

出版发行：知识产权出版社有限责任公司	网　　址：http://www.ipph.cn
电　　话：010-82004826	http://www.laichushu.com
社　　址：北京市海淀区气象路50号院	邮　　编：100081
责编电话：010-82000860转8531	责编邮箱：laichushu@cnipr.com
发行电话：010-82000860转8101	发行传真：010-82000893
印　　刷：北京中献拓方科技发展有限公司	经　　销：新华书店、各大网上书店及相关专业书店
开　　本：720mm×1000mm　1/16	印　　张：18
版　　次：2024年11月第1版	印　　次：2024年11月第1次印刷
字　　数：361千字	定　　价：98.00元

ISBN 978-7-5130-9487-0

出版权专有　侵权必究

如有印装质量问题，本社负责调换。

前　言

在以算法、算力和数据为核心，媒介融合向纵深发展的生成式人工智能（Generative Artificial Intelligence，GAI）时代背景下，如何顺应社会发展和时代潮流趋势，科学把握智能媒体的传播规律，科学研判断国内外网络空间安全形势，精准分析GAI时代网络传播风险的生成机制、动员机制、心理机制、动力机制、放大机制、传播机制和防控机制，更好地为政府相关部门在应对、处置和防控网络传播风险方面提供有针对性的政策建议，已然成为GAI时代如何加强网络空间安全治理亟须破解的关键问题。

导论部分重在引出研究的出场逻辑和研究价值，系统梳理了国内外研究者关于网络空间安全治理的研究进展，为后续研究提供了一定的研究基础。第一章着重考察GAI时代网络传播风险动因，主要对网络传播风险的生成机理、网络集体行动的传播机制，其中对社会公众跟风从众的羊群效应进行重点研究。第二章重点对GAI时代网络传播风险演化逻辑进行研究，主要从网络传播风险的理论范式、网络传播风险的演化规律、网络传播风险的定性分析、网络传播风险的动力机制等进行探讨。第三章主要研究GAI时代网络传播风险放大效应，从新闻传播学和社会心理学的视角探讨网络传播风险放大效应产生的舆情放大机制、情绪传播机制、谣言传播机制等一系列机制问题。第四章主要探讨GAI时代网络传播风险防控机制，重点从网络传播风险研判方案设计、网络传播风险预警处置机制、构建网络传播风险防控体系、创新基层新闻宣传工作机制、构建全媒体传播体系新路径等方面构建系统化的网络传播风险预警预控机制。第五章主要分析GAI时代网络传播风险和应对策略，在当前时代背景下，积极运用媒体融合这一关键工具，深入挖掘并广泛传播社会正能量，营造和谐稳定的舆论氛围，显得尤为迫切和重要。结语部分基于总结前面内容的基础上，对GAI时代网络空间安全治理的深化进程进行了展望，提出构建一个风清气朗的网络空间生态环境,仍需要多方努力、共同协作,方能行稳致远。

加强网络空间生态治理、营造清朗网络环境、共建网络文明家园是新形势下网络生态文明建设的重要内容。随着人工智能技术的飞速发展,各种社会热点事件在社交网络媒体推波助澜和放大效应下,极易引发网络舆论传播风险危机。因此,需要通过对生成式人工智能时代的传播机制进行深入研究,掌握网络舆论传播风险的演化逻辑、传播规律、主要特征、放大机制,从而尽可能减少社会安全突发事件带来的网络舆论传播风险危机,维护社会安全稳定,有效提升社会治理水平,构建风清气朗的网络空间生态环境。

目 录

导　论	001
第一章　GAI时代网络传播风险动因考察	015
第一节　网络传播风险的生成机制	015
第二节　网络集体行动的动员机制	034
第三节　跟风从众效应的心理机制	052
第四节　不对称信息网络传播机制	067
第二章　GAI时代网络传播风险演化逻辑	075
第一节　网络传播风险的理论范式	075
第二节　网络传播风险的演变规律	086
第三节　网络传播风险的定性分析	093
第四节　网络传播风险的动力机制	105
第三章　GAI时代网络传播风险放大效应	117
第一节　风险效应：舆情放大机制	117
第二节　群体极化：情绪传播机制	130
第三节　恐慌效应：谣言传播机制	145
第四章　GAI时代网络传播风险防控机制	153
第一节　网络传播风险研判方案设计	153
第二节　网络传播风险预警处置机制	164
第三节　构建网络传播风险防控体系	176
第四节　创新基层新闻宣传工作机制	186
第五节　构建全媒体传播体系新路径	201
第五章　GAI时代网络传播风险应对策略	211
第一节　网络传播风险治理重新审视	211

第二节　优化媒体传播风险沟通模式……………………………225
　　第三节　拓宽畅通社情民意表达渠道……………………………231
　　第四节　创新网络传播风险治理路径……………………………239
结　语……………………………………………………………………260
参考文献…………………………………………………………………262
后　记……………………………………………………………………280

导　论

　　自党的十八大以来，习近平总书记站在全局和战略的高度，对新形势下社会安全与应急管理工作所面临的方向性、根本性、战略性的关键问题进行重要部署。他提出了一系列新思想、新论断、新要求，为我们在新时代做好社会安全与应急管理工作提供了根本遵循和行动指南。这些重要论述不仅丰富和发展党的社会治理理论，也为我国社会安全与应急管理事业的发展指明前进方向。尤其是国内外频繁发生各类社会安全突发事件❶，这些事件不仅给事发国家和地区造成重创，也对世界的和平与稳定构成威胁，成为人类社会的一大隐患。

　　近年来，以算法、算力和数据为核心的生成式人工智能领域取得了突破性进展，以ChatGPT、DeepSeek等系列大模型为典型代表，它们在自然语言处理领域的表现尤为突出，实现了与人类进行流畅对话及生成连贯文本的能力。伴随着社交网络媒体和各种人工智能技术的广泛应用，其不当使用不仅可能给个人心灵带来深刻创伤，更有可能对国家安全和社会稳定构成严重威胁。特别是在社会安全突发事件时有发生的背景下，虽然社交网络媒体为人们提供了便捷的信息获取和传播渠道，但同时也加剧了网络传播风险的放大效应。这种次级传播效应使网络传播风险进一步放大，进而产生更为广泛而深远的社会影响，对网络空间的清朗环境造成不良影响。习近平总书记强调："网络空间是亿万民众共同的精神家园。网络空间天朗气清、生态良好，符合人民利益。网络空间乌烟瘴气、生态恶化，不符合人民利益。"在当今世界正处于百年未有之大变局的背景下，当代中国正迎来社会经济发展的特殊历史机遇期。在这个关键时刻，媒体所肩负的使命和功能显得尤为重要。

---

❶ 根据《国家突发公共事件总体应急预案》（2006年1月8日发布并实施），按照突发公共事件的发生过程、性质和机理，突发公共事件可分为自然灾害、事故灾难、公共卫生事件和社会安全事件。本书所讨论的社会安全突发事件，主要包括重大刑事案件、重特大火灾事件、重大爆炸事件、规模较大的群体性事件、校园安全事件及其他社会影响严重的突发性事件。

一、研究背景

"人人都有麦克风、人人都是记者、人人都是传播者"已然成为当前生成式人工智能的全媒体时代一幅独特的生活图景，人们的生活方式和生活习惯已发生深刻的变革。据中国互联网络信息中心发布的第54次《中国互联网络发展状况统计报告》数据显示，截至2024年6月，中国网民规模近11亿人（10.9967亿人），互联网普及率达到78.0%。

庞大的网民群体、快速发展的社交网络媒体及复杂多变的国际环境，为社会公众进行在线交流、发表观点、表达感情、分享喜悦等，提供了广阔且充满可能性的网络空间。移动互联网如同一把"双刃剑"，在给人们带来便捷的同时，也加剧了网络空间问题（诸如谣言、谩骂、诈骗等）的滋生。这些现象不仅严重扰乱社会公共秩序，更对国家安全构成潜在威胁。尤其是各种社会安全突发事件发生后，网络空间中的不正当言论极易引发网络传播风险危机，产生"二次"伤害事件，给人民群众的生命和财产安全带来威胁。

因此，各种社会安全突发事件的发生，往往极易成为网络传播风险的引爆点，引发网民群体的围观，成为他们表达不满情绪和利益诉求的平台，甚至演变为群体性事件，严重破坏网络空间生态环境。诚然，社会安全突发事件作为公共事件中的一类特殊现象，其实质是对公众人身或财产安全构成直接危害的突发性事件，具有突然爆发的特性，诱发因素复杂多样，影响范围广泛且呈涟漪状扩散，处置时间极为紧迫，同时处置成本也相当高昂。特别是当事件发生后，在当前社交网络媒体的推波助澜下，部分网民群体在不了解事实真相的情况下，会恶意发布与事实不符的信息，或是借事件发泄不满情绪，或是将与事件不相关的细节进行拼凑组合后进行转发和评论，以此博取更多网民的关注，产生强烈的舆论效应。这种"群体思维"现象导致网络空间中不同社会个体形成了一种声势浩大的集群行为。

二、主要创新点

本书旨在对新形势下网络传播风险的放大效应及治理路径等关键问题进行系统地探索，主要包括以下四个方面：一套运行机制：生成机制、动员机制、心理机制、动力机制、放大机制、传播机制、防控机制等;两个形势研判:国内外发展形势、网络空间安全形势;三个方案设计:风险研判方案、预警处置方案、风险防控方案;四个应对策略:夯实基础、革新理念、健全机制、提升能力。这一格局突破了当前学界的研究范式,具体在以下方面进行创新。

(1)学术思想创新:处于GAI时代,社会安全突发事件一旦发生,作为反映社情民意的重要平台,社交网络媒体的作用日益明显。本书的最终落脚点在于依托社会安全突发事件分析社交网络媒体的放大效应,重点探究社会安全突发事件的社会风险是如何通过社交网络媒体放大传播,研究对象具有一定的时代性、前沿性和现实性。

(2)学术观点创新:重点探讨了社会安全突发事件网络传播风险放大效应产生的信息扩散机制、心理驱动机制、演化生成机制、舆论引导机制等一系列机制问题,提出了针对社会安全突发事件网络传播风险的防控路径,设计了一套针对社会安全突发事件网络传播风险的日常监测方法和引导路径。

(3)研究方法创新:有意识地进行交叉学科的研究,涉及新闻学与传播学、政治学、社会学、公共管理学和心理学等多个领域的理论知识,综合运用案例分析与理论分析相结合、数据分析与事实分析相结合、历史分析与当下分析相结合的研究方法,使研究更具说服力,保证课题在论点、论据和论证上的全面创新。

(4)成果转化运用:主要聚焦当前国家和社会现实需要,通过大量案例分析,针对当前时有发生的社会安全突发事件,从媒体如何服务社会公众、如何化解网络传播风险的维度来推进社会治理创新、助推国家治理体系和治理能力现代化,研究成果对于生成式人工智能时代有效提升社会风险治理能力和网络空间安全能力具有重要的借鉴和指导价值。

三、研究现状

习近平总书记首次提出"总体国家安全观"的重大战略思想,深入阐释了国家安全体系和能力现代化建设的核心领域、实施路径及战略部署,为推动具有鲜明中国特色的国家安全现代化建设,提供了明确的方向指引和行动纲领。

综观学术界围绕"网络空间安全"的相关研究成果经历了从本质特征到理论阐释,从个案论证到实践应用的动态发展过程。

1. 关于总体国家安全观的相关研究

一是关于"总体国家安全观"的本体阐释,姚晗指出,总体国家安全观是对国家安全实践这一复杂系统的认识,是具有系统性特征的科学理论。❶倪春乐和王瑶等以党的第十九届中央委员会第二次至第五次全体会议公报文本为样本,使用 ROSTCM6、ROSTNAT 等分析工具,分析"安全发展"理念的生成脉络。❷王瑞香认为,未来加强文化建设、维护文化安全进而推动总体国家安全的重要探索方向将是培养国民文化认同,需要文化安全与总体国家安全协同发展。❸董慧就总体国家安全观的内涵、功能与意义,从本体论、认识论、方法论与价值论等层面进行了探讨。❹刘跃进认为,总体国家安全观至少是五个"总体"的统一,是有机统一在"总体国家安全观"和"一体化的国家安全体系"之中的。❺

二是关于"总体国家安全观"的方法论,如袁莎必须以贯彻落实总体国家安全观为目标,强化虚假信息治理,有效防范化解虚假信息安全风险。❻蒲攀和马海群提出,基于总体国家安全观的大数据情报思维、大情报思维、总体国家情报思维、开放情报思维和情报底线思维是典型的新时代国家情报工作新思维。❼陈成鑫在国家安全情报学学科构建原则的基础上,确定了国家安全情报学学科的逻辑体系和内容体系。❽李志斐根据总体国家安全观思想,在格局构建、理念引领、平台建设等方面,大力推动"一带一路"倡议的全球实施,践行全球安全治

---

❶ 姚晗.习近平总体国家安全观的系统原理[J].中国政法大学学报,2022(2):77-88.

❷ 倪春乐,王瑶,汤骁钰,等.总体国家安全观视阈下的"安全发展"[J].情报杂志,2022,41(2):57-64.

❸ 王瑞香.论总体国家安全观视野中的国家文化安全[J].社会主义研究,2016(5):70-75.

❹ 董慧.总体国家安全观的哲学内涵与时代价值[J].思想理论教育,2021(6):32-37.

❺ 刘跃进.论总体国家安全观的五个"总体"[J].人民论坛·学术前沿,2014(11):14-20.

❻ 袁莎.总体国家安全观视阈下的虚假信息研究[J].国际安全研究,2022,40(3):32-56.

❼ 蒲攀,马海群.总体国家安全观视阈下的情报新思维[J].图书与情报,2022(1):1-13.

❽ 陈成鑫.总体国家安全观下的国家安全情报学学科建设研究[J].情报杂志,2022,41(11):78-81.

理的中国方案,未来中国在全球治理方面发挥更大作用。❶满振良和马海群针对平台经济存在的信息安全问题,从政府有关部门、平台机构自身、网民个人三个角度,提出了改进措施,使国家安全能够得到更充分的保障。❷王雪诚和马海群结合系统论思想、总体国家安全观及《中华人民共和国数据安全法》提出一个包含基本要素及基本子制度的数据安全制度构建模型。❸刘文博基于总体国家安全观,提出了我国文化安全情报体系建设的四点思考和路径。❹贾珍珍和刘杨钺从国家安全视角来看,算法安全具有逻辑操纵的政治性、行为影响的颠覆性、场域渗透的隐蔽性等显著特点,在各个维度都会对国家安全产生深刻影响。❺刘建飞在考察中国外部安全环境时,从中国国情出发,站在总体国家安全观的高度,应当以"中国特色社会主义"为出发点。❻

三是关于"总体国家安全观"的应用研究,如王宝鑫以总体国家安全观为指引,着力构建高校网络意识形态治理的规范指导体系、风险管控体系、综合应对体系、支撑保障体系。❼何莉将知识、技能的培养与维护国家安全的能力结合起来,形成新时代大学生总体国家安全观教育新格局,有效提高大学生的国家安全素养。❽张丽认为,应以总体国家安全观为指导,从国家、高校和个人等多个维度进行路径优化,构建中国特色国家安全教育体系,进一步推进国家安全教育工作。❾朱雪忠和代志在构建了以国家知识产权安全战略为指导,知识产权

---

❶ 李志斐.总体国家安全观与全球安全治理的中国方向[J].中共中央党校(国家行政学院)学报,2022,26(1):124-133.

❷ 满振良,马海群.总体国家安全观下平台经济的信息规制[J].情报杂志,2021,40(10):83-90.

❸ 王雪诚,马海群.总体国家安全观下我国数据安全制度构建探究[J].现代情报,2021,41(9):40-52.

❹ 刘文博.总体国家安全观视阈下文化安全情报体系建设的思考[J].情报理论与实践,2021,44(6):44-49.

❺ 贾珍珍,刘杨钺.总体国家安全观视域下的算法安全与治理[J].理论与改革,2021(2):135-148.

❻ 刘建飞.以总体国家安全观评估中国外部安全环境[J].国际问题研究,2014(5):17-26.

❼ 王宝鑫.总体国家安全观视域下高校网络意识形态治理研究[J].马克思主义理论学科研究,2022,8(10):93-101.

❽ 何莉.构建大学生总体国家安全观教育新格局[J].中国高等教育,2022(5):45-47.

❾ 张丽.总体国家安全观视域下加强高校国家安全教育的多维思考[J].思想理论教育,2021(11):99-104.

安全法律制度与政策为主要手段,协同产业预警与应急机制和企业合规体系的现代化治理体系。❶周毅建构以网络信息内容治理体系与行为逻辑为核心的理论与实践体系,提出总体国家安全视域下网络信息内容治理研究的基本框架。❷赵瑞琦提出,应加强对关键基础设施网络安全的保障,提升网络安全防御能力和威慑能力,以总体国家安全观为指导,全天候、全方位地感知网络安全态势。❸吴玉军和刘娟娟认为,要采取切实有效的措施,夯实文化根基,凝聚价值共识,不断提升我国的总体国家安全水平。❹杨海坤和马迅以社会安全事件为视角,深入剖析并指出,总体国家安全观内在地蕴含着三大核心价值理念,即坚持以人为本的根本立场、实现良法善治的基本准则,以及促进公私相济的和谐关系。这些价值理念共同构成了引领我国应急法治建设不断向前迈进的新航标,为推动我国社会治理体系和治理能力现代化提供了重要的理论支撑和实践指导。❺

2.关于网络文明建设的相关研究

党的十八大以来,在以习近平同志为核心的党中央领导下,我们不断推进互联网内容建设,积极培育积极健康、向上向善的网络文化,致力于用社会主义核心价值观和人类优秀文明成果滋养人心、促进社会和谐。学术界在新时代网络文明建设方面的相关研究成果也日渐丰硕,为网络文明建设提供了有力的理论支撑和实践指导。

一是关于网络文明的理论阐释。例如,宫承波和王伟鲜基于内容分析法,

---

❶ 朱雪忠,代志在.总体国家安全观下的知识产权安全治理体系研究[J].知识产权,2021(8):32-42.

❷ 周毅.总体国家安全观视域的网络信息内容治理:进展、内涵与研究逻辑[J].情报理论与实践,2020,43(8):44-50.

❸ 赵瑞琦.中国网络安全战略:基于总体国家安全观的特色建构[J].学习与探索,2019(12):57-65.

❹ 吴玉军,刘娟娟.总体国家安全观视域下的文化认同问题[J].中国特色社会主义研究,2018(5):47-54.

❺ 杨海坤,马迅.总体国家安全观下的应急法治新视野——以社会安全事件为视角[J].行政法学研究,2014(4):47-54.

对习近平总书记关于网络文明建设的系列重要论述进行了编码分析。[1]高菊从人类(主体)与网络技术(客体)的互动关系出发,分别从四个维度对网络文明的本质进行哲学解析。[2]张淑锵、杨国富和王玉芝深入阐释了高校校园网络文明环境的内涵、结构与特征。[3]谢桂山指出,网络技术在推动人类社会的创新与变革、塑造新的思维方式和价值观念、提升伦理精神的同时,也如同一把双刃剑,不可避免地带来了一系列负面效应。[4]吴克明从社会主义网络文明的内涵和特征入手,探讨社会主义网络文明创建的载体设置及其基本价值问题。[5]

二是关于网络文明的实现路径。例如,燕道成和刘世博指出,在新媒体时代,网络文明建设有三个重要维度,即内容维度、技术维度与情感维度。[6]郑洁通过强化网络文明建设的思想引领、健全网络文明社会的治理机制等共建网络空间,共治网络生态,共享网络文明。[7]宋来要通过外在的"教化"和自身的"内化",提升新时代青年网络文明素养水平,将价值、规范、知识、人员和内容嵌入青年所处的组织群体场域。[8]何哲分析了新的人类文明体系构建过程中中国的担当,认为中国在人类新的文明体系构建过程中具有内在优势,应该积极担当。[9]宋晟和刘宏达通过深化网络空间精神文明建设、系统构建网络文明建设体系、深入推动网络文明建设实践。[10]王中军和曾长秋认为,通过人性化关怀的

---

[1] 宫承波,王伟鲜.习近平关于网络文明建设重要论述的核心内容与价值取向——基于内容分析视角的探讨[J].当代传播,2022(1):15-18.

[2] 高菊.网络文明本质的哲学解析[J].广东社会科学,2007(5):80-85.

[3] 张淑锵,杨国富,王玉芝.高校校园网络文明环境的内涵、结构与特征[J].学校党建与思想教育,2010(10):10-12.

[4] 谢桂山.网络文明与人文精神[J].甘肃社会科学,2000(4):41-44.

[5] 吴克明.社会主义网络文明创建论[J].湖南师范大学学报(社会科学版),2006(3):61-64.

[6] 燕道成,刘世博.新媒体时代网络文明建设的三重维度[J].新闻与传播评论,2022,75(5):52-60.

[7] 郑洁.共建共治共享:数字化时代网络文明建设的实践路径[J].广西社会科学,2022(7):1-7.

[8] 宋来.当代青年网络文明素养的现状审视与提升路径[J].思想理论教育,2019(2):77-80.

[9] 何哲.网络文明时代的人类社会形态与秩序构建[J].南京社会科学,2017(4):64-74.

[10] 宋晟,刘宏达.十八大以来我国网络文明建设的主要成就与基本经验[J].社会主义研究,2022(2):31-38.

路径,完善网络文明建设的制度化对策,增强网络文明建设的资源化意识,有利于形成网络文明建设的长效机制。❶高菊将技术防范、行政监管、法律控制、道德约束、行业自律和国际合作等视作网络文明建设的基本路径。❷

3 关于网络风险传播的相关研究

近年来,作为新闻传播学、情报学甚至管理学、社会学等学科领域中的"网络舆情"日益受到重视,如何科学化解网络舆情风险危机,共同营造一个清朗的网络空间环境,已然成为当前学界的热点议题。然而,纵观目前关于"网络舆情"的研究现状,根据中国知网的记录检索结果发现,近年来该领域已经取得了丰硕的研究成果。各位研究者对网络舆情的内在机理、生成机制、社会影响、模型构建及传播路径等方面进行了大量深入的研究。特别是在突发事件网络舆情传播的动力机制研究方面,研究视角已经从人文社科研究领域逐渐扩展到信息科学研究领域,实现了学科间的有效整合,弥补了单一学科研究的不足,并逐渐形成了学科融合发展的良好态势。

从目前的研究倾向来看,主要呈现两种架构:①是从人文社科研究领域的理论视角构建的突发事件网络舆情传播模型分析,重在对该模型的阐释与路径的可能性进行重构分析;②是从信息科学研究领域来分析突发事件网络舆情传播的仿真模型,重在对该模型的模拟仿真,构建内源动力与外源动力的耦合度测量指标体系等。因此,无论是从人文社科还是信息科学技术的视角维度来建构突发事件网络舆情传播的动力机制模型,都必须要从舆情的各相关利益主体这一内部结构,和所处的社会背景和时代特征等外部环境进行综合分析考量,方能全面系统地对突发事件网络舆情传播的动力机制模型进行科学分析。但认真审思,对突发事件发生后的网络舆情生成动力机制,还缺乏一定的理论作为支撑进行阐释分析。为此,本书以生态学中的生态系统理论作为基点,着力对突发事件网络舆情生态系统的动力机制进行系统分析,从而为国家政府相关部门提供必要的对策建议与理论支持。

综观研究,国内关于网络风险传播主要聚焦于以下几个方面:一是进行模型仿真,如杨乃定、刘慧和张延禄等借鉴SIS(安全信息系统)模型进行数理解析

---

❶ 王中军,曾长秋.网络文明建设的三个路径[J].求索,2008(10):87-88.

❷ 高菊.论和谐社会的网络文明[J].社会主义研究,2007(1):106-109.

与仿真分析,构建了研究和预测研发(R&D)网络风险传播动力学模型。❶张明珍、杨乃定和张延禄建立网络结构、风险传播及环境动荡性三者之间的理论模型,并提出相关假设和实证检验。❷黄洁、徐彦峰和李林红构建政府干预下技术风险传播SEIR模型。❸张延禄和杨乃定基于研发网络无标度网络和小世界网络特性提出,研发网络的生成模型。❹王威和冯霞根据伤害和愤怒两个变量建立风险感知矩阵模型,提出四种风险传播策略。❺罗刚、赵亚伟和王泳基于SIR模型提出担保网络的风险传播模式。❻李钊和徐国爱等基于元胞自动机建立复杂信息系统安全风险传播模型。❼

二是进行理论阐释,如王威运用萨德曼的"移动跷跷板理论"引导大众社会情绪,这是在理想状态下的组织风险传播平衡。❽周敏、王阳和何谦从媒体"放大"的视角来关注儿童影像在风险传播中的特殊效应。❾曾繁旭、戴佳和王宇琦发现环境风险被放大的主要原因是三重机制的影响,包括信息过程、制度结构和个体反应。❿邱鸿峰和吴胜涛认为,城乡居民特定的网络使用行为并不影响

---

❶ 杨乃定,刘慧,张延禄,等.考虑项目关联关系的R&D网络风险传播建模与仿真[J].中国管理科学,2019,27(10):179-188.

❷ 张明珍,杨乃定,张延禄.环境动荡性对研发网络结构与风险传播的调节作用研究[J].软科学,2019,33(9):87-91.

❸ 黄洁,徐彦峰,李林红.政府干预下技术风险传播机制与控制决策——基于系统动力学的数理论证与实证仿真[J].科技管理研究,2019,39(3):34-43.

❹ 张延禄,杨乃定.针对研发网络风险传播的控制方法模型及仿真[J].系统管理学报,2018,27(3):500-511.

❺ 王威,冯霞.基于萨德曼风险感知矩阵模型的风险传播策略[J].新闻界,2015(21):25-28.

❻ 罗刚,赵亚伟,王泳.基于复杂网络理论的担保网络风险传播模式[J].中国科学院大学学报,2015,32(6):836-842.

❼ 李钊,徐国爱,班晓芳,等.基于元胞自动机的复杂信息系统安全风险传播研究[J].物理学报,2013,62(20):1-10.

❽ 王威.风险传播中公众社会情绪的平衡[J].当代传播,2018(5):68-69.

❾ 周敏,王阳,何谦.风险传播图景中的童年:儿童影像的建构、再现政治与传播伦理[J].国际新闻界,2016,38(12):54-75.

❿ 曾繁旭,戴佳,王宇琦.技术风险VS感知风险:传播过程与风险社会放大[J].现代传播(中国传媒大学学报),2015,37(3):40-46.

公众信任,却对风险接受度有显著的预测效应。❶杜建华认为,风险传播中的舆论安全不但面临自身困境,而且舆论安全丧失在后果上表现为舆论失衡、舆论失控、舆论失效。❷王娇俐、王文平和沈秋英基于风险传播机制,研究网络社区结构对集群抗风险能力的影响。❸郭小平风险传播与媒介素养教育"超越保护主义"主张相得益彰,从强调风险信息告知到倡导公众参与风险沟通。❹

三是进行对策探讨,如叶阳和张杰基于"把关人"和"纳什均衡"理论,提出传播行为中的博弈策略。❺李春雷和李巍霞通过对百度词条修改事件进行田野调研,提出青年群体"微政治心理"媒介干预进路的思考。❻金艳和沈继斯从风险传播视角出发,就加强转基因生物科技及产品传播效应等方面提出针对性建议。❼

四是进行案例分析,如邱鸿峰以某项目所在地为调研点,探索当地公众的环境正义意识对其风险反应的预测效应。❽贾鹤鹏、范敬群和闫隽以转基因争论为案例,分析影响受众风险感知的各种因素。❾胡悦通过实证研究分析人民网和新浪新闻中心在十年期间对食品安全事件报道的影响。❿张宏邦通过搜集

---

❶ 邱鸿峰,吴胜涛.网络使用、公众信任与水污染风险传播[J].国际新闻界,2013,35(10):117-130.

❷ 杜建华.风险传播视域下舆论安全及其治理——对大众传媒建构舆论安全的考察[J].西南民族大学学报(人文社会科学版),2012,33(7):143-149.

❸ 娇俐,王文平,沈秋英.基于风险传播机制的集群抗风险能力研究[J].大连理工大学学报(社会科学版),2012,33(1):60-64.

❹ 郭小平.风险传播视域的媒介素养教育[J].国际新闻界,2008(8):50-54.

❺ 叶阳,张杰."把关人"视域下的风险传播监管机制[J].青年记者,2019(32):30-31.

❻ 李春雷,李巍霞.青年群体"微政治心理"的过程、表征与风险传播研究——基于PX百度词条修改的实地调研[J].国际新闻界,2019,41(7):75-90.

❼ 金艳,沈继斯.风险传播视角下转基因生物科技及产品传播障碍及对策[J].华中农业大学学报(社会科学版),2014(4):127-133.

❽ 邱鸿峰.技术安全框架还是环境正义框架?——从东山PX事件看政府风险传播的困局与破解[J].中国地质大学学报(社会科学版),2016(1).

❾ 贾鹤鹏,范敬群,闫隽.风险传播中知识、信任与价值的互动——以转基因争议为例[J].当代传播,2015(3):99-101.

❿ 胡悦.食品风险传播的洞穴影像:网媒议程设置研究[J].厦门大学学报(哲学社会科学版),2014(4):140-149.

整理报纸、门户网站、微博和微信等数据,从风险社会的视角对其发生特点及表征进行研究。[1]孙少晶、傅华和王帆经过深入调研,在某特定事件中,民众与政府及相关部门之间的健康风险信息沟通机制得到了全面审视。[2]杨琴以事件报道为例,探讨党报在风险传播过程中的角色定位及其实际运作状况。[3]黄月琴通过分析案例,阐述大众传媒在风险传播过程中的运作机制、话语表达方式,以及其对政治沟通、公共决策所产生的深远影响。[4]

综上所述,当前众多研究成果在为本书提供重要借鉴与启示的同时,其研究方法在全媒体环境和复杂形势下的局限性已日益凸显,与新时代网络文明建设工作的要求存在显著差距:一是缺乏专门针对网络文明建设的系统性、创新性研究成果;二是缺乏在当前全媒体时代基于总体国家安全观背景下从多学科、多方法分析社会安全突发事件网络传播风险的生成动因、演变规律、防控策略及发展态势。因此,要深入把握因社会安全突发事件发生所产生的网络传播风险传播规律、主要特征和传播风险放大机制,有效加强舆论引导水平,从而尽可能地减少社会安全突发事件发生后所带来的网络传播风险危机,维护社会安全稳定,不断助推社会治理能力和网络文明建设向前发展。

四、研究方法

(一)可视化分析法

本书旨在深入研究近年来国内外发生的社会安全突发事件典型案例,通过运用图表呈现的多维模式方法,进行系统性地量化分析。具体而言,我们将从

---

[1] 张宏邦.食品安全风险传播与协同治理研究——以2007—2016年媒体曝光事件为对象[J].情报杂志,2017,36(12):58-62.

[2] 孙少晶,傅华,王帆.H7N9禽流感危机中的健康风险传播与评价——基于上海的经验数据[J].新闻记者,2013(5).

[3] 杨琴.党报在风险传播中的角色分析——以2010年重大泥石流报道为例[J].中国出版,2011(18):15-22.

[4] 黄月琴.风险传播、政治沟通与公共决策的变迁——对两个石化项目迁址案例的分析[J].当代传播,2011(6):16-20.

事件的发生时间、发生地点、发生动因等多个维度出发，进行可视化呈现，从而揭示事件之间的内在联系与逻辑关系。

(二)案例分析法

本书旨在追踪调查社会安全突发事件发生后，网民的发帖、评论、转发等情况，并分析部分代表性帖子的文本内容。通过对这些信息的综合研究，本书分析并归纳了社交网络媒体在社会安全突发事件中所扮演的"放大器"角色，并深入探讨其背后的作用机制，提出一系列有针对性的应对和防控措施，以期为未来类似事件的应对提供有益的参考和借鉴。

(三)文献分析法

通过查找、研读、归纳、思考与本书主旨相关的文献资料，涵盖新闻学与传播学、情报学、政治学、管理学、心理学和社会学等领域，有针对性地归纳与研究与"社会安全突发事件""网络传播风险""放大效应"等相关的文献资料，找出最适合本课题的关键性理论，形成本书的整体脉络与架构。

(四)逻辑推理法

深入分析社会安全突发事件发生后，社交网络媒体是如何发挥推波助澜的作用，如何将事件中涉及的不良信息内容进行放大；并通过建立一定的理论模型，揭示社会安全突发事件中网络媒体的放大机制，重点在于通过现象反映出规律与本质。

五、总体框架

本书坚持"本体论、认识论、方法论"三者统一，围绕"提出问题—分析问题—解决问题"逻辑路线进行构思。首先，在梳理近年来社会安全突发事件案例基础上，对涉及的关键概念理论进行严格界定，奠定理论基础；其次，从网络传播、风险管理等角度分析产生这种放大效应的原因与机制，并归纳出在社会安全突发事件发生过程中网络传播风险传播的一般规律；最后，探索性地提出相应防控策略，以规避社会安全突发事件网络传播的社会风险扩大化。本书内容框架详见图0-1。

导 论

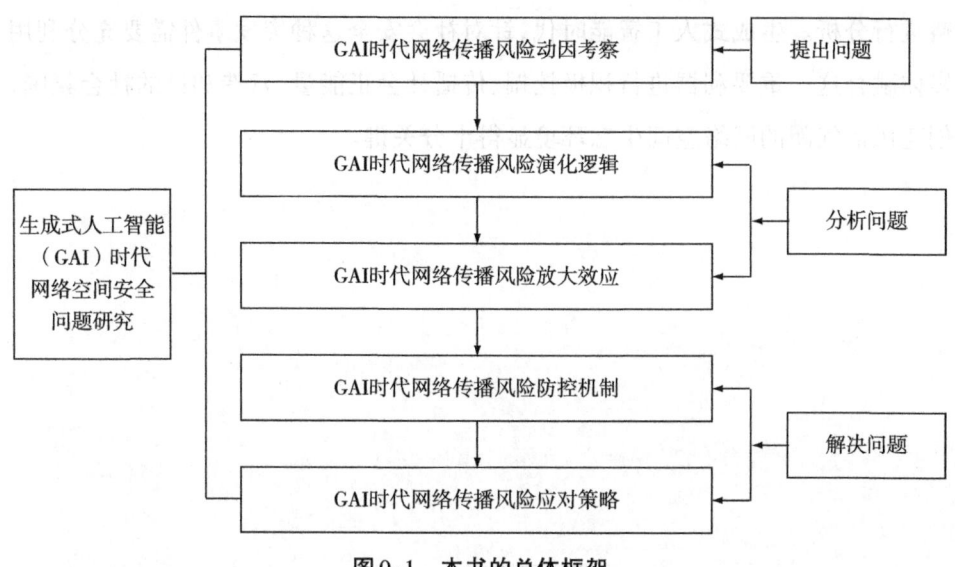

图0-1 本书的总体框架

第一部分(第一章),提出问题。首先对近年来国内外社会安全突发事件的发生情况进行统计分析,指出社会安全突发事件具有的突发性与紧迫性、危害性与破坏性、公共性与敏感性、关联性与非常规性等特征。着重考察GAI时代社会安全突发事件网络传播风险的动因,主要对社会安全突发事件网络传播风险的生成机制、动员机制、心理机制、传播机制等进行重点研究。

第二部分(第二章、第三章),分析问题。第二章重点对GAI时代网络传播风险演化逻辑进行研究。主要从社会安全突发事件网络传播风险的理论范式、演化规律、定性分析、动力机制等进行探讨。第三章主要研究GAI时代社会安全突发事件网络传播风险放大效应。从新闻传播学和社会心理学的视角探讨社会安全突发事件网络传播风险放大效应产生的舆情放大机制、情绪传播机制、谣言传播机制等系列问题。

第三部分(第四章、第五章),解决问题。第四章主要探讨GAI时代网络传播风险防控机制。重点从网络传播风险研判方案设计、网络传播风险预警处置机制、构建网络传播风险防控体系、创新基层新闻宣传工作机制、构建全媒体传播体系新路径等方面进行分析。第五章主要从GAI时代网络传播风险应对策略进行分析。生成式人工智能时代,针对社会安全这种突发事件需要充分利用媒体融合这一重要利器进行积极挖掘、传播社会正能量、营造和谐的社会氛围、创建风清气朗的网络空间生态环境显得十分关键。

第一章　GAI时代网络传播风险动因考察

习近平总书记指出:"没有网络安全就没有国家安全,就没有经济社会稳定运行,广大人民群众利益也难以得到保障。"当前,复杂的国际形势和各种突如其来的社会安全突发事件,不仅给人类的生命财产和日常生活带来重创,而且在各种社交网络媒体的推波助澜下,极易引起社会公众和网民的围观,或是在网络推手的助推下产生更为强烈的网络传播风险效应,进而衍生群体极化的突发性事件,对当前社会治理和国家安全带来影响。因此,如何顺应社会发展和时代潮流趋势,在以算法、算力和数据为核心的生成式人工智能技术推动媒体融合发展的时代背景下,科学把握社交网络媒体的生成机理、传播机制,深入把握社会公众的心理特征,对网络"围观"集群行为中的从众动机(羊群效应)进行积极引导,对于更好地为国家政府相关部门在应对、处置和防控此类事件中提供针对性的政策建议,其重要意义不言而喻。

第一节　网络传播风险的生成机制

近年来,围绕各种突发事件网络传播风险的研究领域,已成为学界密切关注、政府重视的热点议题,产出了大量的高水平研究成果,对于国家有关部门采取有效措施应对突发事件带来的网络传播风险提供了重要理论支撑,也极大丰富了当前的应急治理、舆论引导和国家治理研究维度,但在研究方法上现有研究成果要么是从宏观理论框架,要么单独从定性或定量的层面进行探索,鲜有从信息生态的理论视角,采取定性和定量相结合的综合方法来对社会安全突发事件网络传播风险的生成机理进行研究。基于此,我们以信息生态为理论基点,通过对近五年间国内发生的28起社会安全突发事件进行深入分析,着力总结出社会安全突发事件网络传播风险的生成动因,从而为有效应对此类事件发生提供理论支持。

一、理论基础

(一)信息生态

20世纪以来,随着人类文明的快速演进,"+生态"这一概念受到国内外研究者的热捧,尤其是在全球自然环境不断恶化的当代背景下,激发了人类对自然的重新审视,出现了"语言生态""信息生态""文化生态""政治生态"等体现时代特征的高频词。20世纪80年代,美国学者霍顿(Horton)提出了"信息生态"概念。[1]在他看来,人、行为和技术是一个信息社会向前发展的关键元素,而人与环境之间的关系却是紧密联系在一起的。之后,我国学者陈曙沿用了这一概念,在他看来,信息生态是一个具有相互联系、相互作用的系统整体,既包括这个信息所处的社会环境,又包括信息传播进程中的人(信息传播者)、信息受众及信息环境之间的社会关系。[2]随着当前信息技术的高速发展,尤其是当今5G移动通信的广泛运用人们的日常生活,将会大大地改善当前的社会环境。从各要素来看,信息生态主要包含信息、信息人(发布主体与信息受众)、信息环境与信息技术四个关键要素。信息要素是基础和前提,信息人是主体要素,包括信息生产者和信息消费者(或信息受众者);信息环境则是指信息所生产、消费的内外部环境,包括当时的社会经济、政治、制度等;信息技术是指信息生产和传播的各种加工处理技术等。

(二)信息生成

通过对近年来社会安全突发事件的发生规律进行梳理情况来看,国内外社会安全突发事件仍保持多发态势。尤其是在社会安全突发事件发生后,随着当前社交网络媒体的推波助澜,更容易滋生网络谣言,在网络推手的声势下,更容易演变为网络传播风险,加剧了事态的恶性发展。特别是在当前社交网络媒体迅速发展的时代背景下,各种自媒体平台为社会公众进行信息生产和传播提供了便利条件,而社会公众亦借助这些自媒体平台能够实时地获取信息,为不实信息的精准传播和发表评论提供了可能,从而点燃了社会公众的负面情绪,甚

---

[1] HORTON F W. Informationecology[J]. Journal of systems management,1978(9):32-36.
[2] 陈曙.信息生态的失调与平衡[J].情报资料工作,1995(4):4.

至引发群体极化现象或次生突发事件,导致网络传播风险的不断升级。

根据信息生态的构成要素来对社会安全突发事件网络传播风险的生成进行审视发现,在当今快速发展的生成式人工智能技术已成为信息生态的重要力量。当前,世界之变、时代之变、技术之变正以前所未有的方式展开,更加快了网络传播风险的快速生成和传播演变进程。而从信息生态中信息人的维度来看,社会安全突发事件中的造谣者、信谣者的社会心态、人格特点、兴趣爱好、道德品质等,在一定程度上也容易成为网络传播风险的重要推手。尤其是社会安全突发事件发生后,如果相关部门没有通过媒体在第一时间对于事件原因、死伤人员等情况没有进行公开报道,让社会公众对事件的发生过程有个整体性的了解,更容易激起社会公众的猜疑、愤慨,进而产生网络舆论风险。

二、机遇和挑战

网络社会治理一直是当前网络生态文明建设的焦点问题,而在生成式人工智能环境下的全媒体呈现多元化、多平台、多渠道、多主体的新特征,为网络社会治理带来了新的机遇和挑战。多媒体、多渠道有利于整合信息,提高媒体报道的速度,为民众行使监督权提供了更多的途径。

一是传播内容的集中化。在全媒体时代的背景下,通过多媒体、多渠道的报道方式对同一事件进行呈现,有助于高效整合各类资源。在媒体资源相对有限的情况下,此举能够充分发挥各媒体自身的特色与主观能动性,确保新闻报道的时效性。通过多角度、多层面的报道,更能够确保事件报道的真实性,为公众提供更为全面、准确的新闻信息。同时,集中有序的网络报道,有助于迅速地汇聚民众的注意力,使公众在第一时间内对事件本身产生关注。此外,多角度深入分析事件,能够有效地防止大量民众声音汇聚成"集体无意识狂欢"的现象,避免引发群体极化。通过综合各方观点,引导民众进行深入思考,丰富评论的多样性,确保网络舆论的可控性。此举对于构建绿色、健康的网络环境,维护社会稳定具有积极的推动作用。

二是媒体报道的高效化。全媒体环境下的网络社会,网络内容的传播打破了传统媒体报道中对时间和空间的限制,使民众能够随时随地了解天下事,拓宽了民众的思想和见解。实时直播、同步转载使民众能够同步获取资讯,第一时间了解世界各地发生的奇闻轶事。具有高度契合的兴趣爱好、价值观念、利益关系的社会群体,在面对网络传播时能在自身获知后,快速将信息扩散,并且在短时间内形成具有一定影响力的舆论潮流,进而影响事件的发展,倒逼媒体或政府重视事件本身。网络事件传播速度的高效性,其实现不仅依赖于主流媒体的权威报道,更得益于广大民众的自发参与和积极转发评论。这得益于全媒体时代多媒体、多渠道的传播优势,以及网络社会特有的信息交互特点,为网络事件传播速度的高效性提供了必备的实现条件。

三是监督制度的落实化。网络技术的发展,使传播方式由原来的单向传播,被动接收信息,变成现在的多向传播,主动接收信息或发布信息。传播方式的改变,使民众发表新的观点和看法,面向所有人。与传统的媒体相比,即时互动性是新媒体最突出、最重要的一个特点,即时互动使个体与个体之间、个体与集体之间、集体与集体之间的关系变得更加紧密。民众的意见能及时地反馈给有关部门,有关部门通过民众反馈了解现实情况,使民众监督这一职能落到实处。民众通过网络行使监督权,为民众维护网络环境提供了方法和途径。

然而,媒体报道的多元化和渠道的广泛性,在丰富信息传播形式的同时,也引发了内容同质化、假新闻频发及监督制度片面化等诸多问题。

一是传播内容的同质化。同一事件的多渠道、多媒体报道,对于有经济实力和社会影响力的权威媒体而言,媒体能够自主地进行对信息的采集、编写和发布的"一条龙"运作。但是,对于缺乏稳定经济基础和社会地位的小型媒体机构及个人运营的媒体而言,他们往往难以获取第一手资料。因此,这些媒体机构更多时候倾向于直接转载相关报道,或对已发布的信息进行深入的二次加工与再创作。"一次采集,多次报道"的新闻采集模式,使部分报道呈现出多元化的观点和看法。然而,当前媒体行业中,为追求市场占有率及跟风从众,更多媒体可能选择转载和抄袭权威媒体的报道。在这种情况下,网络社会存在大量的粗制滥造、内容相似的文章,损害权威媒体的合理权益,制约民众的思想境界。

二是媒体报道的虚假化。在网络社会中,众多民众聚集形成具有不同风格和习惯的媒介平台。这些媒介平台作为新闻内容的展示载体,其背后的媒体机构往往受到追求个人经济利益的影响。民众易于受到煽动性信息的诱导,且倾向享受刺激信息所带来的感官体验,这些因素共同作用下,导致网络社会中充斥大量的假新闻。由于群众的从众效应、"沉默螺旋机制"、群体压力造成的"群体精神统一",以及网络传播速度的高效性,媒体报道中的不实新闻得以在短时间内广泛传播于网络社会,进而对现实社会产生深远影响。假新闻频繁且广泛地传播,相关部门在核查过程中需要耗费时间进行认证;同时民众媒介素养普遍偏低等内外部因素共同作用导致假新闻难以根除,这无疑给网络社会环境的治理带来了严峻挑战。

三是监督制度的片面化。在网络社会中,人员构成情况复杂、网民数量庞大,而网络社会本身所具有的言论自由、去中心化、碎片化及情绪化等特点,给当前的网络生态文明建设带来了极大的困难。在官方舆论场中,权威声音占据主导地位,然而在民间舆论层面,其影响力和渗透力显得相对不足。这种状况导致相关管理部门在网络社会的监管工作中表现出一定程度的片面性特征。民间舆论缺乏强有力的监管手段,对舆论的监督和引导不够及时。网络社会的治理仍停留在解决已经引起重大舆论关注的事件,而不是采取有效的措施预防舆论事件的发生或将舆论控制在发酵阶段。

三、研究设计

(一)研究方法

定性比较分析作为近年来广泛运用于人文社会科学和自然科学研究领域的重要方法,是将原来的定性与定量相结合,以案例分析为中心,建立在布尔代数与集合运算的基础之上的一种综合研究方法。❶这种方法的提出,极大地推动了科学研究的纵深发展,突破了原先的单一研究传统范式,避免了单纯理论说教式的阐释模式,实现了理论与案例相结合、定性与定量相结合的综合性考察,使研究结果更加令人信服。然而,在研究过程中,该研究方法所选取的案例样本数量为10~60个,解释变量的数量一般在4~7个,样

---

❶ 阿克塞尔·马克斯,贝努瓦·里候科斯,查尔斯·拉金,等.社会科学研究中的定性比较分析法——近25年的发展及应用评估[J].国外社会科学,2015(6):105-112.

本数量偏少,可能导致研究结果存在一定的偏差。

同时,社会安全突发事件作为一种非常规性的突发性事件,其网络传播风险形成的原因复杂多样,同时受到信息环境、信息人和信息技术等多重因素的影响。为了深入理解和有效应对这一风险,采用定性比较分析的方法,从信息生态理论的视角中提炼出关键的解释变量,从而能够清晰、准确地描述社会安全突发事件网络传播风险的生成逻辑。

(二)典型案例

我们以近五年间主流媒体报道的28起具有典型性的社会安全突发事件作为研究对象。

(三)变量设置

社会安全突发事件发生后,在社交网络媒体的推波助澜下,极易产生网络传播风险危机,最终导致二次事故的发生,给国家和人民的生命财产带来创伤和损失。因此,我们以信息生态为理论框架,分别从信息、信息人、信息环境、信息技术等视角确定研究变量。

1. 解释变量

根据目前已收集到的社会安全突发事件和文献资料分析,确定事件信息、信息生产者、信息消费者、媒体平台与信息环境五个解释变量。

(1)事件信息。社会安全突发事件作为信息的重要来源,也是网络传播风险生发的重要因素。根据事件的实施手段和所使用的作案工具,我们将其划分为爆炸、纵火及砍杀这三种社会安全突发事件类型。此外,事件信息作为社会公众普遍关注的焦点,如社会安全突发事件发生的时间、地点、原因、袭击者身份背景、伤者人数、实施手段等关键信息点,均需要通过传播媒介进行全面而准确的曝光,给社会公众呈现一个完整的事件发生概况。

(2)信息生产者。信息生产者是指在社会安全突发事件发生后的信息发布者,既可以是社会个体(网民),也可以是政府机关、社会组织或企事业单位。在整个信息生态系统中,信息生产者所发布的信息是否真实至关重要。因此,作为信息的发布者,不管是社会个体或组织机构,都应该坚持实事求是、客观公正的原则,只有确保传递事件信息的本来面目,不造谣、不夸大、不隐瞒,方能构建良好的信息生态环境。

(3)信息消费者。信息消费者作为信息传播过程中的接收者,对于信息的甄别能力、接受能力和心理反应能力也显得尤为重要,网络传播风险生发、传播过程也是社会公众参与的过程,要做到不传谣、不信谣,这对于网络传播风险的演变发展具有重要的积极作用。此外,信息消费者能否坚持个人的主张和观点,能否遵守《网络信息内容生态治理规定》,不擅自发布、转发、评论涉及网络信息安全与国家主流价值观相违背的言论至关重要。

(4)信息技术。信息技术其实是指信息传播的技术和手段,是网络传播风险扩散快慢的重要条件。作为信息发布者和信息消费者之间的中介桥梁,信息技术的发展水平,不仅成为社会发展程度的重要标志,也成为人们日常生活是否便利的重要因素。随着当前社交网络媒体的快速发展,以"一网两端多平台"为代表的媒体融合向纵深发展,平台的开放性、自由性等个性特征为当前社会安全突发事件发生后的网络舆论引导和风险危机防控提供新技术支撑。

(5)信息环境。作为信息生成与传播的关键基石,信息环境深刻影响着国家或社会的政治、经济、人文及制度等多个层面。其中,信息安全治理制度的完善程度、对信息不实发布与造谣行为的惩治力度,以及公众获取信息的便利性和对信息监督举报者的激励措施与渠道设置等,构成了信息环境的重要组成部分。这些方面若形成较为完备的制度体系,将在社会安全突发事件

2. 结果变量

在研究过程中,我们将社会安全突发事件网络传播风险的传播受众情况作为结果变量。具体操作方法:以第三方工具——360趋势(https://trends.so.com)为搜索平台,将28起社会安全突发事件每一件所涉及的关键词诸如地名、人物等在第三方工具平台上进行检索,将其时间定位在社会安全突发事件发生前后一个月60天内,全网指数高于或等于1800的为高热度传播,全网指数低于1800的为低热度传播。为确保指数值的尽量客观,以第三方平台包括360趋势、搜狗、百度的全网指数取其中间值,尽可能地确保数据的合理性、真实性。按照这种检索方法,得出28起社会安全突发事件发生网络传播情况的受众关注趋势。

360趋势指数平均值低于1800的占比为35.71%,高于1800的占比为64.29%

3.定性比较分析变量赋值表

根据前面各项解释变量和结果变量的参数,结合事件对应权重和结果变量应然效应进行综合分析。对各变量进行1、0二分赋值,得出社会安全突发事件结果变量判定(表1-1)。

表1-1 社会安全突发事件结果变量判定

变量	变量类型	判断说明	权重/%	赋值	说明
事件信息	爆炸	手段恶劣,死伤人数多	40	1	解释
	砍杀	手段残忍,死伤人数多	35	1	
	纵火	手段恶劣,死伤人数多	20	0	
	枪击	死伤人数不多,但影响恶劣	5	0	
信息生产者	理性	社会安全突发事件信息能够客观准确发布	32	0	解释
	非理性	社会安全突发事件信息不如实、不公开发布	68	1	
信息消费者	积极	能够遵守国家有关规定,不信谣	39	0	解释
	消极	带有恐惧、不满、烦躁、不安等心理	61	1	
信息技术	传统媒介	传播速度较慢、不能自由评论和发言	28	0	解释
	新兴媒介	传播速度快,社会公众可自由交流	72	1	
信息环境	健全良好	有比较健全的法律制度	42	0	解释
	不完善	没有完备的规章制度	58	1	
结果变量	高热度	社会安全突发事件发生前后一个月60天内,全网指数高于或等于1800	35	0	结果
	低热度	社会安全突发事件发生前后一个月60天内,全网指数低于1800	65	1	

4. 构建真值表

对前述变量系数完成设置与赋值后,依据各社会安全突发事件的信息本身开展编码和汇总,借助布尔代数,以信息生态的5个变量(事件信息、信息生产者、信息消费者、信息技术、信息环境)为解释变量。

通过对前面变量系数进行设置和赋值后,结合各个社会安全突发事件自身信息进行编码与汇总。通过布尔代数考察结果发生时的具体状态。以信息生态的5个变量(事件信息、信息生产者、信息消费者、信息技术和信息环境)为解释变量,以生发热度作为结果变量,构建真值表(表1-2)。

表1-2 真值表

事件信息	信息生产者	信息消费者	信息技术	信息环境	案例数/个	生发热度
1	0	1	1	1	3	1
0	1	1	1	1	3	0
0	1	1	1	0	2	0
0	1	1	0	1	4	0
1	0	1	1	1	3	1
0	1	1	1	1	2	0
1	0	0	1	1	2	1
0	1	1	0	1	1	0
1	1	0	0	1	2	1
0	1	1	0	1	1	0
1	1	1	1	0	2	1
0	0	1	0	1	1	1
1	0	0	1	0	1	1

四、结果分析

自媒体平台兴起后,传播者门槛降低,基本上每个人都能够成为信息源,自发传播信息。在生成式人工智能时代,多元主体的互动传播成为基本的传播语境,社交网络媒体平台成为舆情传播的主战场。一般来说,网络舆情风险的发生和发展可以分为三个阶段,即风险事件潜伏期、风险事件爆发期和风险事件平复期。风险事件潜伏期是指风险并未发生，但在现实生活中，相关风险信息已经引起一部分人的注意，甚至成为热点话题。此时，各种信息处于聚集汇合状态，信息中心圈如涟漪状向外扩大。在信息传递过程中，有可能被传播者的大量转发或二次加工处理，受到传播者自身情感因素或者价值观的影响，此时转发或加工的信息传递为网络信息传播的风险生成提供了可能。

随着事件热度持续上升，话题在网上引起了网民的高度关注，事件达到一定的"燃点"构成风险事件爆发期。媒体、公众及政府相关部门成为网络风险舆情的三方重要角色。社会公众期待政府相关部门能对热点事件予以回应，一旦出现无回应或者是回应不能消除网民的困惑，则会引起新一轮的舆论风波。随着时间的推移，公众对事件关注度下降，或者政府相关部门的回应使事件逐渐缓和，网络风险事件进入平复期。然而，这并不意味着风险已全然消解。相较于传统社会风险事件的化解方式，网络环境的复杂性使情况更为棘手。在平复期，尽管公众对风险事件的热情可能逐渐减退或被新鲜事物所吸引，但若政府相关部门对风险事件的处理存在不当之处，或相关或类似事件再次发生，风险可能继续以连锁形式爆发，进而加剧舆论场的失范现象。

（一）单变量分析的必要性

分析社会安全突发事件发生后，在多大程度上能够生成网络传播风险，有助于让政府相关部门及时掌握事件对社会的影响程度，消减因网络传播风险而产生的一些不良社会效应，消除社会公众的心理恐慌、不安、焦虑和惧怕，具有积极的作用。通过前面的分析可以看出，各单变量之间是否存在一致性和共同推动结果的成立条件。换言之，我们所分析的社会安全突发事件在什么情况下能够具备结果发生的条件？如果具备了结果发生的条件构型，则预示着社会安全突发事件网络传播风险的生发可能性。通常而言，如果前面几个变量的相应一致性指标大于0.8，则表示结果具备发生的可能性。因此，经过运用fs/QCA3.0对单变量能否成为社会安全突发事件网络传播风险生发热度的必要条件进行分析发现，在信息生态背景下，所考察的5个单变量其必要性均未超过0.8，这一结果和我们先前的预期一致，即在社会安全突发事件网络传播风险的演变过程中，单一要素并不具备独立引发风险结果的可能性。唯有当多个单一变量相互叠加,其综合效应超过0.8这一关键数值时,方能有效催生网络传播风险,进而推动网络传播风险的逐步演进与发展。

(二)条件构型分析

前文已经对单一变量进行了一致性分析,现从条件构型的角度分析社会安全突发事件网络传播风险生发的必要条件构型,可归纳出以下四种条件构型(表1-3)。

表1-3 定性比较条件构型分析

条件构型	原生覆盖度	净覆盖度	一致性
事件信息×信息消费者×信息技术	0.521	0.479	1
事件信息×信息生产者×信息消费者×信息环境	0.257	0.129	1
事件信息×信息生产者×信息技术×信息环境	0.257	0.129	1
事件信息×信息生产者×信息消费者×信息技术×信息环境	0.129	0.129	1
整体覆盖度	1		
整体一致性	1		

由表1-3可知,在这四个条件构型中,社会安全突发事件网络传播风险生发的一致性均为1,即

①舆情生发可能性=事件信息×信息消费者×信息技术(构型一);

②舆情生发可能性=事件信息×信息生产者×信息消费者×信息环境(构型二);

③舆情生发可能性=事件信息×信息生产者×信息技术×信息环境(构型三);

④舆情生发可能性=事件信息×信息生产者×信息消费者×信息技术×信息环境(构型四)。

其中,社会安全突发事件与一致性、覆盖性较强的条件构型为构型一、构型二与构型三,根据表1-3的四个条件构型数值分析,可以得出社会安全突发事

件网络传播风险生发的三种可能性,具体表现如下。

(1)网络传播风险生发可能性=事件信息×信息消费者×信息技术。该条件构型表明,当某个地方发生社会安全突发事件后,信息消费者,即信息授受者在接收到相关信息传播后,产生恐慌、惧怕、伤心、不满等消极情绪,便通过开放、自由、便捷的社交网络媒体平台上恶意扩散传播不良信息,助推社会安全突发事件网络传播风险不断演变发展。该构型聚焦信息消费者与信息技术的交互作用,且这类事件常带有恐怖暴力特征,易给公众造成心理创伤与冲击。

(2)网络传播风险生发可能性=事件信息×信息生产者×信息消费者×信息环境。该条件构型表明,当某地发生社会安全突发事件后,如果是在比较宽松的言论环境中,发言者可以不受任何制度所约束,自由自在地发表自己的观点,那么作为信息受众群体在接受这些信息后,可能产生的恐惧、焦虑、愤慨等心理作用,加剧网络空间中矛盾冲突,迫使社会安全突发事件发生后的网络传播风险进一步加剧。该条件构型重点在事件信息、信息生产者、信息消费者和信息环境这几个因素,是多种因素共同作用发生的结果。

(3)网络传播风险生发可能性=事件信息×信息生产者×信息技术×信息环境。该条件构型表明,当某地发生社会安全突发事件后,由于具有比较宽松、自由的言论环境,信息生产者可以借助迅猛发展的社交网络媒体平台快捷地发布与事件相关的各种不实信息、谣言,恶意歪曲事实真相,或通过恶意拼凑、组合,将事件进行曲解或者夸大,以获得社会公众的高度关注。因此,此条件构型重点在事件信息、信息生产者、信息技术和信息环境这几个因素。信息生产者通过社交网络媒体进行转发作案手段和画面等内容,造成恶劣社会影响。

综上研究可见,为全面剖析社会安全突发事件网络传播风险的生成逻辑,本书依托信息生态理论框架与视角维度,聚焦信息内容、信息主体、信息技术、信息环境等信息生态构成要素,系统考察社会安全突发事件发生后,信息内容、信息生产者、信息发布者、信息技术、信息环境五个变量间的逻辑关联,以及它们叠加形成的综合作用对传播风险演变进程的推动机制。

为清晰呈现五个变量的协同作用效果,选取近五年国内发生的28起社会安全突发事件开展验证,提炼出三个具有影响效力的条件构型。

第一，社会安全突发事件网络传播风险的生发逻辑。在社交网络媒体高速发展的当下，相较于自然灾害、公共卫生、环境污染等其他突发事件，社会安全类事件更易实现广泛传播，成为网络传播风险生发的驱动力。特别是在人工智能、大数据、云计算深度融合的全媒体传播体系中，信息传播突破时空壁垒，社会安全突发事件信息可瞬间全球扩散，加剧风险生成与传播可能性。这一过程引发信息消费者心理波动，催生不实信息与谣言，甚至诱发群体极化现象，持续助推社会安全突发事件网络传播风险的演化升级。

第二，宽松良好的信息环境，在为社会公众交流提供便捷的同时，也会衍生特定社会影响。从积极面看，它为信息消费者高效获取互联网信息、发布个人观点与评论创造便利，助力政府部门洞察民情、提升舆论引导力；但消极影响也不容忽视，开放网络空间让"人人皆媒体，人人皆记者"成为现实，原本清朗的网络生态被各类信息噪声污染，不再纯净。一旦社会安全突发事件发生，网络空间极易迅速沦为不实信息集散地，加速网络传播风险的滋生与扩散。

第三，社会安全突发事件发生后，信息生产者起着至关重要的作用。首先，信息生产者的个人思想素养和道德水平，决定了其在网络空间的信息驾驭能力。如果能坚守思想底线，遵守国家互联网安全管理相关制度规定，做到不造谣、不传谣，努力把自己打造成为网络"意见领袖"，积极宣传、引导社会公众保持积极心理，不恐慌、不跟风、不盲从，网络传播风险则会朝积极方向发展，趋于平息；反之，如果信息生产者不能够坚守道德底线，盲目跟风，恶意曲解、夸大事实，社会安全突发事件的网络传播风险将继续演变，最终演变为网络传播风险危机。

（三）网络传播风险的生成动因

1. 信息内容的多样性

网民对事件信息的关注、理解和记忆点都是有选择的。每天网络空间都会传播成千上万条信息，受传者不会关注每一条信息，而是根据自己原有的观念思维或者实际需求对信息进行有所保留的筛选，甚至对某些信息做出具有明显倾向性的关注。同时，受传者不一定完全地接受被关注到的信息。受传者只对与自身利益相关或者形成强烈刺激的信息加以深层次的理解和思考，其他信息则被省略或忽视。于是,网络空间出现与网民自身利益相关的信息时,每个受众关注的侧重点不同,在讨论时会产生意见分歧,舆论矛盾就此展开。一般来说,越是触及公众根本利益的信息就越能激化公众情绪,越有可能引发舆论失控现象,从而造成群体恐慌,危害社会稳定。❶

2. 信息内容的碎片化

生成式人工智能时代,人人都有话语权,社交网络媒体能在事件爆发第一时间传播信息,但内容常存在不全面、不准确和不客观问题。多数自媒体创作者能力有限,难像传统媒体那般,发布前对新闻信息多方核查。尤其涉及公众情绪刺激、群众利益事件时,创作者急于分享,导致信息内容残缺。不明真相的受众易被网上舆论引导,无法独立理智分析事件。

3. 信息传播的多向性

智能媒体时代,社交媒体将传统的人际传播融入了网络传播环境,形成了一种新型的互动传播形式。社交网络媒体以其特有的传播属性影响着信息的传播的发展,最具有特色的就是圈层裂变式传播,即以熟人转向熟人,甚至陌生人转向陌生人的方式传播信息。"圈层"使传递的信息更具有可信性,"裂变"则促进信息的传播。❷在传播过程中,受众群体选择的多样性和信息内容的碎片化,信息可能被扭曲,导致信息失真。再加上网络信息传播便捷,不经意间信息就传遍整个网络空间。若不及时澄清事件真相,再加上他者的推动,网络传播风险可能瞬间爆发。

(四)网络传播风险引起的社会公众情绪反应

网络信息风险传播时,社会公众在面对风险信息会产生强烈情绪表达,而此时的情绪表达容易受到外界干扰,被网络空间的消极观点引导,呈现出暗示性、感染性和模仿性,极易导致群体情绪极化。

一是网络舆论中的受众有很强的"被暗示性",尤其是刚刚陷入舆情中的人。此时,亢奋的公众对发生的事物充满了好奇心,积极主动接收相关信息,但

---

❶ 刘于思,亓力.在风险与利益间传达不确定性:科学事实查验对转基因食品议题信息误解的影响[J].新闻与传播研究,2017,24(7):28-49,127.

❷ 全燕.基于风险社会放大框架的大众媒介研究[D].武汉:华中科技大学,2013.

缺乏理智分析和批判能力,盲目接受周围的信息。网络信息互动中,表达更加地自由直接,暗示性更加明显。例如,微博的热搜榜的"表态"操作,用户选对应情绪的表情符号,多数人选择的情绪表情符号会直接显示在热搜话题旁。这会给未看过具体内容的用户留下印象,形成典型暗示和刺激,使其信念、情感和行动与多数人一致。

二是信息传播过程常伴随强烈情绪或情感流动,这类情绪与情感会在暗示机制驱动下,在传播中快速蔓延,感染受众。感染和暗示存在关联,感染发生后,情感的权重会进一步提升。尤其在自媒体时代,创作者发布内容往往带有浓厚个人观念,首发者的情绪会传导至后续受众。同时,若转发者有不同感受,转发时附上自身观点,就可能为同一信息赋予别样舆论导向。在危机信息传播场景里,受众常受首发者情绪感染,丧失独立思考与辩证分析能力,瞬间陷入同种状态。网络舆论传播中,人们遭遇风险事件时,往往倾向于和周围多数人保持一致,模仿他人动作、行为等,视其为最安全的选择,可这种失去理性的模仿,实则也可能是最危险的。

三是当网络上有风险信息传播时,受众最初尚未形成对风险事件的认知态度,通过参与舆论传播过程,或受他人影响,或对事件深入了解后,最终会对此次事件的来龙去脉有较为完整的把握。在最终结果中,所有参与者对风险事件的看法会形成两个阵营,仅有少部分人处于中立状态,尽管两个阵营在支持者人数上可能存在悬殊。紧急状态下,人们通常认为大多数人的选择最安全,进而出现相互模仿的从众行为。这类不理智的从众行为在突发事件中时有发生,若不能及时制止、正确引导舆论,会引发民众恐慌,不利于社会和谐稳定发展。

(五)网络传播风险中社会公众情绪的疏导机制

随着社交媒体蓬勃发展,自媒体平台逐渐演变成风险信息传播的重要渠道与舆论聚集地。部分自媒体平台为了吸引公众目光,在信息传播过程中表现得毫无顾忌,加剧了风险被放大的潜在可能。为此,从社会情绪、信息辨别能力及舆情监测三个角度分析,提出网络传播风险下对社会公众情绪的干预机制,以确保网络环境健康发展。

1. 培育良好的社会情绪

社交媒体兼具信息传播与情感互动属性。在后真相时代,观点先于事实、情绪先于真相,公众相较于信息真实性,更关注自身情绪表达,期望借情绪宣泄引发社会关注。面对社会安全突发事件,大众易受外界情绪感染与暗示,失去理智、被舆论裹挟,出现匪夷所思的从众行为,威胁社会稳定。因此,需培养公民良好社会情绪,提升其对危机信息的辨别能力。

(1)增强公众对信息的辨别能力。自媒体发布者与传统媒体从业者不同,多数未接受过专业训练,缺乏专业素养,易导致传播内容质量下滑,真实与虚假信息混杂难辨。更值得警惕的是,这类信息在"熟人圈"广泛传播时,因熟人间的信任基础,会被赋予极高可信度。稍有疏忽,谣言便可能迅速扩散,给社会带来不良影响。

在网络上,社会公众要增强对信息的辨别能力,不能不假思索地转发。为了做到这一点,需要社会多方共同努力。例如,学校教育应该重视学生的媒介素养培养,加强媒介素养教育工作,从理论层面和实践层面训练学生对信息的辨别能力。家庭教育应从小培养孩子对网络信息的甄别能力和价值观判断能力,增强孩子对风险信息的警惕性和敏感性。另外,一些相关协会也应做好宣传工作,营造有效的信息识别氛围,实现媒体信息的良性循环。❶

(2)培养优质的团队并及时引导舆论。在信息传播过程中,拥有较大话语权的个体,往往会成为传播流程的核心节点,左右传播走向。这类个体通常是行业精英、网络名人或特定社群引领者,统称为"意见领袖"。传播流程中,"意见领袖"传递信息、表达观点、给出意见,其观点与情绪会被"粉丝"快速接纳,深刻影响"粉丝"对事件的看法。当一群"粉丝"认同"意见领袖"的观点与情绪,借助"粉丝"力量会形成庞大传播源,促进同类观点与情绪扩散,进而吸引另一群体关注,产生强大舆论影响。

在信息传播链条中,"意见领袖"承担着传递信息、阐述观点、提出见解的重要职责。其观点和情绪能迅速被"粉丝"群体接纳,深度影响"粉丝"对特定事件的认知与判断。当大量"粉丝"共同接受并认同"意见领袖"的观点与情绪,便会

---

❶ 周声琼. 微媒体时代网络信息传播风险及防范策略[J]. 新闻研究导刊, 2018, 9(20): 173-174.

形成强劲传播动力,推动相同观点和情绪广泛扩散。网络信息传播中,"粉丝"效应在信息扩散方面作用尤为突出,影响深远且不容小觑。

(3)强化媒体的责任与担当。在社会安全突发事件发生时,网络上涌现一些自媒体,它们被称为"营销号""大V"等,他们普遍具备较高的流量吸引力,影响力有时甚至超越官方媒体。然而,有些自媒体在追求流量的过程中,可能存在明显的不负责任行为。为博眼球,它们刻意用引导性措辞发布消息,或散播未经证实甚至虚假信息,刺激"粉丝"评论、转发。更有甚者,一些尚未成名的自媒体,为流量肆意发布内容,对信息真实性、准确性完全不做审核把关,尽显社会责任的缺失。

新媒体环境下,每一次信息发布都需格外审慎细致。传播风险信息时,更要深入考量潜在危机,对新闻素材严谨筛选、取舍,适度添加风险传播中和元素,保障风险传播有序可控。[1]一方面,客观、及时跟踪报道风险话题,把第一手资料迅速、准确传递给大众,消除因信息不对称滋生的谣言;另一方面,社会安全突发事件报道中,媒体要具备前瞻性与权威性,预判发展态势并科学解读,避免因信息缺失、误导引发社会恐慌。以灾害性事件为例,媒体报道灾情时,既要客观呈现实际情况,也要关注灾情控制进展与积极影响,引导公众理性看待,规避不必要的群体恐慌。

2. 拓展有效的信息传播渠道

微博、微信、抖音及移动客户端等新型媒体平台崛起,让每个人都能轻松成为信息发布者与传播者,一定程度上模糊了传统意义上受众与传播者的界限。受众获取信息量增多,信息渠道也更趋多样,但便利背后也浮现新问题——媒体传递的信息,一定都真实吗?纷乱复杂的网络信息时代,如何更好净化信源,保障传递到受众手中的信息安全有效?

(1)完善新媒体信息发布制度。传统媒体发布信息时,流程涉及众多部门,周期较长,且对内容审核把控严格。新媒体则相对宽松,既有团队协作产出,也

---

[1] 刘琴,王丝莲. 风险传播视域下主流媒体信息安全报道的责任担当——以《人民日报》及其微博分析为例[J]. 中国报业,2018(7):84-86.

有创作者独立完成。在新媒体平台,多数自媒体创作者未接受专业训练,媒介素养参差不齐,对信息内容的架构带有强烈主观性,发布的信息多以情绪宣泄为主,存在大量"信息空白",极易引发新闻反转。

(2)善用新旧媒体联动合作。新媒体突破时间与空间限制,具备极强交互性,能承载海量信息。其传播模式有别于传统媒体,传播者与受众角色可随时互换,还能实时互动反馈,构建起动态交流系统。全媒体环境下,公众意见表达渠道愈发多元。传统媒体时代,公众想引发社会关注,需依托传统媒体发声;新媒体时代,公众话语权增强,无须过多依赖媒体中介,情绪可第一时间直观表达。然而,网络社会里,网民注意力易受外界情绪干扰,失去理智时会盲目跟随群体意见,缺乏独立思考与自主判断,出现"沉默的螺旋"效应等情况。❶

从权威性与可信性看,传统媒体相较新媒体优势显著。传统媒体从业者经专业学习训练,新闻报道中始终坚守客观、公正、公平原则,对每条新闻严格把关。此外,传统媒体议程设置机制成熟,不同于新媒体"抢新闻"的做法,更注重全局观与深度报道。应对社会安全突发事件时,建议将新媒体与传统媒体有效融合。发挥新媒体信息传播速度快的优势,结合传统媒体新闻质量把控的稳定性,既能保障新闻快速传播与及时反馈,又能确保内容真实准确,实现双方互利共赢的合作局面。

(3)提升"把关人"的地位和作用。网络传播时代,"把关人"的身份趋于多元。"把关人"既可能是人民网、新华网这类官方媒体,也可能是互联网上数以万计的站点,或是默默无闻的普通网民。尽管"把关人"身份日益多样,但媒体依旧是最关键、最具影响力的控制主体。即便如此,"把关人"在互联网环境中并未消失,但其权力与作用却一定程度上被弱化。比如,传统媒体时代,信息需经固定人员层层审核把关;而新媒体时代,网民话语权大幅提升,可随时发布信息并与他人互动,传播呈现出极强交互性,催生出"去中心化"的新型传播模式。❷

---

❶ 许志晖.媒体融合的经济学分析[D].北京:北京师范大学,2011.

❷ 常芝歌.新媒体传播时代下的"把关人"探究[J].新闻研究导刊,2018,9(24):53-54,118.

此外,"把关人"的执行力正面临严峻考验。在自媒体语境下,信息内容层出不穷,虽然各平台在创作者发布之前都对信息进行把关,但因为现实世界很复杂,平台上发布的内容类型不一,后台缺少相关人才对其把关。即使每个工作人员都尽职尽责,严格审查,但审查标准很大程度上会受到主观因素的影响,或者很难第一时间进行审核,尤其是对一些突发事件信息的排查。尽管如此,新媒体仍旧需要严格把关,接受受众监督。每位受众在看到虚假信息时应及时反馈给后台,后台及时查证,尽量将虚假消息扼杀在萌芽状态,净化网络传播空间。

3. 做好舆情监测和应对策略

互联网迅猛发展,为公众打造了便捷的情绪宣泄平台,让人们能更自由地表达观点与情绪。在此背景下,人工智能等新媒体技术在网络传播中广泛应用。比如,人工智能技术助力社会公众情绪在网络空间进一步聚合,有力拓展信息传播的范围与力度,深刻影响公众行为。

若人工智能技术应用不当,可能引发群体情绪失控、主流媒体权威性削弱等传播问题。这些问题虽源于网络环境,却会对现实社会造成冲击。因此,必须高度重视新媒体技术在网络中的合理应用,充分发挥其优势,强化舆情监测,制定有效应对策略,妥善处理各类潜在问题。

(1)运用新技术加强舆论舆情预警机制。随着科学技术的发展,一些新技术可以运用到现实生活中,对舆情预警起到极大的作用。例如,在网络生态治理过程中,通过关键词搜索,查找出年度热度;可根据关键词回顾事件,尤其是那些危害社会稳定和谐的事件,分析其传播舆情特点和带来的社会影响,为下一次相关危机传播提供参考。与此同时,当某件风险事件爆发时,可以查找出极容易引起社会公众情绪激动的信息,对该类信息进行把控,辨认其真伪,深思熟虑之后进行有取舍的播报。

(2)充分运用先进的算法技术。我们能够深入分析网络用户在媒介浏览过程中展现出的喜好和习惯,进而精准地揭示出用户当前的生活状态及精神面貌;对一些"异常"用户提前干预,将风险危机扼杀在第一线,减少风险信息传播的概率。[1]同时,能够对自媒体用户进行有效监督,通过运用先进的算法技术,精确计算出自媒体用户在特定时间段内内容创作的合格率。对多次发布传播虚假信息的账号,严肃查封,维护网络生态健康稳定,营造优质信息传播环境。严格把控信息源头与传播路径,能一定程度控制公众情绪扩散速度和范围,实现舆论舆情有效预警。

(3)及时跟进并制定正确的响应策略。主流媒体具有官方权威性、传播广泛性及深刻的社会影响力,在舆论传播过程中具有先天的引导优势,能在传播过程中发挥较大的传播引导和舆论规避作用。因此,政府应借助新媒体平台,积极传播主流价值观,科学引导个体用户的传播方向,降低网络舆情风险。一旦发现网络风险信息,应当保持高度的关注。尤其在舆论爆发期,舆论力量如滚雪球般不断积聚扩大,此时更要积极应对,主动引导舆论甚至主导舆论走向,消除公众疑虑,减轻社会恐慌情绪。

当社会安全突发事件发生时,我们可以使用各种用户活跃度极高的新媒体平台,及时、全面、客观发布事件信息。在传播过程中,注意与网民互动。一方面,积极回答网民的疑惑,尽量安抚其激动、恐慌、不安的情绪;另一方面,把网民的评论当成是一种信息源,认真、积极地接收和思考其反馈信息,通过共同分析、合力探讨,找出解决问题的最佳方法。

第二节 网络集体行动的动员机制

网络集体行动以互联网为依托,是对网络事件开展留言、点赞、转发、传播、跟踪等线上活动的群体行为。与传统集体行动不同,它发生于线上而非线下。生成式人工智能技术时代,网络空间折射现实社会,为社会活动提供新技术场域,促使集体行动场域从线下向线上转移。现实社会中个人的矛盾、冲突、不公等问题,以及积极或消极情绪被带入网络空间,个体情绪宣泄可能引发大众情绪共鸣,进而升级为网络集体行动。

---

[1] 张爱军,师琦.人工智能与网络社会情绪的规制[J].理论与改革,2019(4):34-46.

一、基本特征

由于不同个体的社会情绪、社会态度、社会风气与价值观等方面存在多样性,这些差异因素共同促使网络集体行动发生。在生成式人工智能的媒体时代,各种社交网络媒体更容易成为大众宣泄情感、阐述观点及展现价值观的重要平台,与现实社会活动形成平行且互补的关系。具体而言,全媒体环境下的集体行动具备以下基本特征。

(一)效率高,时空限制小

面对各类群体性事件,拥有共同兴趣、利益和诉求的网民在网络平台自发组织起集体行动,这些行动主体不仅涵盖国内网民,还涉及海外用户。网络平台彻底打破了地域的固有界限,从而实现了网络舆论地域环境的全新构造。相较于传统媒体,新媒体环境下地区性突发事件具有显著的及时性优势。新媒体突破了时空限制,大大缩短了网络传播风险的演进阶段,使突发热点事件能够在短期内迅速扩散并引发广泛关注。这种跨地域传播特性使事件的影响范围更为广泛,进一步加剧了网络舆论环境的复杂性和多样性。

(二)门槛低,隐蔽性强

网络集体行动之所以持续壮大,其中一个关键因素在于其低门槛与强隐蔽性的显著优势。低门槛主要体现在两个方面。首先,学历门槛相对较低。新媒体工具的便捷性和大众化特质,使即便是低学历或无任何技能的人群也能够轻松使用。微博等新媒体平台的受众基础广泛,操作简单易懂,从而确保了庞大的用户基数。其次,成本门槛较低。在互联网普及程度日益提高,信息传播速度迅猛的当下,地区性突发事件发生时,其他地区网民无须亲身前往事发地参与实际行动,而是可以通过网络点赞、转发、评论等低成本方式参与。部分网友还运用自身技能制作宣传海报,直接在网络空间进行宣传,从而避免了传统方式中的打印、张贴、发放等环节所产生的费用,从源头上降低了参与网络集体行动的成本。此外,互联网的隐蔽性优势消除了人们因担心身份暴露或遭受歧视而不敢发表观点的心理障碍,使网民能够大胆地在网络空间中表达观点,进而有效提升了他们在舆情事件中的主导地位。

(三)舆情信息组织形式自下而上

信息内容生产模式经历了从专业生成内容(Professional Generated Content, PGC)到用户生成内容(User-Generated Content, UGC)的显著演变。这一转变不仅深刻影响着传统媒体行业的运作方式,同时也对广大用户产生了深远的影响。UGC内容生产模式的兴起,极大地解除了用户以往仅作为"看客"的身份束缚,使他们能够积极投身于内容生产的广阔天地中。因此,用户在这一模式下扮演着双重角色,既是内容的创造者,也是内容的消费者。用户内容生产的主要表现形式体现在微博、今日头条、抖音等自媒体平台的广泛运营上。这些平台为用户提供了一个展示自我、表达观点、分享生活的舞台,使用户可以充分发挥自己的创造力和想象力,生产出丰富多样的内容。在UGC内容生产模式的背景下,尤其在突发事件新闻报道中,一个显著的现象是网民发布的信息往往先于官方媒体发布。这一现象充分展示了UGC模式的时效性和广泛性,同时也对官方媒体的新闻报道提出了更高的要求。

二、发生机制

近年来,随着社会发展和城市化进程的迅猛推进,我国民众的生活品质已取得了显著的提升。然而,东西部地区间经济发展失衡、城乡基础设施配置不均、教育资源分配不均等利益分配不公问题依旧存在,如何有效满足人民群众日益增长的美好生活需求已成为当前社会发展亟待解决的首要课题。在网络环境的推动下,人民的自主表达权得以充分释放。同时,由于网民对信息掌握的不对称性,以及缺乏客观甄别问题的能力,社会冲突和矛盾在网络空间中不断被放大,网络集体行动逐渐成为反映社会矛盾的主要表现形态。

(一)网络集体行动发生前提

在网络世界中,面对五花八门的信息洪流,为何仍有人愿意投入时间与精力参与网络集体行动?这背后的原因,实则源于网络空间已逐渐演变成为新的社会活动舞台。网络虚拟社会中的集体行动并非与现实世界割裂,而是人类群体交往的延伸及空间情境的拓展。往往能够引起网友广泛关注的,正是现实社会问题的投影与折射。集体行动群体通常拥有共同的理想追求或利益诉求,当这些理想或利益受到外部因素的威胁时,行动者们普遍认为,通过集结群体的力量,能够重建或恢复正常的社会秩序,从而有效维护自身的权益。网络集体行动的发生,其前提条件主要可归结为结构性压力与触发性事件两大方面。

(1)结构性压力。结构性压力是指由于社会结构性因素的变化或突发危机状况所引发的压力现象。我们必须正视这些结构性压力所带来的挑战,通过深化改革、优化资源配置、促进社会公平正义等手段,逐步缓解和消除这些压力,为社会的和谐稳定与持续发展奠定坚实基础。

(2)触发性事件。触发性事件,是指那些突然发生的、能够刺激人们情绪的特定事件或信息,它们的作用就像一根导火线,能够点燃网络集体行动的火焰。诸如各种负面信息或是敏感事件,常常在微信、微博、抖音等自媒体平台上被爆料出来,引发广大网民的围观和参与,进而逐渐演变为网络集体行动。另外,这些事件也可能通过传统媒体的报道,吸引公众的广泛关注,进一步推动网络舆论的发酵。

(二)网络集体行动发生的原因

网络空间集体行动,除主观因素刺激,还受互联网匿名性优势、新媒体助推、个别网民情绪煽动,以及传统媒体合力推动等客观因素共同作用。

(1)网络匿名性。网络为集体行动参与者提供了隐秘的平台,使他们可以在其中隐藏真实身份。尽管PC端和移动客户端背后都是真实的个体,但透过这些终端,我们所能看到的仅是他们的虚拟身份,而无法洞悉其真实身份。这种"身体的缺场"和"匿名性"的特性,使每位参与者都有机会构建虚假的身份来掩盖真实身份,从而在某种程度上减轻了社会阶层、职业差异及财富差距所带来的压力和束缚。在诸如QQ、微信、微博及各大论坛等社交媒体中,面对素未谋面的陌生人,我们可以借助网络匿名性来伪装自己。这种匿名性为参与者提供了一个自由且平等的发言平台,使各种不同观点和看法得以自由表达,进而发挥强大的舆论效应。正是因为网络匿名性,人们才能够摆脱对身份和职业的顾虑,勇敢地在网络上发声。

(2)新媒体的助推作用。随着生成式人工智能技术的飞速发展,从1G到

5G的飞速跨越,其功能从最初的通话、短信发展到如今的信息查询、社交聊天、娱乐休闲等,其中最本质的变化莫过于信息传播的去中心化。如今,每个网民都可能兼具信息接收者与发布者双重身份。新媒体平台发布信息时,相较于传统媒体缺少严格把关环节,赋予网民更大言论自由,为网络集体行动创造条件。此外,抖音、QQ、微信、微博、今日头条、快手等社交网络新媒体平台,凭借碎片化、个性化、便捷化特点,让人们对手机媒介愈发依赖。新媒体去中心化特性与庞大网民基数,不仅拓展舆情信息的深度与广度,还大幅压缩网络舆情从萌芽到酝酿的周期。度,还大大缩短了网络舆情从萌芽到酝酿的进程。

(3)网民卷入。网民在看到某一消息后,并不是对所有信息进行点赞、转发、评论,或持续关注该事件,而是对直接或间接侵害自己的利益信息进行反馈,这类反馈属于网民卷入范畴。在信息不对称、网民认知层面低且自身媒介素养不足的情况下,网民往往容易受到"意见领袖"的影响。在网络舆情事件中,排名靠前的热评常常能左右舆情走向,因此不少舆情公关使用抢热评的手段来处理突发舆情事件。在面对新闻信息时,特别是突发舆情事件,评论内容往往比文章内容更有吸引力,网民花时间看评论的时间比看新闻事件的时间更长。但在网络评论中,由于有的网民观点良莠不齐,有剑走偏锋,有客观理性,为避免过激的观点偏离正确的舆论走向,信息发布管理者通常以精选评论或删除帖子的方式来进行处理。

(4)新旧媒体共同发力。近年来,网络舆论传播风险危机时有发生,凸显了传统媒体与新兴媒体在信息传播中相互交织、共同影响的特点。这些危机事件往往是在传统主流媒体和新媒体共同推动下,逐渐升级并引发广泛社会关注的。传统媒体,如电视、报纸等,凭借其权威性和公信力,通过记者暗访、焦点访谈等方式,将社会问题曝光于众,有效减少了受众在判别事情真假时的困惑。这种传播方式能够在更大范围内、更广泛地影响公众,形成一定的社会舆论压力。与此同时,新兴媒体如抖音、QQ、微信、微博等平台,以其个人化、去中心化的特征,为信息传播提供了更加便捷的渠道和方式。这些新媒体平台能够快速地将信息传播到更广泛的受众群体中,并引发大规模的讨论和关注。这种传播方式不仅加速了舆情信息的传播速度,还增强了其动员效果,使舆情信息能够在短时间内产生更大的社会影响。由此可见,新媒体在扩散信息方面的能力并非完全依赖于其自身的传播力,而是需要与传统媒体共同发力。两者在信息传播中相互补充、相互促进,共同构成了当前复杂多变的舆论环境。

(三)网络集体行动的传播路径

网络集体行动的形成并非一蹴而就,而是一个逐步演进的过程。在这一过程中,点赞、评论、转发、二次创作和传播等群体性行为构成了网络集体行动的主要表现形式。对于大多数网络事件而言,集体行动的传播路径可以概括为四个相互关联的阶段:外来刺激的引入、集体情绪的累积、集体认同的形成及集体行为的选择。这四个阶段并非孤立存在,而是相互交织、相互影响,形成了一套动态发展的工作机制。在这一过程中,各阶段的互动与反馈不断推动着网络集体行动的发展,使其力量得以持续增强,成为推动网络集体行动发展的核心动力。当突发性灾难、利益冲突、暴力袭击等事件在网络上传播时,人们会积极关注并接收相关信息。这些事件往往触及社会不公、利益冲突等敏感问题,容易引发人们的剥夺感、冲动性、愉悦或悲伤等情绪反应,为集体情绪的累积奠定了基础。在信息发布者运用悲情、戏谑、恐惧、愤怒或隐秘等手法吸引网民关注并构建话语权的过程中,网络上充斥着各种声音和观点。这些言论对"滞后"的信息接受者产生了影响,促使他们形成集体认同,并唤起强烈的情感共鸣,进一步强化了人们的不满情绪。随着不同时段接收信息的网民在反复受到网络言论的影响,网络集体行动的能量得以不断积累和强化,最终可能引发大规模的网络集体行动。

三、动员机制

网络集体行动的动员效果除了受外在因素影响,还与人为主观性的内在因素有关。网络是新型社会活动平台,针对不同资源,人们会采取不同的动员手段。为了博取他人的同情,他们往往运用悲情式动员策略,通过凸显"强"与"弱"之间的悬殊差异,引发集体悲悯性情感共鸣,而当面临管理者强制性的言论自由限制时,人们则倾向于采取戏谑式动员策略和隐秘性动员策略来规避言论监测。

(一)网络集体行动的新兴平台

传统媒体在信息传播过程中,主要扮演传播者角色,而受众则多处于被动接受信息的地位,二者界限不清晰,缺乏有效的互动性。传统媒体更多的是作为一种信息发布平台存在,受众在面对报纸上的负面消息时,往往缺乏有效的情感宣泄途径,且线下集体行动易暴露身份,难以形成大规模的社会效应。然而,新媒体以其去中心化、缺少"把关人"等特性,赋予了其更为丰富的身份定位。新媒体不仅是信息的发布平台,更是网络集体行动的重要渠道。随着西瓜视频、火山视频、抖音等短视频平台的崛起,推动了网络娱乐内容的广泛传播,但同时也带来了一系列问题。诸如一些虚假视频的发布,容易引发网民的盲目性传播,对社会稳定造成潜在威胁。网络空间的独特之处在于,它提供了一个娱乐、社交一体化且与现实社会平行的场所,使网民能够在此进行大规模的集体行动。

(二)网络集体行动的动员资源

网络空间具有强大的辐射能力,能够将不同的社会世界紧密连接在一起,从而形成庞大而复杂的社会关系网络。在这个网络空间中,群体内部的领袖或鼓动者能够借助互联网平台发布各类信息,包括寻求帮助、揭露虚假谣言等,从而获取各种形式的资源。这些资源可能表现为集体认同、事件报道与关注度、话语权地位的提升,以及直接的物资和资金支持。网络将不同地区的人们紧密联系在一起,形成了一个庞大的社会关系网络。在特定事件中,网络集体行动能够迅速汇聚各种人力资源,有效提升号召力和扩大事件的影响力,为解决问题和推动社会进步发挥了重要作用。

(三)网络集体行动的动员方式

网络集体行动的媒介环境构建的目的是吸引公众的注意力,让公众知晓、关注某事件,让该事件传播力更大,这是网络集体行动的第一步。在网络信息碎片化时代,受众没有过多精力关注事情起因经过,在信息不对等的情况下,仅凭标题或评论,甚至受热评"意见领袖"的影响,来臆测事件。在这种现象下,部分信息发布者和评论者运用悲情式、戏谑式、愤怒式和隐秘式的动员方式,更容易吸引受众目光,也容易让其他受众受到刺激,失去自己的认知判断,盲目跟风,以实现评论者被认同的快感。

(1)悲情式动员策略。悲情式动员策略作为一种特定的信息传播方式,主要通过文字、语音和视频等多种媒介形式,刻意构建出一种强烈的强弱对比情境。这种对比越显著,越能够在受众中激发出强烈的情景认同感。在诸多旨在吸引网民关注的信息事件中,悲情式动员策略被广泛运用。通过悲情化的叙述手法,策略制定者故意夸大政府、企业、富人阶层等强势群体的"强大",同时强调行动者自身的"弱小",从而构建出一种强与弱的鲜明对立。这种策略在吸引公众关注、赢得舆论支持方面确实具有显著效果。然而,其负面影响也不容忽视。通过强化强弱对比,悲情式动员策略往往容易引发社会不满和对抗情绪,对权力支配者形成一定的威胁。

(2)戏谑式结构策略。戏谑式结构策略在网络集体行动中扮演着举足轻重的角色。在公众表达渠道受限,网络言论遭受删除,正常情感宣泄受阻的情况下,人们往往会选择采用"迂回战术",借助富有个性的隐喻来传递内心情感,进而激发群体的共鸣。

(3)愤怒式动员策略。在面对挫折或个人利益、集体利益受到侵害时,愤怒作为一种情绪表达方式在多个场合中屡见不鲜。愤怒式动员通常借助道德失范等极端行为来激发公众愤怒情绪,并进而进行动员。在此过程中,动员人员通过质疑、强化和揭露等手段,进行舆论评判,使意见在互动中不断加强,最终构建出网络集体行动的框架。愤怒式动员策略与悲情式动员策略所引发的集体情绪存在显著差异。悲情式动员策略主要唤起人们的同情和悲悯之情,而愤怒式动员策略则更容易引发剥夺感和愤慨。特别是在网络空间中,当话题涉及道德失范及相关行为越轨时,一旦这些话题触发了公众的剥夺感,且这种剥夺感影响了受众的情绪,就极易诱发集体愤怒情绪。

(4)隐秘式动员策略。隐秘式动员策略是一种迂回手段,与戏谑式动员策略不同,它借助字母缩写、表情包拼凑、同音字替换等方式,营造模棱两可的表象,需阅读者深入挖掘才能知晓含义。

近年来,我国持续加大互联网管理力度,强化网络信息监管。国家互联网信息办公室(简称国家网信办)常设定与信访机构相关的关键词,作为监测信息依据,全面把控论坛、微博、微信、网站等媒介平台的舆情信息,实现有效舆情引导。由于舆情监控机制依赖关键词筛选,部分网友为避免敏感信息被监测删除,采用字母缩写、表情包拼接、同音字替换等隐蔽动员方式,试图规避系统监测。他们虽未直接用文字表达真实意图,但通过字母缩写、同义字替代,同圈子成员往往能心领神会;新成员或普通读者,可依据下方暗示性评论,猜测缩写、代号的具体含义。

综上所述,我们可以清晰地看到,随着生成式人工智能技术的快速发展,网络传播正在不断向大众群体延伸,越来越多公众关注各种突发性事件的相关信息。然而,由于不同接受者的文化程度参差不齐,缺乏甄别信息能力,盲目跟风现象日益凸显。值得注意的是,人们参与网络集体行动并非因为自身利益直接受到侵害,也并非受到蝇头小利的驱使。相反,网络集体行为的发生是触发事件、策略动员和情感认同三者共同作用的结果。在新媒体环境构建的社会网络中,网民采用悲情式、戏谑式等多种动员策略,以获取话语地位。甚至有部分网友为规避网络管理的打压,采取隐秘式策略发动网络集体行动。尽管国家已经出台了网络安全治理的法律法规,但仍难以从源头彻底遏制不法分子利用网络匿名性、便捷性、低成本和跨时空等特征,在网上煽动反社会情绪,企图破坏社会和谐。为避免陷入不法分子利用戏谑式、恐惧式和隐秘式等动员策略为自己构建话语权的陷阱,我们应该不断提高媒介素养,加强信息识别能力,理性客观地看待此类事件发展。

四、传播机理

生成式人工智能技术的快速发展,使各种新兴媒体日益成为公众言论集聚的重要平台,社会安全突发事件产生的网络舆情因其特殊性容易衍生影响社会公共安全的风险信息,成为挑动社会负面情绪的重要因素。作为非常规性的突发事件,社会安全突发事件较一般事件而言具有敏感性和极大的危害性,决定了其网络舆情具有特殊性、片面性和情绪化等特点,在社交媒体上的扩大化和扭曲化传播易引发恐慌❶,其舆论风向如果引导不力,引发的带有负面的社会情绪可能对社会公共秩序、社会信任体系带来不利影响。

(一)传播类型

通过相关文献分析,媒介融合背景下社会安全突发事件的网络舆情传播,可以分为单一型、单向型和多向型三种传播类型。

单一型是指各受众直接从信息源接收信息,受众相互之间基本不受影响,传播路径比较短。在这种路径中,各受众直接从信息源接收信息,整个信息传播过程基本不存在两级传播现象,但可能包含碎片化信息传播。不论是传统媒体时代还是全媒体时代,单一型传播路径都是社会安全突发事件网络舆情传播路径中较常见的一种类型。

单向型是指受众A从信息源接收信息,传播至受众B,受众B从受众A处接收信息,再传播至受众C,以此类推。在单向型传播路径中,很有可能存在多个"意见领袖",各个"意见领袖"作为两级传播的中心媒介,传播至其下一级受众的信息可能与其接收到的信息出现无意甚至有意的偏差,再加上碎片化信息传播等现象的存在,单向型传播路径中可能存在舆论发酵、催化等现象,甚至出现关乎社会安全突发事件的网络谣言和煽动性言论。单向型传播路径中受众数量基本不受限制,但传播效率较慢。

多向型是指多条单一路径通过受众相互之间不定性的多向联系发生交叉重合,成为一个错综复杂的传播网络,可以说是单一型路径和单向型路径的结合。在多向型传播路径中,碎片化传播、两级传播等现象频繁出现,加之某些别有用心的不法分子混迹其中,网络舆论常常通过多向型传播路径发酵、催化,向着悲观方向发展。

(二)传播过程

全媒体时代背景下,社会安全突发事件网络舆论往往形成一个生命周期,其大致可以分为四个阶段。

---

❶ 李丽华,韩思宁.暴恐事件网络舆情传播机制及预防研究——英国典型案例的实证分析[J].情报杂志,2019(11):54,102-111.

(1) 潜伏酝酿阶段。社会安全突发事件发生后,网上开始有关于该事件的消息流传,网络媒体、"大V"转载报道,社会网民开始评论关注。社会安全突发事件网络舆论形成的一大原因是其具有敏感性与社会安全相关性,社会安全突发事件往往受到社会公众的关注且容易引发广大网友的共情心理,对自身和家园安全的威胁,使社会公众缺乏安全感,甚至对社会秩序产生怀疑,从而引发突发事件舆论开始酝酿。

(2) 初步发展阶段。社会安全突发事件一经发生,便迅速引发广大社会公众在各大互联网站、论坛、新媒体平台上的热烈讨论。转发和评论数量急剧攀升,公众对此类事件的关注度持续高涨。当网络舆论苗头开始显现时,部分主流媒体迅速介入,对社会安全突发事件进行及时且客观的事实报道。权威媒体的报道在很大程度上对其他网络媒体产生了影响,这些网络媒体纷纷跟进报道,进一步推动社会安全突发事件的舆论发酵。随着事件在网络上被越来越多地提及和关注,社会公众的参与热情也被进一步激发。他们纷纷在网络上发表自己的观点和看法,对事件的发展进行评论和讨论。这些讨论不仅增加了事件的曝光度,还促使主流媒体对事件进行更加深入的报道和分析。在此过程中,主流媒体还可能引入其他社会安全突发事件作为对比,更全面、更深入地剖析事件的本质和影响。随着网络讨论的逐渐深入和扩大,社会网民的发声也愈发强烈,形成涟漪效应。越来越多的网友加入到讨论的行列中,共同推动着社会安全突发事件在网络上的传播和影响。

(3) 高涨形成阶段。社会公众和众多网络媒体针对社会安全突发事件进行激烈讨论,并在不同的社交网络媒体上进行转发传播,不同甚至相反的意见观点进行融合或碰撞,各种官方权威媒体也参与其中,逐渐在网络上形成基本一致的观点或者完全相反的观点,网络舆论基本形成。随着网络舆论的升级,社会安全突发事件的相关信息在线上和线下均得到了众多关注,并可能形成"线上传播、线下实施;线上煽动、线下轰动"的风险效应,甚至开始显现出各种负面社会情绪。

(4) 衰减消退阶段。随着权威媒体对社会安全突发事件的真实情况进行公开报道,以及对社会安全突发事件引发的各种问题进行回应,社会公众的负面情绪得到疏通和缓解,渐渐从不理智的恐慌焦虑状态回归理智。同时,网络上的讨论热烈程度随着时间推移也逐渐下降,整体的网络舆论开始随着媒体的正确引导和控制往积极的方向发展。社会公众开始关注其他新的网络事件,对社会安全突发事件的关注度下降,网络舆论逐渐衰减消退。

(三)传播特点

(1)新媒体与传统媒体互动增强,网络舆论呈现"倒流"趋势。在传统媒体时代,网络舆论形成的讨论载体主要是报纸、电视等传统媒体。然而,在生成式人工智能技术的助力下,网络舆论形成的载体主要转变成各大互联网客户端和自媒体平台,比较典型的是"一网两端多平台"。报纸、电视、广播等传统媒体虽然仍参与其中,但其作用逐渐在下降,并且许多传统权威媒体都在微博等新媒体平台上开通了自己的公众号。在越来越多网络舆论形成过程中,这些传统媒体反而需要从许多社会公众那里获得第一手信息。新媒体和传统媒体的互动增强,显著推动着网络舆情的演变和发展,网络舆论"倒流"至传统媒体的现象明显在增加。

(2)网络舆论形成的讨论载体逐渐多样化,新媒体平台的影响力逐步增强。在传统媒体时代,网络舆论走向往往受到传统权威媒体的议程设置的影响,而全媒体时代,新闻信息传播的时效性增强,互联网中的匿名性和交互性使自媒体的发展迅猛。网络舆论形成的载体不再仅局限于报纸、电视等传统媒体,微博、微信、手机客户端等新媒体平台也逐渐成为形成网络舆论的主要载体。微博打破了传统媒体时代"官方媒体传播,受众接受"的单向传播模式,社会网民在该平台上参与度高,且新媒体平台传播具有碎片化传播、方便快捷等特点,使得微博在网络舆论形成的过程中所发挥的作用大大增加,成为形成网络舆论的主要阵地。

(3)"线上传播、线下实施;线上煽动、线下轰动"趋势明显。处于全媒体时代的社会网民对社会公共事件网络舆论的参与度较之传统媒体时代大大增加,公众通过各种媒体平台可以方便快捷地参与社会安全突发事件相关信息的转发和讨论中。随着这种现象的高涨,社会公众渐渐不满足于在网络上直抒胸臆,许多社会安全突发事件的传播过程中都出现了"线上传播、线下实施;线上煽动、线下轰动"的现象。最重要的是,这种现象带来的后果和影响往往是负面的。

(4)线上表达与线下实践逐渐融合。在传统媒体时代,虽然社会安全突发事件经由各大权威传统媒体向社会公众进行广泛报道,并在一定程度上引发了社会舆论,但最终对于这类事件的判断仍然是在线下进行的。然而,随着生成式人工智能技术和全媒体时代的到来,社会安全突发事件所引发的网络舆情,实质上已经成为社会公众对于这类事件态度、情绪和意见的集中体现,甚至在网络舆情中,我们还能够窥见社会公众的行为倾向。因此,在网络舆论的逐步形成过程中,众多社会公众已经通过网络平台直接或间接地对突发事件进行了相关的"认知"。这种认知,无疑在一定程度上对线下相关部门的决策和界定产生了深远的影响。

(四)诱发机制

在社会安全突发事件发生后,舆论主体(包括社会网友、"意见领袖"及"大V"等)会通过三种主要传播渠道接收到相关事件的详细信息。随后在舆论主体内部,这些信息会经历一系列复杂的传播与反馈过程,最终汇聚成网络舆论。这一过程极为复杂,涉及众多因素。鉴于社会安全突发事件的敏感性、网络环境的匿名性、互联网的交互性及部分网民可能表现的不理智态度,舆论往往容易进一步被催化并加速发酵。对于涉及社会安全突发事件的新闻报道,若处理不当,极有可能引发不利于社会公共安全的舆论导向,加剧社会负面情绪,进而形成负面舆情。总体而言,引发负面舆情的因素大致可以归结为以下三个方面。

(1)社会安全突发事件因素。社会安全突发事件本身具有强烈的危害性、刺激性和不确定性,事件中的受害对象、发生时间、发生地点甚至发生原因都和社会公众自身的安全密切相关,一些不法分子有意避开政府机关、机场等关键设施的严密防御范围,城市成为他们的主要目标[1],还有的选择早市、火车站售

---

[1] 张潘.从郑州"2015·9·7'独狼'暴恐事件"看城市反恐长效机制的构建[J].云南警官学院学报,2018(1):54-57.

票窗口等尚未得到有效防御的人群密集场所❶。由于社会安全突发事件的非常规性,社会公众极易受到突发事件的伤害或影响,极易引发公众的恐惧、焦虑等情绪,加之突发事件的受害者是社会弱势群体,这些原因叠加致使社会公众对突发事件一直保持着高度敏感和关注。

(2)网民自身因素。社会公众在面对突发性事件或灾难性事件时本身具有不理智性和恐慌性,焦虑、恐惧等负面情绪容易引起公众自身的主观猜测甚至臆想。当前,社会安全突发事件发生后,网络上出现的信息源头常常是目击群众而非官方媒体,在普通网民发布信息到相关部门了解事件真相并作出回应、发布官方新闻信息这一段时间内,极易发生风险舆情的发酵,普通网民发布信息(信息很有可能不完整甚至片面),"大V"参与评论和转发,而相关部门尚未作出回应,这样的情况下社会公众极易产生恐慌心理,引起焦虑等负面情绪,并通过互联网将这种负面情绪向周围无限扩散,形成一个恶性循环。社会公众往往在获取社会安全突发事件相关信息后,结合自己的理解和认知,从而形成一种对社会安全突发事件的认识。这种认识往往是自我的,是带有浓厚的个人主观情绪色彩的。大量的个人自我认识在网络上进行交流整合,形成一种网络整体认识,这种网络整体认识非常容易因为缺乏理性而受到负面情绪的影响。

(3)网络媒体报道方式。各种不断新兴的网络媒体是社会公众获取新闻信息的一大途径,促使新闻信息传播的时效性大大提升,新闻信息发布的途径和方式相较于传统媒体时代也更加丰富多样。而且,网络媒体分众化已经越来越明显,某些网络媒体的信息发布侧重点往往比较片面;加之网络上出现越来越多的"营销号",这些"营销号"的目标通常是通过标新立异来吸引网民的注意力达到聚焦效果,因此在发布消息时因为自身的利益因素往往带有主观意识,发布的信息具有较强的煽动性和较低的真实性。这些网络媒体的综合因素常常会导致社会安全突发事件信息的传播碎片化,社会公众容易接收到碎片化信息,甚至是虚假信息。

---

❶ 柴瑞瑞,刘德海,陈静锋,等.考虑防御拓扑特征的暴恐事件演化博弈模型和仿真分析[J].运筹与管理,2017(5):28-36.

(五)存在问题

近年来,国家积极推行媒体融合发展战略,无论是理论层面的深入探讨,还是实践层面的大胆尝试,抑或是政策层面的有力推动,都取得了显著成果,使媒体融合平台能够更好地服务于民。然而,媒体融合作为一个新兴领域,其发展并非一蹴而就,实践过程中仍然存在着诸多难题和挑战。通过深入分析,我们发现当前媒体在引导舆论的过程中,主要存在以下问题。

1. 平台规划缺乏长远思考

(1)县(区)级融媒体中心建设的难点和误区依然存在。从时间维度来看,要在较短的时间里全面建设县级融媒体中心,任务艰巨,而更为关键的是要打造出站位高远、质量上乘、充满地方特色的融媒体中心。

从全国范围来看,多个省(自治区、直辖市)提前完成了融媒体中心的建设任务。就融合路径和运作体制而言,有的地区完全由财政承担,纳入事业编制;有的地区则在政府相关部门统筹指导下,面向社会公开招标,实现市场化运作;还有的地区则采用财政与市场化相结合的方式,以财政为主,市场为辅。无论采取何种形式,都需要进行科学的、系统的规划。然而,从目前的运营状况来看,融媒体中心在体制机制创新、资金保障、专业技术人才、内容原创性、受众群体拓展及地方特色凸显等方面均存在共性问题,这些已成为当前融媒体运营的难点所在。此外,由于融媒体中心建设历程尚短,从启动到建设运营仅有几年时间,因此在建设路径和融合方式上还存在诸多困惑和误区。从融媒体中心的领导层到执行层,观念上的转变尚未完全到位,对融合战略的本质和要领认识尚浅,往往照搬照抄他人所谓的成功经验,未能真正结合本地实际凸显地域特色。这种表面上的融合实际上仍停留在原有的合作模式上,未能达到"1+1>2"的效果,更未能满足中央提出的融合战略要求"必须从媒介融合阶段尽快迈向整合融合阶段"❶。

(2)当下媒体政务服务的堵点和痛点依然突出。当前,"互联网+政务"与"媒体+政务"已然成为时下最为热门的话题,其核心宗旨在于"让数据多跑路,

---

❶ 关琮严. 从媒介融合到整合融合——县域广电媒体融合的路径探索[J]. 中国广播电视学刊,2019(11):93-95.

让群众少跑腿"。特别是随着大数据、云计算、人工智能等前沿技术的融入,正深刻改变着政务服务的生态格局,并为整个政务服务市场注入了巨大的活力与可能性。然而,审视当前的媒体政务服务现状,我们不难发现一些问题。首先,办事入口缺乏统一。许多媒体政务服务平台缺乏整体规划,导致单位内部存在多个服务登录通道,给用户登录带来极大的困扰与不便。其次,政务信息难以实现共享。数据资源不共享的问题长期存在,如一个单位内部经常会有多个平台要求提供相同的数据信息,造成资源浪费与效率低下。再次,平台功能尚不完善。虽然许多媒体平台都设计了丰富的栏目分类,但用户在检索时却常常发现某些栏目无法点击或进入后页面空白,且部分平台与网民之间的互动性较差,难以满足用户需求。最后,服务信息存在不准确问题。部分媒体平台更新不及时,公布的联系方式、办事资料准备、操作流程等信息不详细、不规范,影响了用户体验。

2. 平台发展缺乏精准定位

社交网络媒体的迅猛发展,为当前媒体服务公众提供了难得的机遇。然而,长期以来,多重因素的交织影响,受众群众的普及度在一定程度上受到了制约,导致受众群众存在明显的偏向性问题,成为当前尤为突出的现象。

近年来,尽管我国网民数量呈现迅猛增长态势,但非网民群体依然以偏远地区人群为主。其中,使用技能的缺乏、文化程度的限制及年龄因素成为非网民不上网的主要原因。这种网民结构容易引发社会媒体信息传递的马太效应现象。马太效应最早由美国学者罗伯特·莫顿于1968年提出,它揭示了一种科学界名声累加的反馈机制,表现为两极分化、强者愈强、弱者愈弱的局面。在信息传播的过程中,马太效应表现为一种典型的用户关系驱动的信息传播方式。特别是在当前信息社会,信息或数据的掌握者往往成为主导者,拥有较大话语权。因此,从网民与非网民的占比及年龄结构来看,如何引导偏远地区的"非网民"群体和50岁以上的网民群体,积极参与网络问政、社会治理,打通媒体服务公众的"最后一公里",依然是当前推进国家治理体系和治理能力现代化进程所面临的关键问题。

3. 平台运营缺乏规范管理

（1）对个人隐私信息保护不当。从当前各大平台的运营现状来看，由于尚未形成统一的隐私标准，众多平台仍要求用户通过注册、扫码等方式登录。特别是在公众参与问政、服务等互动环节时，用户往往需要详细填写各类个人信息，而在信息公开的具体流程和环节中，由于标准各异，公开的内容和范围往往难以准确界定。尽管许多媒体在公开信息时采用了马赛克或打"*"号等处理手段，但细心观察仍不难发现其中的关键信息。这样的现状无疑对用户的隐私安全构成了一定的威胁，应予以高度重视。

（2）各种碎片化传播现象突出。碎片化传播作为新媒体的一个重要表征，而碎片化传播既给政府的信息服务工作带来极大挑战，又给社会公众用户群体形成一些信息过剩的垃圾信息或冗繁信息，甚至演变为网络谣言，扰乱人们正常的生活，造成恶劣的社会影响。同时，网络媒体所传播的碎片化信息不仅使公众对政府发布的公开信息理解能力不足，容易造成误读和误解，影响正常的信息传播、沟通功能，而且公众反馈信息的碎片化也给政府相关部门在进行在线互动沟通、处理网络问政等问题上带来阻碍，甚至影响处理事务的公平、公正和效率。诸如不实信息、图片及视频等在各媒体平台及微信朋友圈内疯狂传播，尤其以社交网络媒体为重灾区，成为网络谣言滋生的温床。这些谣言信息的广泛传播，不仅扰乱了正常的社会秩序，更给人们的日常生活带来了极大的困扰和误解。

（3）融媒体平台不更新、不回复现象突出。政务网站作为新媒体时代的"一网两端多平台"格局尚未全面铺展之前的重要媒介，一直扮演着政府与社会公众之间的关键桥梁角色。它不仅是政府展示对外形象的重要窗口，更是折射政府相关部门当前工作风貌和精神的镜子。同时，政务网站还是公众行使知情权、监督权，积极为政府治理工作提出宝贵建议的关键渠道。然而，长期以来，我国政务新媒体中普遍存在着一种重建轻管、建后疏于维护的僵尸化现象。这种现象严重阻碍了政务媒体正常发挥上传下达的职能，也导致了公共资源的无谓浪费。更为严重的是，这种现象削弱了社会公众参与社会治理的积极性，使政务媒体应有的社会作用无法得到有效发挥。此外，政务媒体的不及时更新、对公众留言不回复等问题,也大大降低了社会公众对政务网站的关注度和信任度。点击量的持续低迷及公众的批评和谴责,进一步削弱了政务媒体管理者继续创新和改进的动力,使政务媒体陷入了恶性循环的尴尬境地。

4. 平台评判缺乏科学标准

在众多的政务新媒体平台中,如何对评价管理办法进行优化,以建立一套科学的评估制度,从而推动政务新媒体的规范、健康与可持续发展,已然成为当前的核心议题。以前关于政务服务机构(包括大厅、中心、站点、窗口等)的评价体系已逐渐成熟,如"谁推动""谁来评""评什么""怎么评""怎么用"等评估办法都呈现系统化和科学化的特点。然而,当前的关键问题在于如何结合不同新兴媒体平台的独特特性,进一步对具体的评价指标体系进行量化和细化。这不仅是提升政务服务水平的必然要求,也是确保政务新媒体规范、健康、可持续发展的重要保障。

(五)解决策略

从信息扩散机制的角度来看,社会安全突发事件的网络传播风险受到传播路径的影响;从碎片化传播的角度来看,社会安全突发事件的网络传播风险受到新媒体平台的影响。因此,应该抓住整个网络传播风险的生命周期演进规律,建立社会安全突发事件网络传播风险应对机制。

(1)加强有关社会安全突发事件敏感信息的互联网监控,将风险扼杀于萌芽状态(舆论风向恶化前)。全媒体时代背景下,社会安全突发事件网络传播风险效应,至少要在舆论初步发展阶段甚至高潮形成阶段才能够体现出来。所以社会安全突发事件发生后,网络舆论的潜伏酝酿阶段是一个可以采取主动防范措施的绝佳时期。各种导致风险舆论出现的信息源头基本在这个阶段。因此,在这个阶段,相关部门可以建立一个专业高效的互联网监控机制,专门针对各种有关社会安全突发事件的敏感信息,发现敏感信息源头后,及时准确地进行处理,将风险扼杀于萌芽状态。

(2)积极观察社会公众的心理、情绪变化,准确把握风险信息源的切入点及突破口(舆论风向恶化期)。社会安全突发事件网络传播出现风险效应往往是因为网络空间中出现了不利于社会安全的煽动性言论。这个阶段,部分社会网民已经受到煽动性言论的影响,极其容易产生恐慌、焦虑等情绪,失去独立的理智思考能力,转向一种不理智的盲目从众状态。在这种情况下,相关部门应该对社会公众的心理及情绪变化保持持续的关注和分析,同时应该结合之前的互联网监控机制,迅速准确地找到导致社会安全突发事件网络传播出现风险的信息源,并对其进行详细的分析和准确的判断,及时针对风险信息源做出澄清和回应,以保证社会公众的负面情绪能够得到纾解。

(3)建立健全的发言机制,充分发挥新媒体平台的影响力,有效引导网络舆论(舆论有效疏导期)。这些措施在社会安全突发事件发生至网络舆论完全衰减消退整个期间都适用。官方部门的权威信息往往是社会安全突发事件网络舆论(特别是风险舆论)高涨期社会公众的"定心剂",这些权威信息基本代表社会安全突发事件的事实、态度和处理方式,能够使处于安全感薄弱状态的社会公众的负面情绪得到回应和纾解。因此,社会安全突发事件发生后,相关部门应该第一时间发布正确的权威消息,并转变以往"报喜不报忧"的错误观念,主动表达负责且真挚坦诚的态度,这样才容易获得社会公众的支持,引导网民正确认识社会安全突发事件的实质。

同时,应该善于利用全媒体平台的影响力,不能只在传统媒体发言,媒介融合背景下,新媒体平台能够更"广、准、快"地将新闻信息传播给广大社会网民。相关部门应该在各类新媒体平台建立属于自己的权威发言机制,在社会安全突发事件发生后,及时线上和线下同步发布权威信息,甚至可以在新媒体平台上建立咨询、回复机制,在网络上与社会网民互动,善于组织网络上的各种"大V"、其他网络媒体等在网络上具有影响力的"意见领袖",争取组织各领域密切合作,共同营造一个风清气正的网络空间。

第三节 跟风从众效应的心理机制

一、主要表征

跟风从众效应,也称作羊群行为或从众心理,是我们日常中屡见不鲜的一种社会现象。从本质上而言,从众心理有着内在深层的原因,是个体在群体环境中的压力感、个体本身观点的缺乏,以及个体心理承受能力的不足等,这些因素共同促使个体产生跟风从众的行为。在当前社交网络媒体时代,网络空间中的跟风从众现象尤为严重,尤其是在突发事件发生后,有的社会公众在不了解事实真相的前提下,往往容易随波逐流,甚至不加辨别地疯狂转发,这种行为往往会引起不良的社会效应和后果。从网络空间中羊群效应的特征来看,主要表现为以下几个方面。

(一)常态下的不易发生性

随着生成式人工智能技术的快速发展,互联网的开放性、海量性和及时性为人们实时获取动态信息提供了前所未有的可能。如今,人们不仅能够随时随地上网浏览各类信息,而且能通过各类搜索工具核实信息的真实性,从而确保信息的可靠性。这一变革打破了以往地理空间、时间及其他条件的束缚,使信息的不对称现象逐渐得以缩小。相较于传统媒体时代,人们获取信息的渠道愈发丰富,信息的可靠性也得到了显著增强。这不仅极大地提升了社会公众的信息甄别能力,也使他们不再容易被他人的观点所左右。因此,在当前全媒体传播的大背景下,人们跟风从众的心理应当有所降低,从而更加理性地对待各类信息。

(二)紧急状态下的易发生性

从社会心理学的视角和维度审视,人们在紧急状态下往往表现出恐慌、惧怕、焦虑和紧张等一系列心理行为特征。在这种情境下,人们往往缺乏冷静思考的能力,难以理性应对。特别是在网络媒体"自动"推送信息的环境下,各种突发性事件的信息层出不穷,充斥着人们的智能手机终端。面对这些信息,人们往往缺乏深入思考和甄别真伪的能力,而是盲目地跟从他人,随波逐流。这样的行为模式不仅可能导致错误的决策,还可能加剧社会的不稳定因素。社会安全突发事件作为一种突发性的破坏力强、影响力大的超常规性事件,更加剧了社会公众的心理恐慌,从而导致社会安全突发事件发生后网络空间中不实信息、谣言遍布的现象,人们"宁可信其有,也不信其无",不理智的跟风从众现象随之产生。

(三)影响范围广,消失速度快

在当前移动互联的智媒传播时代,不论是在世界上任何地方发生的事件,都可以瞬间传遍全球的每一个角落,影响人们的心理活动和行为走向。因此,互联网背景下的羊群行为也呈现出传播范围广泛的特点,不再是在传统媒体时代的传播范围空间有限,只影响其特定的读者和受众。同时,由于互联网传播下的权威信息得到及时更新传播,从而使人们颠覆了原先的判断认知,恢复了理智,不再是盲目地跟风从众,羊群效应也随之消失。

二、发展阶段

根据社会安全突发事件的发生发展过程特征,可以分为潜伏期、爆发期、发展期和消退期四个阶段,每一个阶段都有着自身的特殊性,有着相应的羊群效应特征。

(一)潜伏期

社会安全突发事件的潜伏期,是指在社会公众尚未察觉任何预兆的阶段。这类事件的发生动因复杂多变,其突发性常常超出人们的预测能力,导致群众对此类信息的关注度普遍较低,日常生活中也不会特意去留意。尽管政府相关部门出于安全的考虑,借助媒体、海报、标语等传播手段进行广泛宣传,但长期以来形成的淡薄观念,使社会公众忽略了这些信息。尤其是在缺乏对事件相关信息足够重视的社会背景下,很可能出现被集体忽视的不作为现象,形成所谓的"羊群效应",进一步加剧了社会安全风险的潜在威胁。

(二)爆发期

当社会安全突发事件骤然爆发,人们往往陷入一片茫然,恐慌与惧怕等复杂情绪交织在一起。在社交网络媒体的广泛介入与传播下,互联网空间充斥着纷繁复杂的事件相关信息,这使社会公众在识别、证实和确认这些信息的真实性时面临不小的困难。人们或是出于寻求心理上的安全感与慰藉,或是出于对身边朋友的热心帮助,更容易轻信网络空间中传播的信息,于是他们纷纷在自己的微信朋友圈、QQ空间、微博等自媒体平台上转发、评论,这进一步加剧了事件信息的疯狂扩散,形成了更为强烈的羊群效应。这一现象给社会治理和国家安全带来前所未有的严峻挑战。

(三)发展初期

在社会安全突发事件的发展阶段,得益于政府相关部门与权威媒体的协同发声,特别是在当前全媒体时代,媒体融合深度推进,权威、可靠的信息得以广泛传播。关于社会安全突发事件的相关资讯得以清晰、完整地展现在公众面前。网络空间中的各类信息逐渐走向积极、健康的轨道,社会公众对事件的来龙去脉有了全面、深入的认识和把握。相较于过去的盲从与狂欢,人们现在更多地展现出冷静和理智的态度,有效消除了内心的忧虑和恐慌情绪,极大地减少了先前的非理性群体行为,网络空间日趋清朗和宁静。

(四)消退期

在社会安全突发事件逐渐消退的发展阶段,事件的紧张态势趋向缓和,人们对于事件的关注度也相较于先前的高涨和热烈有所降低,生产生活逐渐回归正常化,一种漠视的心理态度悄然滋生。网络媒体也不再聚焦于事件的发展动态,而是转向更具吸引力、更能引发公众关注和兴趣的其他事件和报道目标。在这种媒体传播转向的趋势下,社会公众的危机意识明显减弱,盲目跟风、从众的羊群效应已基本消失,这也为社会公众群体危机意识的淡薄提供了可能条件。

三、影响因素

(一)群体因素

在浩渺无垠的互联网空间中,每当面对五花八门、纷繁复杂的各种观点和信息时,个体的思维与行为常常难以避免地受到网民群体的深刻影响。长期以来,"少数服从多数"的观念早已根深蒂固地植根于人们心中。一旦目睹网络空间中大量的转发、评论与点赞,个体的原始观念往往会在不经意间发生转变,我们也会毫不犹豫地追随大众,迎合群体观点,呈现出明显的从众心理。这种思维的转变,很大程度上源于群体压力的无形作用。一般而言,在事件尚未经由权威媒体正式披露之前,社会公众总会怀揣着各种猜测与揣度,涉及作案人员的身份、背景、动机等方面均不乏种种推测。网络空间因此弥漫着形形色色的猜测言论,许多不明真相的网民往往会依据这些网络舆论进行跟风,或转发,或跟帖,或评论,从而使网络舆论迅速发酵,事件影响力急剧扩大。这一现象不仅可能引发社会其他成员的跟风行为,更可能对政府相关部门的公信力和形象造成影响,给社会安全及人民群众的生命财产安全带来不容忽视的威胁。

(二)情境因素

情感源于环境,而环境又受心境所驱动。不同的社会背景无疑会对公众的行为模式产生潜移默化的影响,尤其是在纷繁复杂的网络世界中,网民群体往往极易受到诸如"大V"或知名学者、专家等权威人士解读的深刻影响,进而形成狂热追捧的态势。此外,网络空间中信息透明度不足,缺乏官方权威发布或主流媒体的信息披露,也是塑造网民个体行为模式的关键情境因素。当社会安全突发事件发生时,由于具体细节和事件原因尚未经过政府相关部门和主流媒体的第一时间信息披露,而在当今社交网络媒体和生成式人工智能技术快速发展的全媒体时代,一些有关事件发生的细节往往被在场的目击者通过手机拍照并第一时间在自己的社交圈中分享。这些零散且模糊的信息往往导致社会个体更倾向采纳网络空间中其他网民的观点,进而产生跟风从众的社会心理。通常,从事件发生后到官方通报事件情况的这段时间里,大量信息都是由在场或不在场的公众发布或转发的。这一现象无疑加剧了社会公众的跟风行为,进而提升了网络传播风险危机产生的风险。

(三)个人因素

社会公众的跟风从众心理,往往是由个人性格特点、文化背景、兴趣爱好、立场观点乃至年龄性别等多重因素交织而成的综合结果。当社会安全突发事件发生时,网民个体的情感倾向、性格特质、知识储备及媒介素养等因素,将共同作用于他们是否会在群体观点的影响下改变立场,是否能够坚守自己的主张。特别值得关注的是,青少年群体已然成为我国网民队伍中的一支重要力量。中国互联网络信息中心(CNNIC)发布的第54次《中国互联网络发展状况统计报告》

显示,截至2024年6月,我国网民规模近11亿人(10.9967亿人),以10~19岁青少年和"银发族"为主。其中,青少年占新增网民的49.0%,50~59岁、60岁及以上群体分别占新增网民的15.2%和20.8%。这部分群体中的青少年,由于社会阅历尚浅、个人自信不足、意志不够坚定,同时又是新媒体的忠实拥趸者,往往缺乏对信息的甄别和判断能力,更容易受到网络空间中群体观点的影响。此外,青少年群体正处于生理和心理的快速发展阶段,他们对网络"意见领袖""大V"及网红人物等具有较高的认同感和追随度,容易产生情感共鸣和羊群效应。

四、心理动机

从众行为是一种普遍的心理无意识现象。社会安全突发事件发生后网络围观的行为是多种因素共同作用的结果,是一个复杂的社会现象。一般而言,可从内部心理倾向和外部社会环境两个维度来进行考察:一方面,从社会心理学的视角来看,是社会个体受到恐慌、惧怕、焦虑等心理作用而担心自己也去承担责任的一种从众心理行为;另一方面,从行动者当时所处的社会信息环境角度来看,是指当时的网络空间中信息不明朗、群体间信息沟通及信息成本等方面进行考量。社会安全突发事件中从众行为产生机理(图1-1)。

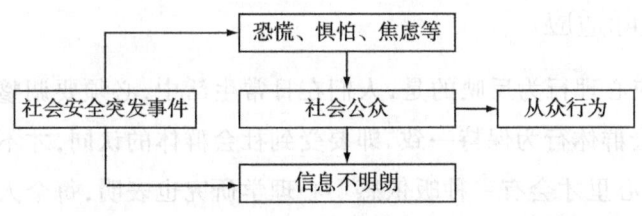

图1-1 社会安全突发事件中从众行为的产生机理

(一)寻求参照

社会比较理论指出,在情境信息不够清晰明确时,人们倾向借助他人的观点和行为作为自己行为判断和选择的参照框架。在社会安全突发事件初发之际,恐慌、害怕等心理因素的作用,许多网民往往容易受到影响,而在这一阶段,政府相关部门和传统主流媒体尚未介入,导致事件信息传播力度不足,情景信息相对模糊。在这种情况下，人们常常根据"少数服从多数"的经验性判断，认为大多数人的观点更为正确，因此会不假思索地将网友的行为和观点作为自己的参照系。

（二）偏离恐惧

社会心理学研究表明，在特定情境下，群体行为和态度往往会对个体行为施加压力，促使个体调整自身策略以迎合群体行为。这种群体间的心理感染是一种互动方式，个体在无形中受到某种心理状态的影响，不自觉地遵从。因此，当社会个体在网络空间中的态度与行为偏离群体主流时，他们可能感到内心的恐慌和不安，进而寻求与网民群体行为相契合的解决途径，以保持与网民群体的观点和行为一致。在社会安全突发事件发生后，质疑声浪往往在网络空间中汹涌澎湃，甚至在"真相"公布之前就已铺天盖地。网络舆论普遍对案件中的"真相"持怀疑态度，认为存在"事实误导""道德误导""法律误导"和"推理误导"等主流观点。在这种主流观点的引领下，其他网友纷纷效仿，跟风质疑，从而引发了社会的广泛关注和网络上的围观热潮。这一事件背后，反映出当代社会中社会个体的行为准则必须与社会群体的主流思想、价值观念相契合，以维持一种"随大流"的从众心理状态。这种心理状态体现了个体对群体认同感和归属感的追求，同时也揭示了网络空间中群体心理对个体行为的重要影响。

（三）人际适应

人际适应心理行为反映的是，人们在日常生活中，必须要调整自己的行为观点并与社会群体行为保持一致，即要受到社会群体的认同，才不至于感觉到孤独和寂寞，心里才会有一种皈依感。心理学研究也表明，每个人都害怕孤独和寂寞，都希望自己归属于某一个或多个群体，从而期望在未来的发展过程中，获得群体更多的关照。诚然，在日常生活中，这种现象已司空见惯，如购物中的各种跟风从众现象，你买什么品牌，我就买什么品牌，你买多少价位的我也买多少价位的。这种自我满足的心理特征，实质是要与社会群体保持一致，找到社会群体的归属感。同时，这种人际适应心理还体现在社会个体害怕承担风险的一种责任感，诸如各种课堂讨论、会议发言、决策投票等，都有一种跟风从众的心理趋势。社会安全突发事件作为重大社会新闻，引发舆论关注。在社会舆论纷纷谴责施暴者的同时，要求不要隐瞒真情，给出事实真相。许多网民在这一主流舆论下发表自己的观点，强烈要求要认真展开调查，还原事件真相，给社会公众一个清晰明确的调查结果。

五、非理性因素

不难发现，非理性形成的因素不仅与个人相关，还与其他社会因素有很大的关系。首先，社会公众在网络媒体中享有较高的自由度。每当某个事件触及他们的情绪、态度、观点或利益时，他们便会自觉主动地站出来发表看法。其次，网络的匿名性为发布者提供了一层"保护色"。在这种相对减少责任承担的环境下，许多网民出于各种原因传播未经证实甚至是虚假的信息。这些带有个人情绪的言论在网络中迅速蔓延，煽动着许多有共同情绪的人，使传播范围变得极为广泛。最后，社会公众在网络中拥有较大的主动权。他们可以自由选择发布和接收的信息，但这些信息在经过大脑简单过滤后，可能仍包含真假难辨的内容。尤其对于那些知识水平较低或辨别能力较差的公众而言，他们可能更容易受到误导，仅从自身角度出发来发表看法。网络舆论中非理性因素形成的原因有很多，下面主要从个人情绪、社会情感方面阐述非理性因素形成的过程。

（一）个人情绪：感染影响在网络舆论中的体现

网络舆论传播的主体无疑是广大公众。在高度开放的网络环境中，社会公众不仅扮演着受众的角色，更是积极的发言者。他们的个人情绪得以在网络平台上充分宣泄，而身为受众的他们，也难免会受到这些情绪的感染与影响。从某种程度上讲，网络舆论的形成过程正是社会公众意见表达与交流的体现。在这一过程中，既有理性的声音，也不乏非理性的情绪流露。尤其值得注意的是，非理性因素在影响公众态度方面往往更加深刻。一旦某个人的情绪被放大为社会热点事件，社会公众便更加热衷参与讨论、评理、表达和传播。这时，更多民众的情绪被激发，进而形成难以有效管控的局面。公众在舆论非理性传播中占据着主动地位，因此这一因素在其中发挥着举足轻重的作用，而公众之所以能成为网络舆论传播的主体，原因主要有以下几点。

一是情绪的爆发往往源于个人需求未被满足或是对个人观点的忽视与不支持。从哲学层面来看,情绪作为意识层面的产物,具有低层次性、刺激性和短暂性的特点。它是情感的一种外在表现形式,主要反映情感过程中所产生的外部反应。情绪是可量化研究的对象,在当前关于网络舆论的讨论中,以情绪为研究焦点的现象远超过对情感的研究。众多舆论都深受情绪的影响,而个人情绪因其强烈的个性化色彩,在传播过程中更容易形成聚合效应。加之网络空间的言论自由与匿名性,"把关人"的缺失、生活碎片化及同质化等因素,使人们往往忽视对事实真相的探究,而是热衷在网络上发表个人观点,寻找志同道合的"队友",从而导致网络舆论呈现出情绪化的趋势。因此,情绪在网络舆论研究中具有举足轻重的地位。特别是在当前自媒体蓬勃发展的背景下,人们拥有了更大的话语权,情绪在推动观点和看法在社交媒体上的传播中发挥着关键作用。带有情绪色彩的信息往往更容易引起关注和转发。在某些时候,情绪甚至能够反映社会现象,且消极情绪的传播速度往往超过积极情绪。网络舆论中的个人情绪,常常表现为谩骂、攻击等不理智的言论方式,严重时甚至演变为人肉搜索、网络暴力等恶劣行为。这种情绪化的表达方式往往伴随着烦躁、不满、愤怒等负面情绪,缺乏冷静和理智,从而在一定程度上影响了舆论氛围,污染了网络空间生态环境。

二是群体情绪往往呈现一种非理性的状态。当媒体报道的情绪与个人情绪产生共鸣时,这种情绪便会得到更多人的认同,进而转化为群体情绪,如同病毒般迅速蔓延,使个人情绪在群体中扎根,并坚定人们的立场。在网络舆论中,负面情绪的感染尤其容易激发他人的共鸣。一旦情绪阀门被打开,它便会刺激人们的认知和情绪,进而对行为产生深远影响。网络上的言论方式丰富多样,包括文字、表情包、图片等,这些语言符号在情绪传播中扮演着至关重要的角色。相较于文字,表情包和图片更为生动形象,更能触动人们的感官,从而引发有意识或无意识的情绪反应。然而,这种非理性形式的情绪表达方式,往往会对内容的理性产生负面影响,导致粗俗语言在网络舆论中屡见不鲜。个体情绪的爆发形式是否理性往往难以分辨,这无疑会削弱人们的独立判断和理性思考能力。因此,在任何时候,我们都应以理性的方式表达情绪,确保情绪在传播过程中保持理性。

(二)社会情感:社会结构在网络舆论中的表征

网络媒体的非理性因素涵盖了个体情绪、集体意志和社会情感等多个层面,这些非理性因素受到不同因素的综合影响,进而形成网络舆论。深入分析后可见,这些非理性因素在社会中交织影响,网络舆论的形成并非单一因素所主导。在某些舆论事件中,可能是个体情绪占据主导地位,也可能是集体意志或社会情感起到关键作用。虽然某些非理性因素可能占据主导,但其他因素同样会对舆论事件产生影响。因此,我们可以明确地说,网络舆论的形成是多个非理性因素共同作用的结果,而非单一因素所决定。面对网络舆论的形成,相关部门和主流媒体应迅速作出回应,积极引导舆论发展的方向。

一是做好议程设置,主动发布当前最重要、与民众切身利益相关、最让公众关心的话题,对其进行精准解读,有效地进行舆论引导。事件一旦从发生进入传播阶段,管理人员应在第一时间对事件舆论方向密切关注,随时注意舆论导向,及时有效地阻止网络谣言、网络暴力、人肉搜索等非理性的言论和行为在网络中的爆发。二是有效引导网络舆论的发展方向。积极向上的情绪所表达出来的词汇,公众接收到的是正能量,对心灵有激励和抚慰的效果。具有一定影响力的主流媒体设置议程,会引发网民的激烈讨论,主流媒体的公信力较能稳定公众情绪,对于公众关心的话题能积极作出回应,使人们对事件得到一个客观的认识。三是对事件做调查。了解公众感兴趣的关注点并保证真实客观地进行报道。此外,还要建立健全舆论回应机制,正确处理社会现实矛盾,查找矛盾根源。公众的非理性情绪的来源主要是现实生活中遇到的困难和不满,要想从根本上解决,要理解网民的心态,把握非理性情绪的来源。

六、理性回归

(一)加强舆情监控,增强媒介议程设置功能

随着大数据技术的迅猛发展,舆情监控机制得以持续优化,而增强媒介议程设置功能则是有效管控非理性情绪的关键一环。在此过程中,提升网络媒体的权威性显得尤为重要。主流媒体应积极发挥"意见领袖"的作用,将真实可信

的内容呈现给广大受众,以赢得其信任,进而增强自身的权威性和扩大影响力。在非常规事件发生后,网络上往往充斥着由非理性情绪所驱动的言论。此时,《人民日报》、新华网、央视新闻等具有广泛影响力的媒体更应挺身而出,及时报道真实情况,以正视听。网络媒介应坚守正确的舆论导向,通过精心设置的议程传递正能量,确保健康向上的信息得以广泛传播。同时,网络媒介在处理社会效益和经济效益的关系时,应始终坚守职业道德,做好媒介自律,确保信息的真实性、客观性和公正性。

当面对非常规事件时,情绪往往容易达到高潮。人们会不断寻找与自身情绪相契合的点,将自己的情感融入其中,并带着这些情绪发表观点和看法,而网络空间作为多维度的交流场所,自然也会呈现出意见的多元化。在这样的背景下,我们既要把握好主流舆论的脉搏,又要学会辨别舆论中的理性成分与非理性成分。主流媒体应当通过巧妙的议程设置,引导正确的舆论方向,从而营造健康、和谐的网络空间生态环境。

(二)公众要提高媒介素养,管理好自身情绪

在信息传播过程中,"把关人"角色至关重要,其影响不容忽视。然而,由于当前管理机制尚未完善,在网络传播活动中"把关人"的地位有所降低。与此同时,受众的权益得到进一步拓展,他们在网络空间内拥有更广泛的情绪表达和言论自由。例如,受众能够依据个人兴趣选择并发布相关话题和消息,自由接收所需信息,并围绕自身兴趣展开讨论。传播者不能完全确定所传播的信息是否具有重要性或价值。而是由受众通过行使选择权和主动权来参与议程设置,共同决定信息传播的走向和影响力。

一是学会有效筛选信息,对于各类报道持有客观且理性的评判态度至关重要。鉴于每个人的知识水平、生活背景及判断鉴别能力各不相同,网络上的评论自然呈现多样化的特点。因此,作为网民,我们有责任提高自身的媒介素养,扮演好"把关人"的角色,共同营造和维护和谐健康的网络环境。当情绪失控时,我们应学会运用恰当的发泄方式,妥善管理情绪,并严格把控自己的言行举止。切勿陷入情绪的漩涡之中,而应保持冷静与理智,以客观的观点审视事物,用明晰的论据支撑自己的想法。我们要明辨是非,知晓

对错,以更加成熟化和负责任的态度面对网络世界。

二是提升网络伦理道德修养与媒介素养,对既有内容进行深度优化。随着网络媒体传播由专业化向去专业化的转变,网民的主动权日益增强,自媒体也蓬勃兴起。在此背景下,我们不仅要强化对网民的规范管理,同时媒体人也应正确认知网络对媒体的影响。法律作为网络传播的坚实保障,促使人们自觉遵守传播规律,进而提升媒介素养。因此,建立健全网络法律法规现代化体系,增强网民的传播意识已刻不容缓。社会公众更应保持乐观、积极向上的生活态度,以应对生活中的种种挑战。在面临困难时,要善于利用现有资源,以合理方式宣泄和释放情绪。特别是在网络发言时,应学会客观评论,避免掺杂个人情绪,防止情绪走向极端。

在这个日益快节奏化、信息碎片化的时代,特别是在充斥着匿名性、海量性、即时性等特点的网络媒体环境中,人们往往倾向将自己的情绪和行为不假思索地发布至零成本的网络平台,以追求短暂的乐趣和存在感。然而,这种缺乏深度思考的做法往往导致内容质量参差不齐,多数观点仅停留于表面的情绪宣泄,缺乏实质性的分析。与此同时,网络的开放性使信息发布门槛大大降低,各类良莠不齐的信息在网络空间中肆意传播,非理性情绪也随之渗透到人们的日常生活中,干扰着他们的判断与理解。在网络世界中,情绪成为了无处不在的"隐性推手",不断推动着舆论的走向。因此,我们不仅要关注个人情绪在网络舆论中的影响,更应看到其对群体、社会乃至国家层面所面临的挑战。我们需要更加深入地认识情绪、管理情绪,如何让理性思维在网络世界中重新占据主导地位,这是一个值得我们深思的重要问题。

(三)加强舆论法治化管理,提高主流媒体公信力

当前,我国正处于全面推动中国式现代化进程的关键时期,有的公众在媒体平台上的表现主要以非理性网络言论的极端化与情绪化为主。因此,构建完善的法律法规体系,以引导正确的舆论方向显得尤为重要。

一是结合时代发展特点和新兴媒体发展趋势制定相应的法律法规。主流媒体应充分发挥其在舆论引导方面的优势,促进传统媒体与新媒体的深度融合,提升自身的公信力。在信息发布时,务必确保内容快速、准确、真实且客观,

避免掺杂个人情绪,以免因非理性情绪导致舆论偏离正确轨道。在极端情绪和非理性情绪的传播中,公众对主流媒体的信任度往往高于自媒体和其他非官方媒体,且他们大多依赖主流媒体对信息进行解读。因此,传统媒体需紧跟时代步伐,借助网络平台发布最新消息,了解事实真相,扩大自身影响力,以赢得公众的信任和支持。主流媒体应时刻关注自身定位,既要坚守法律底线,又要避免用道德标准来评判事物。要学会敏锐捕捉舆论动态,引导网络中的非理性情绪,从而有效推动事件向积极方向发展。

二是随着各种新兴的社交网络媒体日益丰富,广大网民得以通过多元化的平台自由发声,充分表达个人的见解与观点。这一变革不仅丰富了网民的表达渠道,还对社会问题的解决起到了积极的推动作用。但诸如网络暴力、网络谣言等不良现象也随之出现,给当前的网络生态环境带来了一定的负面影响。为了遏制网络舆论中的非理性表达,我们需要加强协同,通过激发各方的支持和努力共同应对。只有个人、媒体及社会共同努力,才能构建出和谐健康的网络媒体环境,进而促进更为融洽的社会交往和维护网络空间的和谐。

七、引导策略

(一)增强社会责任感,提高网络信息分析判断能力

从信息生态的维度来看,网络空间中的各种乱象:一方面,是信息发布者缺乏高度的社会责任感,不严格遵守国家关于网络空间信息安全管理规定,而随意发布与社会主流意识相违背、与社会安全突发事件不符的信息内容;另一方面,是信息消费者,即信息接受者缺乏一定的媒介素养,只要看到网络空间中的各种信息便不假思索、毫不考虑就随即转发、评论、点赞,这种行为进一步加剧了网络空间中的各种不实信息传播。因此,我们需要从信息发布者和信息接受者这两个主体要素切入,利用社会、学校、家庭等多方位的教育和宣传途径,不断创新媒体服务形式。面对网络空间中出现的各种不实信息和网络谣言,我们应勇于发声,敢于亮剑,切实增强自身的社会责任意识。同时,我们还应努力营造弘扬社会主旋律、传递社会正能量的舆论环境,不断提高社会公众在网络信

息分析、判断、甄别方面的能力,以便在各类突发事件发生后,有效避免社会公众和网民陷入羊群行为,共同创建良好的网络空间生态环境。

(二)主动引导防范网络传播风险,掌握意识形态话语权

在当前生成式人工智能的全媒体背景下,社会安全突发事件一旦发生,相关部门应该在第一时间畅通信息发布渠道,提高事件信息的及时性、有效性,尽可能压缩谣言传播的时间和机会。通过主流媒体、"大V"、网络评论员、网络"意见领袖"等路径和措施牢牢占领舆论阵地,权威发声,让社会公众尽可能减少信息获取成本,引导网络舆论朝着健康的方向发展,减少网络空间的信息噪音和干扰,将网络空间打造成讲好中国故事、传播好中国声音、弘扬社会主义核心价值观的核心阵地,同时将其作为政府相关部门进行舆论引导、政府治理及信息治理的重要平台。利用当前先进的新媒体技术和高效的媒体融合发展平台,对各类突发事件相关信息进行实时推送,提高社会安全突发事件发生过程的透明度,及时化解各种网络传播风险,掌握意识形态话语权,从而尽可能地减少社会公众面对各种纷繁复杂信息的从众行为。

(三)注意公众心理健康,提高心理承受能力

长期以来,伴随着社会的迅猛发展和信息技术的日新月异,我国城市化进程持续加速,使众多人在尚未适应角色转变之际,便已然踏入了新的时代浪潮。特别是在社会安全突发事件时有发生的背景下,有的公众时常表现出烦躁、不安乃至恐慌等心理特征,这些心理状态和薄弱的心理承受能力使他们在突发事件面前显得手足无措,无所适从。在紧急关头,他们往往只能随波逐流,缺乏足够的时间和精力进行冷静思考,只能通过"爬楼"等方式获取零散信息,并容易受到他人观点的影响甚至误导,从而加剧社会个体跟随网络群体羊群行为的现象。因此,我们必须积极发挥政府相关部门、高等院校及其他社会组织的协同治理作用,充分利用网络在线、媒体宣传、公益讲座、电话热线等多种渠道,线上线下相结合,加强社会公众心理健康教育。通过这些相关措施,我们可以有效提升社会公众的心理健康素质和人格品质,增强他们抵御从众行为的免疫能力。

(四)完善网络立法机制,加强信息监控和管理

从信息生态的视角来看,信息环境作为信息生产与消费的核心要素,不仅对于信息发布的合规性和有效性具有至关重要的保障作用,更是信息得以有效传递给消费者的关键所在。这一环境涵盖了国家对于网络空间信息传播媒介的监管环境,同时也涉及外部信息法律制度的完善程度。一个相对宽松的信息环境,能够激励社会个体积极发声,为政府相关部门收集民意、了解民情提供助力。然而,这种环境也可能滋生网络谣言,甚至催生网络暴力的风险,从而加剧社会公众在网络空间中的从众心理。近年来,在党和国家的高度关注下,国家网信办不断推陈出新,紧密跟随时代步伐,制定并发布了一系列重要法规,如《网络信息内容生态治理规定》(自2020年3月1日起施行)和《网络音视频信息服务管理规定》(自2020年1月1日起施行)等。然而,面对新媒体技术的迅猛发展,我们仍须加强网络信息发布与监控管理的制度建设,努力构建一个清朗、健康的网络空间环境,这仍然是一项艰巨而长远的任务。

互联网作为一把"双刃剑",在赋予人类前所未有的便捷性的同时,无疑也加剧了网络空间治理的复杂性。网络空间的从众行为,这一深层的心理特征,实则映照出社会公众在某些情境下的盲目性与无序性,给当前的网络空间治理带来了前所未有的挑战。更值得注意的是,这种行为模式极易被某些不良势力所利用,或在媒体的过度渲染下,引发不必要的群体性事件,进而对国家治理体系和治理能力现代化进程造成不良影响。因此,全媒体时代背景下,我们迫切需要深入分析羊群效应背后的社会心理动因及影响因素,揭示其内在的逻辑规律。在此基础上,我们应致力于建立健全网络空间安全治理体系,推动媒体行业、社会公众、社会组织和政府机构形成有效的联动机制。同时,还应积极提升社会公众的责任感,增强他们对网络信息的分析判断能力,从而引导他们理性、有序地参与网络生活。此外,我们还需要主动应对网络传播风险,牢牢掌握意识形态话语权;关注公众心理健康,提升他们的心理承受能力;不断完善网络立法机制,强化信息监控和管理,以最大限度避免网络空间中的羊群行为。只有这样,我们才能在充分利用互联网推动经济社会发展的同时,趋利避害,不断提升网络空间治理能力。

第四节 不对称信息网络传播机制

以算法、算力和数据为核心的生成式人工智能技术快速发展,网络空间中的不对称信息对社会产生很大的影响力和破坏性,这是因为其不仅扩散迅速,而且从这一现象呈现出的酝酿、发展、爆发、平息的整个发展过程来看,犹如传染病流行的基本模型一般,势必会对网络舆论生态产生影响。尤其是在社会安全突发事件发生后,信息的不确定和不对称会给不对称信息提供传播空间,引起公众的恐慌,影响社会的稳定和安全。❶微信朋友圈等社交媒体平台所展现出的不对称信息,其影响范围之广、传播速度之快、渗透程度之深,已然成为一个庞大的量级现象。这一现象对社会发展、政府形象塑造、个人利益维护及企业单位运营带来的潜在危害,已不容忽视。

一、不对称网络信息传播的主要表征

微信是腾讯科技公司于2011年打造的即时通信移动智能终端,凭借其母公司强大的用户基础——QQ,迅速在智能机时代崭露头角,实现了惊人的普及速度。微信内置的朋友圈功能,作为一个半封闭式的信息分享平台,为用户提供了一个便捷的途径,用于实时分享文字、图片和音频内容。用户发布的内容不仅可以在微信通讯录的朋友间广泛传播,还能通过"点赞"和"评论"等社交功能,实现互动与交流。然而,微信朋友圈也因其特性成了不对称信息传播的"温床"。有研究者指出,微信传播在一定程度上为不对称信息和谣言的传播提供了便利条件,使公众议题的内容范围变得相对单一。此外,微信的传播方式还导致大众传播媒介的新闻传播逐渐进入了旧闻时代。这一现象无疑值得我们深思和警惕,以期在未来的发展中,能够更好地引导和管理微信的传播生态,发挥其积极的社会价值。❷

---

❶ 方星,霍良安,黄培清.突发事件后的官方信息与不对称信息传播的交互模型[J].系统管理学报,2018(4):722-728.

❷ 靖鸣,娄翠.叠加、同质化:微信传播的大众化及其思考[J].中国出版,2019(6):48-51.

(一)不对称网络信息的传播特征

当前,我国网络信息不对称的现象日益凸显。这主要源于部分人制造并传播极具煽动性的信息,旨在迎合民众的情绪需求。在缺乏充分了解事实真相的情况下,部分群众容易对此类信息产生信任,甚至进一步传播。这种不对称信息的传播,恰恰满足了普通民众的心理认同需求、对新闻事实的渴望以及对个人知识面的再验证。这也进一步增强了民众对这类信息的认同度。在微信朋友圈中,强烈的"自我形象管理""利他主义情怀"和"自我保护机制"等传播动机尤为突出。然而,微信平台的自我净化能力却相对不足。这主要归因于其"熟人圈子"的特性,导致私密化的互动情景、沟通内容的隐蔽性,以及社群情感的牢固性。这些特征使不对称信息在微信朋友圈的传播过程中,难以受到外部力量的有效监控和引导,从而加剧了介入难度。

(1)传播迅速,覆盖面广。鉴于用户社会角色的多样性,微信朋友圈的传播速度之快与覆盖面之广,令人深感震撼。当前,移动端用户规模的庞大为微信朋友圈提供了坚实的支撑,其用户间的社交网络既庞大又复杂,从点对点的传播模式逐步拓展至点对面的广泛覆盖。这一传播模式从过去的"横向传播"逐渐演变为现今的"纵向传播",从而实现了信息传播的广泛性与深入性。微信朋友圈的信息发布功能,能够在数秒之内将内容迅速发布至平台。同时,通过微信朋友圈的便捷操作,用户之间的关联者可以轻松地通过复制粘贴的方式实现内容的转发与再次传播。这种简单而高效的操作为移动网络时代的技术高速发展提供了强大的助力,进一步加速了信息的传播速度。

(2)不对称信息内容的种类主要涵盖了以下几个方面:①生活相关类,涉及日常生活中的各种实用信息和知识;②科普知识类,旨在传播科学原理、技术应用等有益知识;③热点结合类,紧密结合时下热点事件,提供相关的分析和解读;④恶意营销类,包括一些误导性、虚假性的宣传内容,企图误导消费者;⑤社会安全类,涉及社会公共安全、预警提示等方面的信息。

(3)不对称信息传播的内在动因。每一条不对称信息的产生都有其特定的意图和动机,公众科学素养有待提升是不对称信息传播的内在原因;媒体追求"眼球效应"是不对称科技信息传播的外在条件;传播上利用虚假的科学权威是不对称信息传播的重要原因;科学理论自身的不确定性是不对称信息传播的主要因素。[1]

(二)不对称网络信息的传播模式

微信朋友圈以其独特的半封闭式结构,主要面向熟人群体,成为一种典型的共享意义建构活动,尤其体现在不对称信息的传播上,而微信作为这一活动的平台,无疑为其提供了极大的便利。微信的传播模式带有一定的闭合性,这种特性既增强了不对称信息的可信度和潜在影响力,同时也可能导致信息在传播过程中的叠加和放大,从而加剧了不对称信息的传播效应。通过优化语法、措辞和标点,这段内容现在更加流畅、易读,同时保持了与原内容相同的长度,没有添加任何无关内容。美国著名社会心理学家奥尔波特·波斯特曼提出了一个不对称信息传播公式:(rumor,谣传)=(important,重要)×(ambiguous,含糊)。这一公式指出,事件越重要、越含糊时,不对称信息扩散的范围和规模相应也越广、越大。

(1)"关心式"诱导传播。在微信朋友圈的不对称信息中,主要以"唤起"熟人之间的情感,包括以爱心、同情心、正义感和责任感为主要形式来诱导其分享,从而使其成为"传谣者",此类不对称信息的主要特征为吸取流量、关注量,进而转化为注意力经济。健康科普、科学养生、养生励志、成功学、生病献血、贫困捐助、贵重物品遗失等题材是此类不对称信息的重灾区。其内容看似因果逻辑严密,但审视后发现存在巨大漏洞,微信朋友圈诱导分享基本"以爱之名"进行包裹,其中叙述方式不乏与新闻报道类似,让人难以辨别,迷惑性较强。

(2)编造模糊式信息。在微信朋友圈广泛传播的不对称信息均有三个重要特征:第一,这些信息的内容与传播者与接受者之间存在密切联系,甚至涉及利益关联;第二,这类内容往往以捕风捉影为主,可能源于对真实新闻的改编或对真实事件的模糊处理;第三,不对称信息的主题能够触动社会已存在的某种不满情绪,进而引起广泛共鸣。由于新闻媒体机构是公众普遍信任的信息来源,部分传播者便利用这一信任基础,对新闻媒体发布的新闻进行改编和模糊处理。具体手法包括篡改主要时间、地点、人物信息,以片面的观点代替全面的事

---

[1] 刘彦君,吴玉辉,李荣.科技类不对称信息及其传播[J].情报杂志,2016(9):111-116.

实;模糊关键事件内容,仅提及少数当事人;忽视行动的重要性和关联性,省略关键原因和必要条件。经过这样的改编,信息被转化为极具煽动性的言辞,如使用"中央电视台报道""央视记者现场采访""人民网昨天刚发"等具有强烈吸引力的标题进行传播。由于此类标题和内容与受众自身存在高度相关性,受众出于自我保护的本能,往往容易成为信息的接收者和传播者。

(3)不对称信道式。在现今的自媒体时代,传播者与受众者的角色已经不再是传统媒体时代那种单向、固定的设定,而是变得人人皆可扮演。每个人都可以成为"媒体人",在微信朋友圈中广泛传播各类信息。这类不对称信息的特点是,其"报道人"多为突发事件的旁观者,他们虽然身处现场,但往往只是道听途说,未能真正弄清事件真相。他们便凭借着现场的图片和视频,发表自己主观臆测的"真相",并以此提升自己在朋友圈的关注度,满足大家对第一手信息的需求。

(4)篡改公文格式。国家党政机关单位和大型企业所发布的公文,是社会公众获取最新国家工作动态信息的重要途径。传播者深知公众对国家公文的正当性与严肃性有着高度的认知,因此他们巧妙地利用这一点,通过对国家公文的格式进行模仿,冒充公务机关部门的口吻,进行造谣传谣。在微信朋友圈中,经常能看到一些看似正式但实则不对称的公文信息。这些信息的内容逻辑严明,与正式公文高度一致,形式上程序完整,使社会公众很容易对其产生信任感,进而放松警惕,容易相信其真实性。然而,部分在微信朋友圈广泛传播的公文不对称信息,在传播者的精心制造下,已经变得难以分辨真伪。这些信息不仅误导了社会公众对国家工作动态的正确理解,也影响了国家安全和社会稳定。

(5)借名人之口。在不对称信息的传播过程中,名人效应展现出了巨大的潜力和价值。借助名人的话语,并充分利用其广泛的社会影响力,往往能够巧妙地误导公众的认知。随着移动通信设备的广泛普及,公众的阅读习惯逐渐倾向于浅阅读,因此,标题中提及的名人往往更容易吸引读者的注意力。在互联网时代,"意见领袖"、资深业界人士、明星及国家干部等成了传播者争相追捧的对象。一旦名人的某种特质或言论在互联网上引发关注,便会成为不对称信息的重要素材,被其他传播者模仿其言论风格,并打着被模仿者的名号进行传播。这类信息主要以文化名人为主,其社会影响更为深远,令人深感担忧。

(三)不对称网络信息传播的应对策略

当前,生成式人工智能技术极大地提升了我们的生活品质,深刻改变着我们的社交方式。在微信朋友圈这一平台上,熟人间的强关系链与半封闭结构特征日益凸显,成了人们交流的重要场所。在此过程中,不对称信息的传播方式和速度都得到了惊人的提升,使微信朋友圈成为了信息传播的热点地带。然而,这也导致了不对称信息的传播变得此起彼伏,其负面效应也随之加剧,给我们的生活带来了一定的困扰。不对称网络信息的传播,在很大程度上得益于微信半封闭式的熟人社交圈设计。微信的闭合性与私密性传播模式,导致其信息覆盖面相对狭窄、自清洁机制较弱、累积能力有限的特性。不对称信息能在微信朋友圈内广泛流传,其中一个关键原因在于微信社交圈区别于传统网络信息平台。微信内置的"复制"与"粘贴"功能简便快捷,且精准捕捉了民众在"情绪积压""自我形象管理""利他主义情怀"及"自我保护"等方面的需求。因此,为有效应对这一问题,我们必须从不对称信息的源头抓起,深入分析传播过程中的传播动机,并构建全面有效的治理机制。

因此,对于微信朋友圈中不对称信息的治理,我们应坚持协同推进、多管齐下的策略。在宏观层面,我们应寻求法律的支持与保障;在中观层面,要求微信服务商,即腾讯公司不断追求技术上的创新和改进;在微观层面,则需倡导每个微信用户提高自身的媒介素养,共同营造一个健康、有序的网络信息传播环境。

1. 增强网民法律意识

关于微信朋友圈中不对称信息的制造与传播问题,仍然需要建立健全相关法律法规与管理制度。这种现状导致传播者往往心存侥幸,为了短暂的利益而甘于冒险,从而完全忽视了法律的威慑力量。由此可见,提升网络不对称信息治理的制度化与规范化水平已刻不容缓。当前,与不对称信息治理相关的法律法规与管理制度尚未健全完善。因此,在建立和完善这些法律和规范之后,我们还需要通过多种方式将其普及到社会公众中去。具体而言,可以通过法制办的普法栏目、微信平台等渠道,全力进行全网的推送工作,让社会公众了解造谣和传谣行为的严重后果,从而产生法律应有的威慑力。同时,也要加强网民的法律意识,推动规范化的管理,使不对称信息在法律的威慑下无处遁形。

2. 建立可信处置平台

微信平台虽然为社会公众提供了高效便捷的社交软件,但在不对称信息的传播过程中,它实际上也在一定程度上扮演了不对称信息传播载体的角色。因此,微信平台必须承担起责任,建立起完善的不对称信息过滤、审核、辟谣、举报及惩处机制,以有效防止不对称信息的产生与传播。

一是加强信息过滤。针对传播体量庞大的信息,我们应加强实时监控,有效预防不对称信息的出现。一旦发现不良信息,应立即启动拦截与公布机制,从源头上采取扼杀措施,以确保信息的真实性与准确性。

二是辟谣平台。微信通过自主建立每天、每周、每月及每年的信息发布机制,广泛传播着那些盛传的不对称信息。这些信息经过精心筛选和及时整理后,被迅速公之于众,确保受众能够随时查询并接收相关的推送通知。通过这种方式,民众们能够更加及时地了解到不对称信息的具体内容,从而更好地应对各种可能的情况,作出明智的决策。

三是举报措施。平台构建一套完善的不对称信息举报机制,该机制能够有效地实时接收并快速反馈来自民众的不对称信息举报,确保在第一时间对举报内容进行处理,从而保障信息的公正性和透明度。

四是惩处机制。对于频繁散播不对称信息的微信公众号及微信号,我们应采取封号措施予以处置。对于情节严重、影响恶劣的个案,应当及时将相关情况通知至公安部门,并依法依规运用法律法规手段对其进行严肃处理,以维护信息传播的公正性和社会秩序的稳定。如其广告语所言"微信,是一种生活方式",微信平台应建立和完善相应的不对称信息应对处理机制,承担起应有的责任,时刻致力于为社会公众营造一个清朗纯净的网络社交环境,让微信真正融入民众的生活,成为他们生活中不可或缺的一部分。

3. 提高网民的媒介素养

不对称信息的传播路径显示,受众是传播过程中重要的一环,不对称信息的传播对象是面对所有受众而言的,当不对称信息被受众接收到时,接受者进而转化为传播者。据此,从受众层面上来看,当务之急是从根本上防止不对称信息的再次泛滥。我们唯一能做的是提升普通受众的媒介素养,只有这样,才能塑造一个良性循环的网络传播空间。

在应对不对称网络信息时,提升网民受众的媒介素养和科学素养显得尤为关键。对于社会公众而言,培养辨别不对称信息的能力更是重中之重。媒介素养的提升,旨在让网民深入认识和了解微信朋友圈等社交媒体平台的媒介作用,明晰网络媒体与传统媒体之间的差异性。在利用微信朋友圈这一以熟人社交为基础的平台时,我们不应仅凭关系的亲疏来判断信息的真伪,而应依据客观常识和正常逻辑进行信息的甄别与筛选。至于科学素养的培育,则应从权威媒体和央视平台等渠道出发,广泛开设各类科学普及栏目。尤其应针对网民日常生活中频繁接触的食品、食物等领域进行深入的科普宣传,使社会公众在扮演网民角色的同时,能够拥有较强的科学素养,从而在面对各种网络信息时能够做出明智的判断和选择。在信息传播的过程中,不对称信息始终属于未经验证的范畴。当多数网民普遍具备较高的科学素养时,这类信息自然会失去信任基础,无人愿意传播,更无法立足。尤其在网民的媒介素养和科学素养得到全面提升的情境下,信息不对称更是会不攻自破,无处遁形。

随着生成式人工智能技术的飞速进步,信息传播的速度和广度已取得了前所未有的突破,我们迎来了一个"人人都有麦克风"的智能传播媒体时代。在这个时代里,每个人都有机会和能力去接收和传递信息。因此,传统媒体更应紧随时代的步伐,强化自身的媒介作用,提高报道的时效性和公信力。我们需要引导民众在获取信息时,首先从权威媒体处查询核实,而非盲目相信任何视频、图片或文字信息的内容。

传统媒体应当积极运用网络技术,精心构建自己的专属平台,从"一网两端多平台"这一重要阵地出发,打造出一个民众随时随地可以浏览、查询、接收信息的互动空间。这样的平台设置,旨在帮助民众更好地识别并区分官方媒体所推送信息的权威性与普通公众号或用户所传播内容的差异,进而提升传统媒体在网络时代的公信力和影响力。

由于社交媒体平台与不对称信息净化者之间存在策略选择依赖性。社交媒体平台在不对称信息控制中占主要地位,净化者给平台带来的收益过高或平台给净化者带来的损失过多都会阻碍不对称信息控制。[1]网络中的不对称信息,凭借其顽强的生命力,屡禁而不止,屡禁而不绝。这背后,除了传播者们的精心包装与持续更新的手段,更有赖于不对称信息传播得以滋生的土壤。面对这一挑战,相关部门、微信平台及社会公众应当齐心协力,共同应对。只有如此,我们才能揭开这些不对称信息的真面目,从而净化网络环境,为民众营造一个清新纯洁的网络氛围。我们坚信,在多方的共同坚持与努力下,新媒体的发展定能趋利避害,最终促进社会和谐发展。

---

[1] 罗梦莹,夏志杰,翟玥,等.博弈视角下社交媒体不对称信息控制研究[J].情报科学,2017(9):44-48.

第二章 GAI时代网络传播风险演化逻辑

　　人类社会的发展总是突飞猛进,以至于人们常常在无意识中忽略了生活中可能潜藏的各种社会风险。然而,随着以算法、算力和数据为核心的生成式人工智能技术和各种新兴媒体的迅猛发展,社会安全突发事件时有发生,在社交网络媒体的推动下,这些事件往往被放大,从而极易引发网络传播风险危机。尤其是那些具有突发性、破坏性和公共性的社会安全突发事件,它们不仅给人们的心理带来巨大创伤和威胁,更对国家安全和社会稳定造成影响和冲击。因此,我们迫切需要对社会安全突发事件发生引发的网络传播风险、传播规律及传播动力机制进行深入的比较和分析,尽可能减少社会安全突发事件发生后所带来的网络传播风险危机,从而维护社会安全和稳定,提升社会治理水平,不断助推国家治理体系和治理能力现代化的进程。

　　从一定意义上而言,社会安全突发事件网络传播风险是在事件发生后,社会公众(网民)借助网络媒体进行情感交流的一种集中表达,也是民众长期以来蓄积的情感态度映射,如果处置不当,则有可能演变为更为宏大的网络围观热潮或是群体性突发事件,其后果不堪设想。但是,由于社会安全突发事件作为一种非常规性的突发事件,兼具有突发性、危害性等多种特征。每当社会安全突发事件发生后,将更容易引起社会公众的关注和网络围观,其所引发的网络传播风险也更为突出。因此,深入分析社会安全突发事件网络传播风险的发生规律和演变特点,对于政府相关部门提升网络传播风险应急处置能力具有十分重要的价值。

第一节 网络传播风险的理论范式

　　利益相关者理论最早萌芽于经济学领域,其核心要旨是作为一个组织或一个企业而言,应该综合考虑内部各主体要素,从而推动整个组织或企业更好更快地发展,以达到1+1>2的效果。近年来,利益相关者这一基本理论已广泛渗透到政治学、管理学、新闻学、传播学和情报学等多个学科领域,其应用范围不再局限于这一企业内部,而是向外延伸到与企业相关联的诸多方面,这恰恰反映了人们对这一概念理念认识的不断深化与泛化。正如美国著名学者弗里曼(Freeman)在他的著作《战略管理:利益相关者管理的分析方法》中提出的经典观点,"利益相关者"是指任何能够影响企业目标的实现,或受企业目标的实现所影响的个人或群体。❶这一界定范式为学术界深入探究利益相关者理论提供了重要基础,并为当前人们应用该理论解析现实问题提供方法论指导。

一、一种新的理论分析范式:利益相关者的提出

在生成式人工智能技术时代背景下,如何提升网络传播风险的应急处置能力,已成为政府相关部门密切关注的重要课题。目前,学界众多研究者越来越关注网络传播风险的研究领域,在新闻传播学、政治学、心理学、社会学、管理学、计算机科学和情报学等学科领域也继续深入风险传播研究,但针对社会安全突发事件网络传播风险的相关研究目前还是显得十分薄弱。从中可以看出,目前的相关研究重在对社会安全突发事件本身的风险分析和防控体系的建构上,而对其所产生的演化逻辑、风险效应研究还远远不够。综观相关研究,或是对社会安全突发事件网络传播风险传播机制及预防研究,如李丽华和韩思宁选取2017年发生在英国的5起突发事件作为研究实例,以推特(Twitter)上舆情数据为研究对象,在实证研究中总结出社会安全突发事件在社交媒体中舆情传播机制。❷或对社会安全突发事件网络传播风险的网民心理演化系统动力学模型进行分析,如杨谨铖等,以真实事件对该模型进行仿真,验证了模型的有效性,并构建网民心理演化的系统动力学模型。❸或是对社会安全突发事件网络传播风险预警进行研究,如瞿志凯、张秋波和兰月新等运用层次分析法、ABC分

---

❶ 弗里曼.战略管理:利益相关者管理的分析方法[M].王彦华,梁豪,译.上海:上海译文出版社,1984:267.

❷ 李丽华,韩思宁.暴恐事件网络舆情传播机制及预防研究——英国典型案例的实证分析[J].情报杂志,2019,38(11):102-111.

❸ 杨谨铖,张秋波,夏一雪,等.面向涉恐舆情的网民心理演化系统动力学模型研究[J].情报杂志,2019,38(3):141-147.

类法对风险指标进行权重计算及风险评估。❶

作为最早应用于经济学领域的利益相关者理论,近年来也受到政治学、管理学、新闻传播学和情报学等学科的拓展运用,但从当前相关研究来看,将利益相关者理论应用于社会安全突发事件网络传播风险的研究尚未发现,主要面向于突发事件网络传播风险研究,如徐浩、谭德庆和张敬钦等引入政府相关部门干预分析羊群行为的演化机理及影响因素❷;罗闯、安璐和徐健等对突发事件网络传播风险的生命周期进行划分,确定舆情各阶段涉及的利益相关者群体,利用 LDA 模型对各阶段各主体关注的话题内容进行分析❸。或是从利益相关者理论视角分析突发事件的研究范式与治理模式,如杨旎认为,运用利益相关者理论能够弥补传统突发事件的管理模式研究范式的理论缺陷,并构建了基于利益相关者的突发事件治理模式的理论模型❹;张明善、任国霞和姚珣从涉及宗教因素的突发事件中直接利益者角度出发试图运用博弈论的方法进行深入的关联性分析❺;刘朝晖对群体性事件中非利益相关者的参与心态进行阐释❻。

基于此,本书从利益相关者的视角维度对社会安全突发事件网络传播风险的相关利益主体进行理论分析,构建利益相关者矩阵,从而建立分析模型,对社会安全突发事件网络传播风险相关利益主体进行详细考察研究,为政府相关部门在预防、应对、引导、处置社会安全突发事件网络传播风险的蔓延及风险危机提供理论支撑和决策依据。

按照美国著名学者弗里曼的这一经典界定范式,我们可以将社会安全突发

---

❶ 瞿志凯,张秋波,兰月新,等.暴恐事件 网络舆情风险预警研究[J].情报杂志,2016,35(6):40-46.

❷ 徐浩,谭德庆,张敬钦,等.群体性突发事件非利益相关者羊群行为的演化博弈分析[J].管理评论,2019,31(5):254-266.

❸ 罗闯,安璐,徐健,等.突发事件网络舆情关注点演化研究——基于利益相关者视角[J].图书馆学研究,2018(16):36-42.

❹ 杨旎.大数据时代利益相关者理论视角下突发事件的研究范式与治理模式[J].青海民族研究,2017,28(3):55-59.

❺ 张明善,任国霞,姚珣.涉及宗教因素的突发事件中利益相关者分析[J].西南民族大学学报(人文社会科学版),2014,35(2):120-123.

❻ 刘朝晖.群体性事件中非利益相关者的参与心态[J].浙江学刊,2012(6):13-17.

事件网络传播风险利益相关者理解为：只要涉及社会安全突发事件网络传播风险的各种个体或群体，这是一个比较宽泛的理解认识。诚然，如果要从信息生态的视角维度来看，社会安全突发事件网络传播风险发展过程中，所涉及的各主体要素主要包括舆情生产者、舆情传播渠道和舆情影响者。在原来的传统媒体时代，舆情生产者的范围比较狭窄，只是限定于当时的新闻记者或者组织机构，而到了全媒体时代，新的生活图景打破了原先的舆情生产传播规律，舆情的生产者不仅局限于当时的新闻记者或组织机构，而是政府相关部门、社会公众、各种媒体及网络舆论中的"意见领袖"。

社会公众，即网民，是社会安全突发事件网络传播风险中的主体因素，每当社会安全突发事件发生后，社会公众尤其是事件发生的在场者，通过自媒体传播手段自行成为网络传播风险的信息发布者，其发布的信息内容质量和真实度决定了网络传播风险的发展趋势，而作为信息的接受者，在接受信息的过程中是否能够遵守国家法律法规，坚守自己的人格修养，能否不传谣、不恶意转发、评论等，也影响着网络传播风险的扩散速度。作为网络空间中的群体性力量，社会公众的力量是巨大的，其话语表达指向也深刻影响着网络传播发展方向，在虚拟的网络空间中，网络水手和"意见领袖"的介入，也会影响着网民的关注焦点或主题，导致网络舆论的日益激烈或趋向平息，成为网络传播风险的重要力量。尤其是在社会安全突发事件发生后，政府相关部门应该充分积极利用网络领袖的舆论引导作用，做好安抚社会公众情绪、引导社会公众理性发言，共同推进事件的良性发展。

同时，社会媒体作为社会安全突发事件网络传播风险的重要传播渠道和信息环境，能否坚守媒体社会责任、弘扬真善美、鞭打假恶丑、呼唤人性良知，更好地利用自身优势讲述中国好故事、传播中国好声音，为社会传播更多的正能量，也影响网络传播风险的生成与发展。尤其是在当前媒体融合纵深发展的全媒体传播时代，任何事件的发生，都会引起社会公众的热切关注，能否认真审核把关网民个体所发布的信息图片，或是在网络信息的传播过程中，通过各种议程设置、话题推荐等传播策略推进事件的合理性发展，或是通过强制性地封杀、删帖等手段阻碍事件的扩大蔓延，对于社会安全突发事件网络传播风险的发展至关重要,而传统的主流媒体凭借其权威、理性的官方传播发声特点,在社会安全突发事件发生后通过开设专栏评论、深度报道等传播手段,引导社会公众的理性化,有助于事件的健康发展,避免不必要的恐慌、惧怕和对社会带来的影响和冲击。而政府相关部门作为网络传播风险的重要主体要素,对网络传播风险所采取的措施和手段,能否在第一时间介入事件调查、合理处置和科学应对,并通过权威媒体在第一时间发声,对于有效平息事件,引导网络传播风险健康化发展,具有重要的主导作用。

此外,上述的各主体要素在共同影响社会安全突发事件网络传播风险的发展进程中,在时间和空间上都不是孤立进行的,也不是呈现静止的分布状态,而是具有复合叠加、动态发展的逻辑规律,协同推进社会安全突发事件网络传播风险的发展进程。社会安全突发事件网络传播风险利益相关者及其作用机理,如图2-1所示。

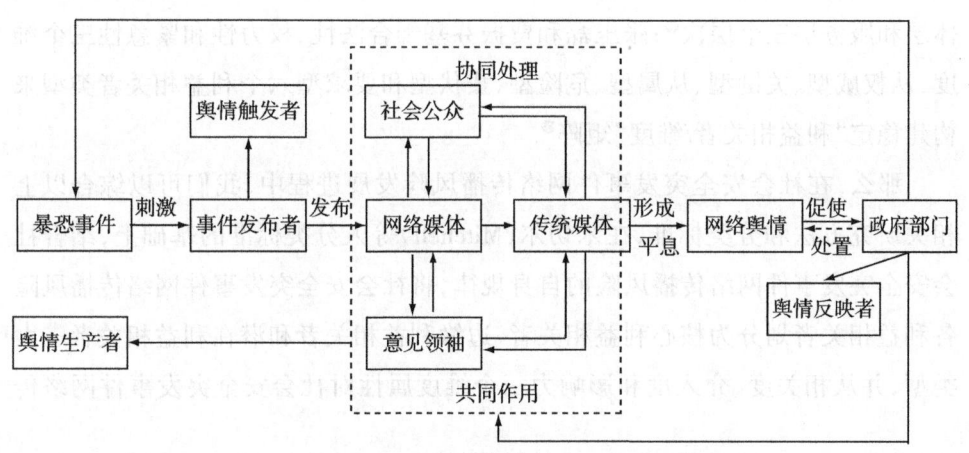

图2-1 网络传播风险利益相关者及其作用机理

二、利益相关者识别分类的矩阵构建

为了深入考察网络传播风险的各利益相关者,我们可以将社会安全突发事件的网络传播风险发展趋向看作多元主体的共同发展目标,即"利益最大化",而在这些影响社会安全突发事件网络传播风险的多元主体中,它们是相互作用、协同发展的,也具有自身利益的多元诉求。因此,利益相关者理论在一定程度上体现了多元性、动态性、协同性的理论逻辑,避免了单一性、静态性的缺陷与不足。尤其是在当前快速发展的时代背景下,面对复杂变幻的国际和国内环境及迅猛发展的媒体技术,只有调整既有研究范式,打破传统的理论思维,方能在激进的社会浪潮中,科学掌握社会安全突发事件网络传播风险的发展规律,为政府相关部门有效应对、科学处置、正确引导网络传播风险提供理论支持和决策依据。

然而,利益相关者理论所揭示的是为追求"利益最大化"进程中,各主体之间的相互逻辑关系,那么在这些主体要素中,如何有效分清各主体要素的孰轻孰重?这就需要按照科学有效的分类方法进行划分,如在国外而言,有的研究者将各利益相关者划分为主要利益相关者、次要利益相关者和关键利益相关者三种类型[1],也有的研究者依据各利益相关者的属性——合法性、权力性和紧急性这三个必备属性,对各利益相关者的权重进行划分[2];从国内来看,如李永先和吕诚诚基于利益相关者理论将智库舆论影响力要素分为直接相关层、舆论媒体层和服务层三个层次[3];张玉磊和贾振芬基于合法性、权力性和紧急性三个维度,从权威型、关键型、从属型、危险型、蛰伏型和要求型六个利益相关者类型来构建稳定"利益相关者/维度"矩阵[4]。

那么,在社会安全突发事件网络传播风险发展进程中,我们可以综合以上相关研究方法和分类标准,在米切尔(Mitchell)等人分类标准的基础上,结合社会安全突发事件网络传播风险的自身规律,将社会安全突发事件网络传播风险各利益相关者划分为核心利益相关者、边缘利益相关者和潜在利益相关者三大类型,并从相关度、介入度和影响力三个维度属性对社会安全突发事件网络传

---

[1] SAVAGE G T, et al. Strategies for Assessing and Managing organizational stakeholders[J]. The executive,1991(2):61-75.

[2] MITCHELL R, AGLE B, WOOD D. Toward a theory of stakeholder identification and salience: defining the principle of who and what really counts[J]. Academy of management review,1997(4):853-886.

[3] 李永先,吕诚诚. 基于利益相关者理论的智库舆论影响力研究[J]. 情报资料工作,2018(1):39-44.

[4] 张玉磊,贾振芬. 基于利益相关者理论的重大决策社会稳定风险评估多元主体模式研究[J]. 北京交通大学学报(社会科学版),2017,16(3):54-62.

播风险的利益相关者进行了分类和矩阵排列,以高、中、低三个层次对应其传播风险影响程度(表2-1)。需要说明的是,在这个矩阵分析模型中,相关度是指各利益相关者与社会安全突发事件在网络传播风险发展过程中的关联情况,会随着网络传播风险的发生发展呈现出动态的发展特征。介入度主要是指各利益相关者在社会安全突发事件发生过程中的参与情况,包括参与的速度、参与主体的各种外在表现等。影响力是指各相关主体的自身建设完备程度、个人的品质特征等,呈现静态的分布特征。

表2-1 网络传播风险利益相关者维度矩阵分析模型

类型	利益相关者	相关度	介入程度	影响力
核心利益相关者	舆情信息发布者	高	高	高
	政府相关部门	高	中→高	高
	舆情信息接受者	高	高	高
	社会媒体	高	高	高
边缘利益相关者	网络"意见领袖"	中→高	中→高	高
	网络推手	中	中	中
潜在利益相关者	舆情信息沉默者	低	低	低

三、利益相关者参与:多元主体模式的必然选择

网络传播风险的应对和处置是一个涉及多元主体协同耦合作用的动态过程,是舆情信息触发力、社会媒体影响力、舆情信息接受者作用力、"意见领袖"助推力、网络推手附和力和政府相关部门引导力,需要构建科学的决策管理机制,从不同层面满足多元主体的合理化需要,并通过建立健全的路径设计和制度安排,有效化解各利益相关者之间、各利益相关者和制度决策者之间的冲突与矛盾。诚然,在社会安全突发事件网络传播风险的演变过程中,各利益相关主体的作用和能力表现会受到其他主体的多重因素影响,如在当前全媒体时代背景下,社会个体(舆情信息发布者和舆情信息接受者)对社会安全突发事件的敏感程度、应对能力、思考能力、心理承受能力等因素,都会影响着网络传播风险的发展变化;而作为新闻媒体能否坚守自身的责任与担当,内部制度的建设

完备情况,能否遵守国家相关法律制度等,也会影响着网络传播风险的发展趋势。

从社会安全突发事件网络传播风险利益相关者维度矩阵分析模型来看,核心利益相关者、边缘利益相关者和潜在利益相关者三大类型利益相关者的各自综合表现会影响网络传播风险的动态发展。其中,核心利益相关者是社会安全突发事件网络传播风险发展进程中起关键作用、相关度较高、影响力较大、介入程度较强的主体因素,其作用是否充分发挥对社会安全突发事件网络传播风险的动态发展具有重要的作用;边缘利益相关者是指在社会安全突发事件网络传播风险演化进程中仅次于核心利益相关者的主体因素,虽然参与度不高,但随着事态发展,会不断强化介入,从而进一步助推社会安全突发事件网络传播风险的进一步发展;潜在利益相关者是指在社会安全突发事件网络传播风险发展进程中,影响力较弱、介入度不高的利益相关者,一般情况下处于静态状态,但一旦参与到事件中,则会加剧事件的极化发展,成为影响事件发展的添加剂、助燃器。下面将分别进行具体阐释。

(一)核心利益相关者

从信息生态的视角维度来审视,舆情信息发布者作为社会安全突发事件的第一时间介入者,其所发布的信息真实程度、完整程度和传播广度能够在一定程度上影响其他社会公众的信息消费能力,也能左右其他社会公众的态度和观点;舆情信息接受者作为网络空间中信息消费的主体,对其所接收到有关的暴恐信息所持的观点和立场,在有意或无意间的转发、评论、点赞会直接影响着网络传播风险的发展走向;政府相关部门作为舆论引导的主体,面对当前不期而遇的各种公共突发事件,时刻考验着政府相关部门的危机处理的能力。其对各种突发公共事件的应对能力、组织能力和协调能力,是否具有科学的突发公共事件舆论引导能力、舆情处置能力、应对和化解路径显得尤为重要;而社会媒体承担着网络传播风险信息精准传播的使命和责任,能否通过各种新兴媒体发布平台,以主流媒体的传播力、引导力、影响力、公信力,发挥主流媒体综合性信息枢纽及指挥调度中心作用,彰显主流媒体的舆论监督作用,迅速、准确、及时地向公众报道社会安全突发事件的相关新闻,具有十分重要的影响力。基于以上所述,舆情信息发布者、舆情信息接受者、政府相关部门和社会媒体作为社会安全突发事件网络传播风险的确定性利益相关者,贯穿于社会安全突发事件网络传播风险的整个生命周期,对网络传播风险的触发、引爆和平息具有重要的关键性意义和决定性的影响力。他们的个体表现力和反应能力及利益诉求的满足,将在一定程度上为社会安全突发事件网络传播风险的处置、应对提供科学依据。

(二)边缘利益相关者

"意见领袖"[1]是大众传播中信息中介,人际传播中活跃分子,经常为受众提供信息、观点、建议、对他人施加影响的人物。由于"意见领袖"具有专业性强、社交网络广、发布渠道多、熟谙媒体的传播规律和网民的心理特征,表达主体的多元化,不再局限于某一个特殊个体,而是扩展到某一个群体或是专业的服务机构,可以保持与网民个体的平等、和谐关系,因此极易成为社会个体(网民)在日常的社交网络媒体交流与讨论中的重要参照物或风向标。同时,他们不仅是社会舆论的积极分子,也拥有庞大的追随者,成为网络空间中的一股新兴力量。在浩瀚虚拟的网络空间中,面对各类信息,人们不知所措,尤其是在网络推手的加持诱导和煽动炒作下,通过伪装成普通网民或消费者、恶意发布、回复和传播不良或不实信息等对正常用户产生干扰,混淆视听,蛊惑社会公众,更加使网络信息消费者失去了自身原初的判断力和信息识别能力,加剧了社会安全突发事件网络传播风险的爆发和蔓延。综上分析可以发现,网络"意见领袖"和网络推手作为社会安全突发事件网络传播风险的另一支核心力量,其介入方式、参与频率、主题安排、议程设置都会影响或加剧网络传播风险的演化进程。

(三)潜在利益相关者

我国是世界上网民最多的国家,每当在社会安全突发事件爆发的第一瞬间,在当前快速发展的社交网络媒体的时代背景下,极大地激发和影响着网民

---

[1] 保罗·F.拉扎斯菲尔德,伯纳德·贝雷尔森,黑兹尔·高德特.人民的选择:选民如何在总统选战中做决定[M].唐茜,译.北京:中国人民大学出版社.

的关注和热情。在社会安全突发事件网络传播风险的传播过程中,这些网络沉默者或观望者,他们通常表现出一种冷静、理性的思考能力,遇事不慌乱、不善于在网络空间中表达自己的观点或看法,但他们内心深处仍然还是受到眼前的网络空间信息所左右,尤其是在网络"意见领袖"的介入影响下,在一定程度上给网络传播风险的传播、扩大和蔓延带来巨大的影响。同时,由于个体的网络力量薄弱,往往也难以形成巨大的网络放大效应。因此,作为社会安全突发事件网络传播风险利益相关者的重要构成力量,网络空间中的沉默者或观望者的思想情绪和个人利益诉求也需要认真合理地疏导和满足,积极作好这些潜在利益相关者的思想引导工作,显得尤为重要。

四、利益相关者协同:多元主体模式的实现路径

从总体上而言,社会安全突发事件网络传播风险的演化发展过程中涉及各利益相关者的多元化因素,要做到科学有效的研判、应对和处置机制,需要充分发挥科学的决策设计机制,以尽可能地满足多元主体的不同利益诉求和需要,并通过合理、科学的制度建设调整和化解各利益主体间的矛盾与冲突,加强各利益相关者之间的协同配合,从而推动社会安全突发事件网络传播风险的平稳、平息化发展,有效地加强和不断推进社会治理创新,增强防范各种社会安全突发事件网络传播风险,推进国家治理体系和治理能力现代化。

(一)理念革新:理念是行动的先导

当前的社会安全突发事件网络传播风险治理,必须转变观念,彻底改变原先的政府主导管理模式,转向多元主体要素协同发展、协同治理的思想思路。纵观当前的网络舆论引导体系机制,长期以来,一直是在政府部门的统一管理模式下进行,其他网络传播风险主体因素参与性不高,大大削弱了网络传播风险的共同应对治理效果。因此,打破传统的思维模式和障碍壁垒,重构网络传播风险的协同治理理念,充分发挥、积极调动其他利益相关者,如社会公众、网民群体、社会媒体等主体因素的协同治理积极性,重视每个利益相关者在协同治理中的作用和能力,通过制度建设激励每个主体要素协同参与治理的积极性,保障其他主体要素的参与权、知情权和话语权,实现网络舆论引导的主体多

元化、过程民主化、治理协同化,有效推进政府相关部门主导向多元主体协作转变。

(二)能力提升

纵观当前我国网络传播风险的风险评估和研判现状,或运用Gompertz模型进行舆情趋势区间预测,并确定预警等级,实现异常数据的及时捕捉和快速预警❶,或使用网络爬虫采集微博转发和评论内容作为实验样本,通过文本挖掘分析网络传播风险传播特征和路径❷,或通过采集案例数据并利用BP神经网络技术对构建的指标体系进行评估❸等。但是,从目前监测与评估实践来看,专业技术人员数量不足、理论与实践相结合度不高等问题突出,尤其是对于网络传播风险的第三方评估机构尚未形成科学规范的工作机制,工作能力也良莠不齐。因此,当务之急是要着力建构科学的第三方评估机构,大力培养符合时代发展的复合型人才队伍,适时开展网络传播风险分析的资格认证工作,注重评论方法与理论创新,壮大舆情分析人才队伍,切实提升网络传播风险分析的能力和水平,为政府相关部门提供强有力的技术支撑和决策依据。

(三)制度健全

如何确保新闻媒体的及时发声、准确发声、高效发声显得尤为重要。完备的制度建设是社会安全突发事件和网络传播风险科学应对处置的重要保障。一直以来,互联网技术的日新月异,我国针对互联网的法律规制建设难以跟上时代和技术发展的步伐,导致网络空间中的暴力、谩骂、欺凌、谣言等不良现象日益突出,尤其在社会安全突发事件发生的第一时间,成为网络空间中亟须治理的重点领域。因此,当下制度建设的重点是进一步释放各利益相关者的力量,努力提升各利益相关者的主动性和积极性,保障社会公众的信息获取、利益

---

❶ 夏一雪,袁野,张文才,等.面向大数据的网络舆情异常数据监测与应用研究[J].现代情报,2018,38(6):80-85.

❷ 龙玥,刘译阳.新媒体环境下高校负面网络舆情传播特征和路径研究[J].情报科学,2019,37(12):134-139.

❸ 黄微,徐烨,刘熠.多媒体网络舆情衰退期形成的评估指标体系构建研究[J].情报理论与实践,2020,43(1):76-81.

表达、利益凝聚和利益协商等权利。通过制度建设,加强各利益相关者之间的信息共享和沟通协商机制,按照科学、公开、及时、准确的原则,畅通事件信息的沟通渠道,通过社会媒体第一时间发声、表态、亮剑,及时、有效、果断地遏制谣言、澄清谬误,以迅速反应来抢占舆情引导的制高点,避免给社会公众带来不必要的社会恐慌。

推进国家治理体系和治理能力现代化,已成为当代中国社会发展的关键课题和核心问题。随着生成式人工智能技术应用场景的不断拓展,在当前媒体融合向纵深发展的时代背景下,一方面,极大地增加了各类突发事件应急管理数据源的复杂与多元,对网络舆论引导主体的数据挖掘、分析能力提出了新的挑战;另一方面,势必打破当前的信息传播范式,对网络传播风险应急管理部门在信息发布和应急行动上提出了更高的要求,传统的应急管理组织架构势必在全媒体传播、智媒体推送的媒介环境下显得捉襟见肘。

因此,只有以制度创新推进实践创新,构建系统完备、科学规范、运行有效的制度体系。通过制度措施让更多的组织、机构和个体成为各类突发事件网络传播风险的利益相关者,充分发挥各利益相关者在信息发布、传播渠道和信息管理等演变发展进程中的角色作用,尽可能地满足多方利益相关者的基本诉求和人文关怀需要。当前,面对突如其来的社会安全突发事件,如何有效应对和科学治理,已然成为考验各级政府相关部门舆论引导能力和应急管理能力的试金石。尤其是在当今全媒体传播的时代背景下,充分发挥各利益相关主体的积极性、协作性和主动性,提升社会安全突发事件网络传播风险的治理能力,已然成为各级政府相关部门着力思考与破解的关键问题。同时,充分发挥大数据、人工智能等技术优势彰显"驱动创新、要素创新、实践创新"的意义价值,为社会安全突发事件网络传播风险的研判、分析、处置提供有力的技术支撑。

第二节 网络传播风险的演变规律

网络传播风险的演化是一个复杂的发展过程。在特定的背景下,网络传播风险由于受到内部因素和外部因素的合力组合,共同推动网络传播风险的向前发展。根据网络传播风险的生成过程"触发—集聚—热议—升华"这一生成逻辑,社会安全突发事件网络传播风险的演化规律,也可以概括为与之对应的演化规律:突变规律、聚集规律、共振规律和极化规律。社会安全突发事件作为非常规突发事件,与一般事件相比,具有自己更特殊的个性特征。

一、突变规律

具体言之,社会安全突发事件的网络传播风险突变性特征主要表现在以下方面:①双模态性。社会安全突发事件发生后,其网络传播风险一般会朝着两个方向发展。要么在新闻媒体或"大V"的正确引导下趋于平息,要么在网络推手或是媒体的恶意放大下引起舆情危机。②突发性。社会安全突发事件网络传播风险生成初期表现为明显的稳定特征,而一旦在其他外部因素的助推下,则表现为急剧的膨胀式特征。③分散性。当社会安全突发事件网络传播风险在生成演变发展到一定程度时,如果有新闻媒体或"大V"和政府部门的技术性干预,这种发展平衡性、规律性将被打破,表现出明显的放大效应。④滞后性。社会安全突发事件往往由极端分子经过精心组织与周密策划所发起,这些突如其来的行动常常令人措手不及,毫无预警特征可言。然而,令人遗憾的是,在事件发生后,我们往往发现应对措施和舆论引导方面存在较大的滞后现象,这无疑加剧了社会的恐慌与不安。

从社会安全突发事件网络传播风险的突变性特征可以发现,这种突变性预示着社会安全突发事件网络传播风险的演化发展,也是一般网络传播风险的一种"突然性"或"状态性"的一种"中断"或"断裂",可以构建简单函数来描述社会安全突发事件网络传播风险的演化规律,把这个"中断"或"断裂"的控制因素看作因变量,把这个固定的临界限制值看作变化的条件,用函数表示如下:

$$R = f(x, y)$$

式中,R 为网络传播风险的风险值;x 为社会安全突发事件的社会影响,风险和危机的自变量函数;y 为社会安全突发事件的利益相关者(应对主体、网民群体、袭击者),是一个风险因变量函数。从这个函数的逻辑关系来看,社会安全突发事件网络传播风险的影响因素主要受到不同利益相关者的意见、观点和情绪组合,以及社会安全突发事件自身的社会影响力。在一定条件下,如果社会安全突发事件发生的网络传播风险值未超过风险临界限制值D(或叫突变点),即$R \leqslant D$,则为亚稳定平衡,也就是说社会安全突发事件发生后的网络传播风险还处于可防可控阶段,属于潜伏期;如果在外界的推动下,继续改变舆情的控制因素变量,使网络传播风险值达到或超过风险临界限制值D(或叫突变点),即$R \geqslant D$,则这种网络传播风险已经达到膨胀阶段,这种"中断"或"断裂"破坏了原来的稳定状态,构成现实中的传播风险,在网络传播风险的突变性特征下形成网络传播风险危机。

二、聚焦规律

(一)网络传播风险聚焦效应的作用因素

社会安全突发事件一旦发生,在当今社交网络媒体上必定会引起社会公众的密切关注,主要作用表现在以下方面:一是当今社交网络媒体的高度发达,尤其是在全媒体时代背景下,加剧了事件的扩散效果。新媒体的各种实时资讯推送功能更加精准化、个性化,每当我们一打开智能手机,各种推送信息接踵而至,在那一瞬间"人人都是接受者",从而提升了事件的传播效果。同时,各大主流媒体网站的置顶功能、头版头条等,还有电视媒体等,都在实时滚动每天发生的重要事件信息,更有一些自媒体为了骗取流量、赢得"粉丝"、博取眼球,置媒体的社会责任与不顾,加大对社会安全突发事件的血腥报道等,起到更推波助澜的影响。二是一些社会公众长期以来积聚的恩怨情绪,对自己现实生活的不满,一直以来没有找到适合的时机与借口,于是借机行事,以此事件为依托,将自己积压在内心深处的不公平、不平等情绪指向政府和社会,这种极化的群体现象也加剧了网络传播风险的演化发展,成为社会公众的聚焦点。

(二)网络传播风险生成的聚焦演化规律分析

网络传播风险的聚焦演化模式其实是社会公众对社会安全突发事件的一种"情绪宣泄"或"群体围观",并形成一种"共景监狱"模式。换言之,在"共景监狱"的传播模式中,已经不再是个体瞭望塔对社会群体的监视,取而代之的是社会公众对个体的一种凝视与控制。也就是每个社会个体所获得的信息分配都比较对称,任何人都可以围绕这个聚焦点成为主体而存在,因此这种多主体并存的现象,极易形成网络传播风险的马太效应,或社会公众普遍认同的"情景模式"。政府部门、社会公众、新闻媒体等都把目光聚焦在社会安全突发事件发生过程上,尤其是社会公众中的网民群体,由于不同的知识背景、文化修养、道德品质,对事件的看法各异,形成不同的网络意见,构成多元主体共同热议的网络舆论共存图景。在这个网络传播风险高度聚集的关键时刻,社会安全突发事件已然成了众所周知的焦点。那些长期以来饱受社会不公与不平等之苦的人们,会借此机会将内心积压的恩怨情绪在网络上进行宣泄,从而引发广大网民的共鸣与集体爆发,进而演变成为具有显著社会影响力的网络传播风险热点事件。因此,网络传播风险的聚焦规律可以概括为"情绪积累→事件发生→网络聚焦→网络传播风险"。

三、共振规律

(一)网络传播风险现实与虚拟共振

社会安全突发事件是一种社会影响力极大的破坏行为,具有深刻的社会历史根源和复杂的个人思想倾向。从一定意义上而言,网络世界与现实社会是一种强烈呼应的互动共振关系。每一次社会安全突发事件发生后,在新闻媒体的作用下,都会形成强烈的舆情效应。尤其是在现代城市化进程不断加快,人们在当今的社会发展过程中遇到新的突出问题、新的矛盾现象,在现实生活中无法解决,从而形成长期积压心理的怨恨情绪。如果没有适宜的疏通渠道,则往往会转移到网络空间,受网络推手或别有用心之人的意识左右影响下,加剧了网络传播风险的恶化和爆发。

(二)网络传播风险议题与情绪指向共振

长期以来,人们普遍认为大众传播可能无法影响人们怎么想,却可以影响人们想什么。为了探讨媒介如何能够更有效地发挥舆论引导作用。近年来,议程设置成为新闻传媒界关注的一个重要问题,也成为大众传播的重要社会功能和效果之一。随着移动社交网络媒体的勃兴,在当前媒介环境下,"人人都有麦克风"已然成为当前时代的重要表征。任何网络传播风险都有着特定的议题设置,围绕某一方面、某一领域的话题进行激烈探讨,这就关系到在网络热议中如何引导人们去探讨某一个具体问题。但在这种议题设置中,一般会出现"大V"或网络"意见领袖"主导整个话题发展的趋势,推动社会公众形成对某一事件的看法与态度,即"刻板印象"。

四、极化规律

极化是指事物在一定条件下发生两极分化,使其性质相对于原来状态有所偏离的现象。在社会生活中,跟风从众的心理成为大多数人的心理特征。尤其是面对网络空间中林林总总的信息,有时我们无所适从,于是"听多数人意见、跟多数人走"成为大多数人的普遍特征。社会安全突发事件发生后,网络传播风险的演化发展是"个体心理"深化为"群体心理"的过程。在前期网络传播风险的生成演化发展基础上,对某一事件的观点进一步得到强化和"升华","群体极化性"日益凸显,原来发生的社会安全突发事件,经过社交网络媒体的进一步强化,导致网络传播风险危机。

(一)网络传播风险群体极化的内容

随着移动社交网络媒体时代的到来,打破了原先点对点或线对线的交流模式,而呈现一种扁平状的网状式分布。在网络中这个"点"上的每个网民都可以进行互动交流,打破了昔日传统媒体的线性传播,加剧了网民之间的情感传播、情绪感染和情感共振,使网民之间的交流呈现极化分布的趋向。尤其是在社会安全突发事件发生后,在心理恐慌的作用下,更加剧了网民之间的情绪感染,个体也容易受到他人的误导,甚至在网络交流讨论中呈现"一边倒"的现象。在这个"极化点"上,一旦感受到外部或内部压力的作用,就极易形成"网络爆发"之势,引起网络传播风险危机。一般言之,社会安全突发事件网络传播风险的极化内容主要体现在:一是个人群体极化。社会安全突发事件发生后,对事件密切关注的社会公众会通过网络表达自己的利益诉求,形成一个具有共同价值或兴趣的网络共同群体。二是议题极化。在这个人群共同体中,他们相互之间围绕着一个共同的议题参与讨论,形成具有鲜明指向的议题内容,通过议题的交流交锋形成一致的价值共识。三是指向极化。最受社会公众关注的是事件的诱发动因、事件影响和事件经过等相关内容,而对于政府相关部门如何快速处置、平息事件也成为公众所关注的焦点,从而使网络舆论焦点高度集中,具有明确的指向性。

(二)网络传播风险群体极化演变规律

社会安全突发事件发生后形成的网络传播风险群体极化现象,从本质来看,是社会公众情感共振和心理力场的极化聚集之势,其最终结果必定产生更强烈的社会效应。按照心理力场理论分析发现,社会安全突发事件网络传播风险群体极化的演变规律可以分为以下几种。

首先,社会安全突发事件发生后,容易引起社会公众的强烈关注,并在社交网络媒体的作用下,运用现场图片、数据等在网络空间中进行转发、评论,此时的传播是网民的不经意、随机地自由传播;其次,在这种自由的传播过程中,具有相同价值共识或意见倾向的观点会在"心理力场"的作用下迅速地聚集,形成观点关系网,其他网民个体在这个"场"的作用下,会积极加入其中,与其他网民的观点意见或趋于一致,或形成自己的议题;最后,在这个多元的舆论场域中,网民之间的讨论越来越激烈,随着一些"大V"和"意见领袖"的加入,在与网民的交往交流交锋中,逐渐趋于同化,多个议题同时存在的图景不存在,形成议题热度和强度更高的"中心议题",这个"中心议题"最后在众多网民的合力同化下,越聚集越强,演变为网络空间中具有高度影响力的舆情事件。

在社会安全突发事件网络传播风险生成演化过程中,所呈现的突变规律、聚焦规律、共振规律和极化规律,只是网络传播风险演化进程中"四个节点"呈现特征的态势表达(图2-2),而在实际的发展进程中,我们并不能严格地将其划分为某个阶段,在舆情的演化发展进程中更是复杂得多,呈现出相互交织、交互演化的诸多规律,更需要善于综合考虑、审慎看待。

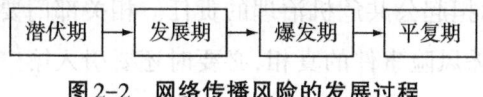

图2-2 网络传播风险的发展过程

(三)网络传播风险加剧和社会风险放大

如果社会安全突发事件的传播风险被过度放大,舆情一旦发酵,则极可能引发广泛的社会行为反应。这种反应所引发的次级影响,往往远超风险事件本身对人们的直接影响,这种连锁式的社会影响被形象地称作"涟漪效应"。在众多社会安全传播风险事件中,次生灾害的风险占据了显著地位。特别是在某些特殊的社会安全突发事件中,舆情传播的复杂性尤为突出。若未能及时有效地进行舆论引导,网民对这类事件的持久心理认知,如对专家和媒体的不信任、对生活环境安全的担忧、对当地政府相关部门的不信任等,都可能逐渐累积并深化。这种心理认知一旦长期存在,不仅会为不法分子提供可乘之机,更会给媒体和相关部门在进行舆论导向和公共危机治理时带来极大挑战。次生舆情是指在社会安全突发事件发生后,舆情发酵过程中所衍生的一系列网络传播风险。这些风险往往源于媒体或相关部门在回应时机及处置方式上的失当,进而触发新一轮的舆情危机,其规模和影响甚至可能超过初始状态。这充分揭示了网络传播风险所具备的不确定性特质。次生舆情本质上是网民在风险意识放大的背景下所形成的特定言论。由于个体对风险信号的感知程度不尽相同,网民在自发增强风险意识后所发表的言论中,难免会出现过激或极端的情况。一旦这些带有过激情绪的言论得到了部分人的认可与支持,次生舆情便会应运而生。当这些言论被别有用心的组织或个人所利用,在网络上大肆传播并得到部分人的支持时,便可能引发更为严重的网络传播风险危机。次生舆情作为"涟漪效应"的一种表现,其后果包括群体抵制等多种形式。

从一定意义上而言,要积极对民众的心理进行有效疏导,首先,要转变媒体的报道方式。媒体由于有自身的市场地位与读者定位会影响议程设置,要在诉求、方式、角度等方面进行话题引导。在报道方式上,应该从科学传播观念和受众情感需求的角度出发,重视社会责任诉求,实现传播效果的最大化。其次,重构公众对社会安全突发事件的认知。最后,政府相关部门是掌握网络传播风险治理的主体,应当承担起公共危机治理的责任。相关部门要尽可能地在第一时间坦诚揭露网络传播风险事件的真相,必要时还要引入第三方机制作出科学评估报告。加大公民对社会安全突发事件的知情权,充分尊重民意与建立完善的善后制度,并且培养具有较高媒介素养的专业技术人员,及时发现网络传播风险,从早期进行有效防控。

第三节 网络传播风险的定性分析

为深入分析激发社会安全突发事件传播深化的条件组态,从而全面把握此类事件网络传播风险的生成、爆发、扩散规律,本节选取了我国近年来发生的10起社会安全突发事件案例,以定性方法进行分析。

一、基本理论

(一)研究进展

综观当前研究,关于网络传播风险的相关研究主要集中于各类突发事件,如王晰巍、贾若男和韦雅楠等构建校园突发网络传播风险事件主题图谱中的实体、关系和过程模型[1];杨阳和王杰将包含情绪函数的RDEU理论引入突发事件网络传播风险演化的博弈中,然后结合演化博弈中的复制动态方程,构建以网民和政府为代表的动态博弈模型[2];姚翼源从治理生态学的角度来看,相关部门网络舆论引导方式与治理环境密切关联[3];林燕霞、谢湘生和张德鹏构建网络传播风险演化博弈模型[4]。

关于定性比较分析方法的主要研究成果主要应用于政治学、经济学、社会学、管理学等研究领域,如王海英和屈宝香通过理论分析建立影响村级集体经济发展的因素框架,以发达地区、欠发达地区和贫困地区的12个行政村为对

---

[1] 王晰巍,贾若男,韦雅楠,等.社交网络舆情事件主题图谱构建及可视化研究——以校园突发事件话题为例[J].情报理论与实践,2020,43(3):17-23.

[2] 杨阳,王杰.情绪因素影响下的突发事件网络舆情演化研究[J].情报科学,2020,38(3):35-41.

[3] 姚翼源.人工智能时代政府网络舆情治理的逻辑、困局与策略[J].西南民族大学学报(人文社科版),2020,41(3):205-211.

[4] 林燕霞,谢湘生,张德鹏.复杂交互行为影响下的网络舆情演化分析[J].中国管理科学,2020,28(1):212-221.

象,应用定性比较分析法进行分析❶;张广文和周竞赛运用定性比较分析方法对2007—2016年发生的典型的邻避事件,基于社会资本理论的三要素分析邻避冲突成因问题❷;任声策和范倩雯使用了模糊集定性分析方法,对于不对称的因果关系进行分析,得出了影响企业创新能力的原因组合,拓展了创新研究领域的研究方法和结论❸。

从网络传播风险的研究现状可以发现,许多研究者都侧重对网络传播风险的生成发展、应对机制、风险评估等方面的研究,但对多起社会安全突发事件案例进行综合分析的研究成果较少。同时,在研究方法上,目前的研究方法大多是以理论分析与模型构建为主,鲜有用定性比较分析方法来进行研究暴力袭击事件网络传播风险的演化规律。定性比较分析方法作为目前社会科学研究领域比较成熟的研究方法,其主要优势在于能通过数量有限的案例归纳分析其构型本质,是一种介于案例导向(定性方法)和变量导向(定量方法)之间的研究方法。近年来,定性比较分析方法开始进入政治学和社会学领域的研究视野,引起众多研究者的极大兴趣和热情。

网络传播风险的演化发展是多种因素叠加的结果,从目前的研究进展来看,如前所述,许多研究者将其认为是事件信息、事件参与者、内外部作用力和应对措施等,也有的研究者从媒体的角度或是技术的角度将其认为是媒体环境、"意见领袖"、信息源、网民心理和相关部门等因素导致的结果,而本书从系统的理论出发,基于定性比较分析法,认为暴力袭击事件网络传播风险是"多重并发因果"的过程,是多种条件变更组合影响的结果,不仅包括事件本身,还包括媒体环境、相关部门和社会大环境等各种因素,尤其是在当前社交网络媒体高度发达的全媒体传播语境下,为社会公众积极参与事件讨论提供了新的平台和机会,最终影响着网络传播风险的演化发展趋势。

---

❶ 王海英,屈宝香.基于定性比较分析(QCA)方法的村级集经济发展影响因素分析[J].中国农业资源与区划,2018,39(9):205-213.

❷ 张广文,周竞赛.基于定性比较分析方法的邻避冲突成因研究[J].城市发展研究,2018,25(5):109-116.

❸ 任声策,范倩雯.基于模糊集定性比较方法的供应链依赖度与企业创新关系分析[J].商业经济研究,2016(22):122-124.

(二)理论框架

在当前生成式人工智能技术广泛应用的时代背景下,随着社交网络媒体的推波助澜,在现场或不在现场的社会公众随手一拍即可在自媒体平台上发布信息,瞬间传遍全球的任何一个角落,迅速在虚拟的网络空间中生成热点议题,引起网民的关注、议论、转发或评论等,在官方或主流媒体尚未介入或发布真实、权威信息的语境下,有些网民甚至通过恶意将不相关的图片进行拼凑等技术手段进行加工处理,恶意散发不良信息,以引起更大的社会恐慌效应,最终导致网络传播风险的蔓延和风险传播扩大化,对国家安全、社会稳定和人民生产生活带来巨大的冲击和影响。因此,本书综合网络传播风险的集聚、协同、互动、回应四种作用机制,对社会安全突发事件发生后的网络传播风险演化进程进行定性分析描述。

(1)集聚。纵观整个新闻传播史,每一媒介的变革都对社会产生了强烈的影响,给人类的交往交流方式提供了新的平台和机会。尤其是在当前快速发展的信息技术时代,具有开放性、即时性、互动性、虚拟性的互联网更给人们进行情感表达、政治参与等提供了新的平台和机会,每当在暴力袭击事件发生后,更容易引发社会公众的网络围观和聚集现象,形成一股强劲有力的网络效能,随时都有可能引起网络传播风险危机。

(2)协同。在当前新兴媒体和传统主流媒体共存的全媒体传播体系背景下,暴力袭击事件发生后的第一时间,具有开放性、自由性、个性化的新兴媒体为了快速博取社会公众眼球和吸引"粉丝",往往会率先在自媒体平台上散发、传播事件的图片信息,这些碎片化的信息极易使社会公众产生信息不对称现象。随后传统主流媒体也加入了报道的行列,它们凭借自身的权威性和深度报道的特点,与新兴媒体形成了互补效应。在两者的共同叠加宣传报道下,网络传播风险或平息或激化的演进逻辑得到了进一步的推动。

(3)互动。网络空间的社会个体(信息发布者)凭借自身的知识经验,通过"一网两端多平台"等各种社交网络媒体平台发布与暴力袭击事件相关的信息文字、图片、音视频等,与其他网络交流互动,其他网民(信息消费者)接收到这一起事件信息后,结合自己的兴趣爱好和个人品质、知识素养等进行转发、评论、点赞,因此在这多元的网络互动交流沟通中,进一步释放了网络主体的信息消费潜力,放大了事件信息的集聚能量,推动了网络传播风险的纵深发展。

(4)回应。在社会安全突发事件的网络传播风险演进过程中,其涉及的是众多相关主体的利益交织。特别是在事件刚刚发生的敏感时刻,相关部门和权威新闻媒体的及时介入显得尤为关键。它们能否迅速发布权威信息,有效消除信息噪声的干扰,及时回应社会舆论关切,安抚公众情绪,这在很大程度上能够遏制网络传播风险进一步升级和极端化。相反,如果缺乏及时有效的应对,在社交网络媒体的推动下,网络传播风险很可能加速恶化并广泛蔓延。

二、研究设计

(一)研究思路

在具体的研究过程中,本书紧密围绕定性比较分析这一核心方法,深入剖析社会安全突发事件发生后网络传播风险的演变规律。在实际操作中,首先,系统地梳理当前的研究成果,弥补其中的不足,并对由10个案例构成的组态进行了全面的综合分析。其次,借助清晰的定性分析方法,剖析我国近年来发生的10起典型社会安全突发事件案例,从而揭示这些事件后网络传播风险持续存在的多种条件组合。同时,基于前期的研究成果,我们提炼出可能影响网络传播风险演化结果的一系列解释变量。通过对所选样本案例数据的细致分析,我们逐一审视每个变量的编码数据,并据此构建社会安全突发事件网络传播风险的真值表。最后,我们全面汇总并分析所有影响解释量和结果变量的组合,从而找到了识别样本案例条件组态与结果对应关系的起点。

定性比较分析法与模糊集定性分析方法相比较而言,由于集合之间存在着比较显著的差异界限,更有利于分析处理那些类别化的数据,可以依据布尔代数办法对这些差异进行数值分析,即可以将数据分析中的解释变量和结果变量的结果转换为易于记数的0和1两个数值,实现由"质性"的文字表述转化为"量化"的具体数值,更为直观、可视化。在具体实施标注过程中,我们以数值"0"表示变量的条件为"不发生"或者"否",用小写字母表示;反之,数值"1"则表示变量的条件为"发生"或者"是",用大写字母表示;此外,我们用"*"表示"且"或者"和",即两种变量条件同时具备;"+"表示两种变量条件中至少具备其中一种条件,表示"或许""或";"-"或"="表示"引起"或"致使"。

(二)样本选择

为了更全面地展现研究结果的真实性、有效性和科学性,本书采用了国内领先的免费开放平台——知微事见(https://ef.zhiweidata.com)作为数据分析基础。该平台信息全面,为本书的研究提供了坚实的数据支撑。在案例选择上,本书选取近年来发生的10起典型社会安全突发事件,这些事件均具有较高的影响指数,能够充分反映当时的社会安全状况。通过对这些案例的定性比较分析,本书旨在深入挖掘社会安全突发事件的内在规律和特点,为相关领域的研究和实践提供有益的参考。

从所选样本来看,具有下列三个特征:在短时间内达到高传播量;在长时间内都保持一定传播量;在网络社交媒体(以微博、微信和网络媒体为主)中引起热议。同时,样本具有危害性大、暴力性强、恐怖性高、死伤人数多等重要突出特征,分布省份广,涉及多个省(区、市)。通过知微事见平台的数据基础对这些事件发生后的网络传播风险话题倾向、关注焦点等信息进行科学分析,为深入分析集聚、协同、互动、回应这四种话语集聚机制对社会安全事件网络传播风险演化的逻辑规律提供分析素材。

(三)变量设置与测量方法

依据网络传播风险演化发展的生命周期来看,一般会经历萌发、蔓延、爆发、平息的演化规律,是一个倒"V"形的发展进程,如果将网络传播风险一直处于高位、长期处于舆论焦点状态时的峰值次数作为社会安全突发事件网络传播风险的影响热度,则表示这起事件是热点舆情事件,也可以将其作为定性比较分析中的结果变量,而解释变量方面,我们可以将社会安全突发事件发生后的网络传播风险演化进程中的集聚、协同、互动、回应四个方面因素作为条件变量。变量设定与测量方法如表2-2所示。

表2-2 变量设定与测量方式

变量名称		变量解释
结果变量		暴力袭击事件发生的网络传播风险一直处于高位、长期处于舆论焦点状态时的峰值次数,单次及以下标记为0,单次以上标记为1
条件变量	集聚	指暴力袭击事件发生后的第一时间信息生产者,由社会公众通过自媒体发布的记为0,由传统主流媒体发布的记为1
	协同	新兴社交网络媒体与传统主流媒体的信息传播分布情况,主要在新兴社交网络媒体传播的记为0,在传统主流媒体(包括党报党刊及主流网站等媒体融合发展平台)上发布的记为1
	互动	暴力袭击事件信息发布后有网民进行转发、评论、点赞占比80%以上的标记为1,没达到80%标记为0
	回应	暴力袭击事件发生后的第一时间,有关部门和权威新闻媒体及时介入,发布相关权威信息,消减信息噪声污染,及时回应社会关切,安抚社会公众情绪的标记为1,反之则标记为0

三、研究结果

(一)建构真值表

本书基于清晰集定性比较分析法的研究思路,以"二分归属原则"综合分析。近年来,我国发生的通过主流媒体报道的10起典型社会安全突发事件作为案例样本,并进行编码处理,以0、1数值赋值后得出集聚、协同、互动、回应四个条件变量,将其与社会安全突发事件的网络传播风险频率、次数这一结果变量进行条件组合,构建社会安全突发事件网络传播风险真值表(表2-3)。

表2-3 社会安全突发事件网络传播风险真值表

集聚	协同	互动	回应	案例数
1	1	1	1	2
1	1	0	0	1
1	0	1	1	1
0	1	0	1	1

续表

集聚	协同	互动	回应	案例数
0	1	1	0	1
0	0	1	0	1
0	1	0	1	2
1	1	1	1	1

（二）单变量分析的必要性

为了更清晰地掌握所选取的条件变量是否具有研究的可行性，需要对社会安全突发事件网络传播风险演化进程中的集聚、协同、互动、回应四个条件变量与目标变量是否具有一致性进行综合考量，也就是我们所需要的变量结构是否需要这些条件变量进行支撑。一般而言，如果一致性指标的数值大于 0.900000 时，条件 A 将成为结果 B 的必要条件，也就是会使事件的结果发生质的变化。从表 2-4 可以看出，一致性的结果数值中只有"非集聚"中的 0.700000 为最高，尚未突破 0.900000 的值，因此这四个条件变量仍然是社会安全突发事件网络传播风险的重要推动因素，不存在某一个条件变量就能使网络传播风险长期存在的重要因素，结果变量的出现是集聚、协同、互动、回应四个条件变量共同作用的演化结果，而从覆盖率来看，主要是对前面单变量与一致性的合理性进行整体评价的合理性程度。从表 2-4 的覆盖率数值来看，大部分都在 0.500000 上下波动，反映了四个条件变量与一致性的契合程度比较合理、恰当和有效。

表 2-4 单变量必要性分析

单变量	一致性	覆盖率
集聚	0.300000	0.450000
非集聚	0.700000	0.550000
协同	0.400000	0.300000
非协同	0.600000	0.600000
互动	0.500000	0.600000
非互动	0.500000	0.400000
回应	0.600000	0.500000

续表

单变量	一致性	覆盖率
非回应	0.400000	0.500000

(三)清晰集定性比较分析

通过对集聚、协同、互动和回应四个条件变量的组合,可以发现这些条件变量通过不同的排列方式进行组合后,如表2-5~表2-7所示,其一致性和结果覆盖率都为1.000000,说明社会安全突发事件网络传播风险的演化发展是在多重并发因素共同作用下的结果,而不是某一个单变量因素所引起的舆情影响。

表2-5 复杂解

条件组合	原覆盖率	净覆盖率	一致性
非集聚、非协同、回应	0.550000	0.550000	1.000000
非集聚、协同、非互动、非回应	0.300000	0.300000	1.000000
集聚、协同、互动、非回应	0.300000	0.300000	1.000000
结果覆盖率	1.000000		

表2-6 简约解

条件组合	原覆盖率	净覆盖率	一致性
非协同、回应	0.550000	0.550000	1.000000
集聚、互动	0.300000	0.300000	1.000000
非集聚、协同、非互动、非回应	0.300000	0.300000	1.000000
结果覆盖率	1.000000		

表2-7 中间解

条件组合	原覆盖率	净覆盖率	一致性
非协同、回应	0.700000	0.300000	1.000000
非集聚、协同、非互动、非回应	0.300000	0.300000	1.000000
集聚、协同、互动、非回应	0.300000	0.300000	1.000000
结果覆盖率	1.000000		

(四)结果分析

综合前面的研究分析我们发现,关于社会安全突发事件网络传播风险的集聚、协同、互动、回应四个条件变量所体现的结果研究中,其结果覆盖率和一致性的数值均为1,反映出条件变量和组态解之间存在一定的内在逻辑关系(表2-8)。因此,可以从三个模式进行分析社会安全突发事件网络传播风险爆发的演进逻辑。

表2-8 致使社会安全突发事件网络传播风险扩大的组态解析

条件	组态解析		
	模式1	模式2	模式3
集聚	◆		
协同	◆		◆
互动	◆	◆	◆
回应	◎	◆	◎
一致性	1.000000	1.000000	1.000000
原始覆盖度	0.300000	0.700000	0.300000
唯一覆盖度	0.300000	0.700000	0.300000
总体一致性	1.000000		
总覆盖度	1.000000		

◆表示该条件存在,◎表示该条件不存在,空白表示组态中该条件可存在、可不存在。

第一模式:官媒首发、网民热议互动、传统纸媒与网络媒体协同传播、相关部门未合理回应。以某事件为例对此条件组态进行分析其演化轨迹。2019年发生一起社会安全突发事件,当天下午,事发地公安局便在其官方微博对该事件进行了"#警情通报#"。此消息一出,就引起人们的关注和猜测,由于对事件原因不明,许多网友都在纷纷谴责不法分子的行为;环球网、华商网、大众网、界面新闻、人民网、荆楚网及《新京报》等54家网络媒体和传统媒体纷纷跟进,社会公众也在这些网络媒体上纷纷发表自己的观点和看法,形成了网络舆论热潮。

直到该公安局在其官方微博对该事件的调查结果公布后,许多网民认为此事件作案者并不是像通报中的"悲观厌世、精神恍惚、情绪反常"等行为,都在责怪相关部门对前科处罚太轻,引发广大社会网民的激烈议论,舆情再次达到高峰状态,该公安局官方微博这条回应消息浏览人数突破26万。在这起案件中,官方的首次披露和调查结果公布的这两个时间段,引起了社会公众的大量猜疑,形成了两次网络传播风险峰值(舆情趋势如图2-3所示)。

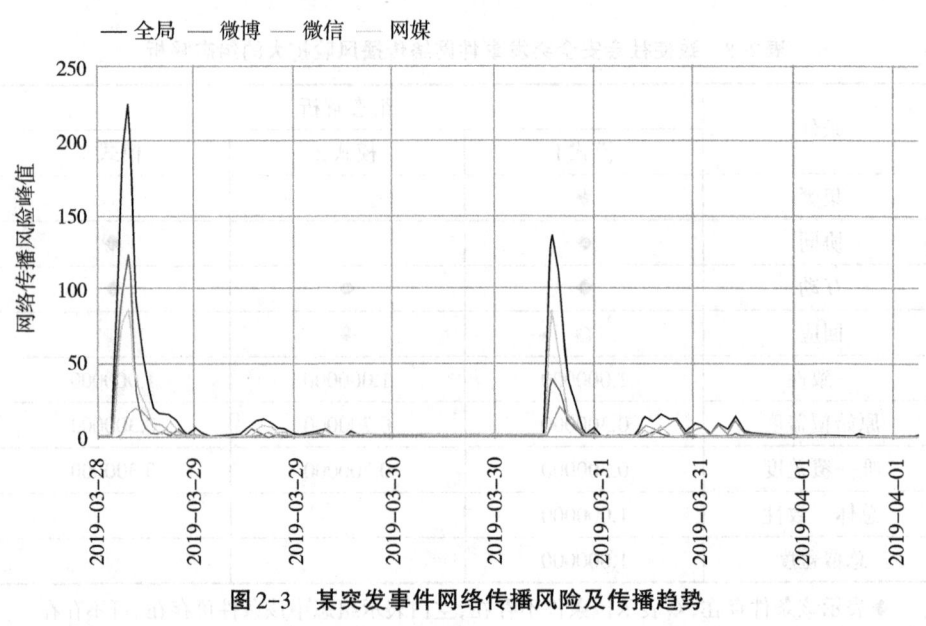

图2-3 某突发事件网络传播风险及传播趋势

第二模式:传统纸媒与网络媒体协同传播、网民热议互动、相关部门回应。以某刑事案件为例,对此条件组态进行分析其演变轨迹。2019年9月2日8时许,发生一起恶性事件后,11时"中国硒都网"率先发布了相关的消息,引发众多网络媒体的关注、转发。如11时45分"澎湃新闻",11时48分"环球网",11时58分《新京报》,12时02分"中国青年网",12时07分"界面新闻",13时35分"中国宁波网",14时13分《南方都市报》,14时48分"界面新闻",14时50分"人民网",15时07分《扬子江晚报》……网络媒体和传统媒体纷纷跟进,直到当天23时32分在"头条新闻"在微博上发布了该事件消息,并将公安局的"警情通报"

进行曝光,通报了事件死伤人数、犯罪嫌疑人的基本情况和善后处理工作。这条消息一出,引发了网友的纷纷讨论,转发数达5044次,评论数达7679条,点赞数达31875次。

在社会各界的广泛关注下并进行了正面引导,有效地化解了社会公众疑虑和愤懑心理。但是,网络空间中的各种信息杂声仍在各社交媒体微信和微博上继续发酵,直到9月6日以后才最终渐趋平息。舆情趋势如图2-4所示。

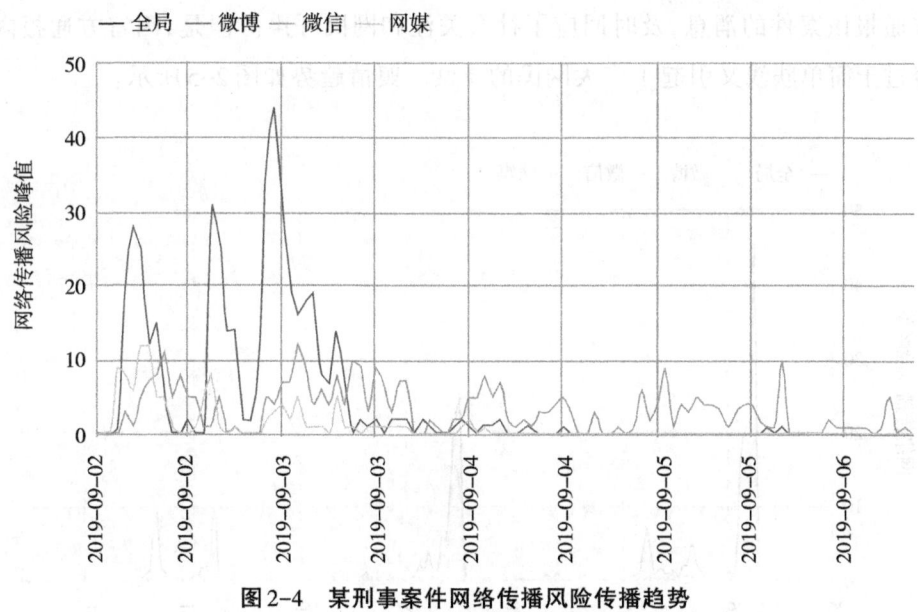

图2-4 某刑事案件网络传播风险传播趋势

第三模式:网民首发、传统纸媒与网络媒体协同传播、网民互动热议、相关部门未回应到位。以某事件为例,对此条件组态进行分析其演变轨迹。2019年3月25日15时30分许,发生特大社会安全突发事件后,许多网民便通过微信朋友圈和微博进行转发相关图片信息,引发社会关注。17时50分当地宣传部官方微博开始发声,18时20分《新京报》将当地宣传部官方微博消息转发后,引起众多媒体的关注、转发。如18时21分"网易",18时22分"凤凰网"《北京青年报》,18时25分"界面新闻",18时26分"环球网",18时27分"新华报业网""澎湃新闻",18时30分"长城网""人民网",18时33分"中国新闻网",18时37分

"东方网"……网络媒体和传统媒体纷纷跟进,18时31分微博名为"小凡好摄"地发布了"#突发#""消息",18时40分微博名为"段郎说事"#郎说警事#。在事发短短的3个小时内,此事件在网络空间中引起了广泛的社会关注,网络传播风险进一步升温。2019年3月25日20时45分,《新京报》发布了"某案提前介入引导侦查"的消息,可见相关部门及时介入,但之后网络传播风险有增无减,许多网民想弄清事实真相,了解嫌犯的作案动机和手段。

在公安机关的迅速侦查下,2019年3月28日12时4分,《新京报》发布了官方通报该案件的消息,及时回应了社会关注和网民呼声。但是,因官方通报内容过于简单肤浅又引起了广大网民的质疑。舆情趋势如图2-5所示。

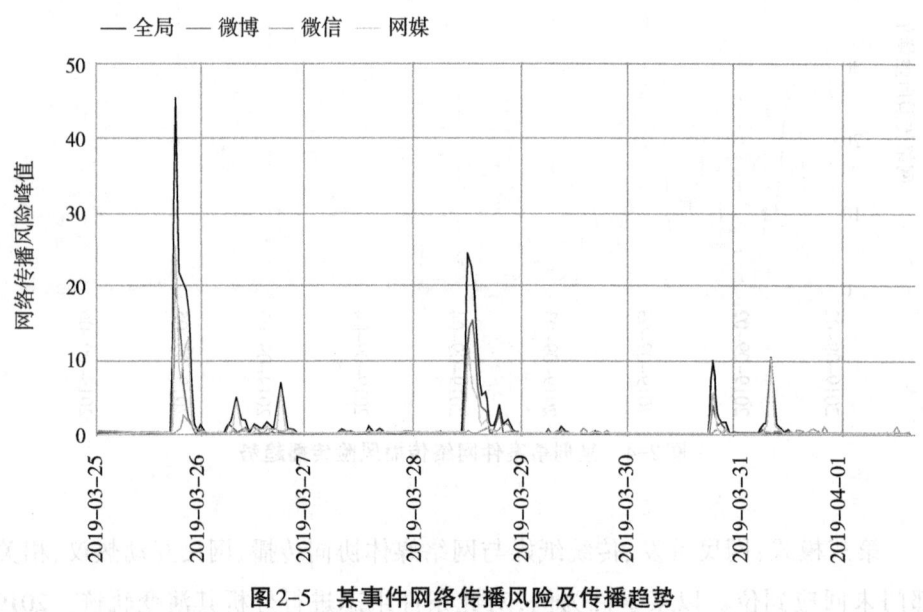

图2-5　某事件网络传播风险及传播趋势

综上研究可以发现,为了使研究结果更体现真实性、有效性和科学性,本书依据国内的免费开放平台知微事见的数据分析为基础,选取了近年来发生、影响指数较高的10起典型社会公共安全事件作为案例样本进行定性比较分析,对于当前着重探讨某一案例或事件的实证研究更具有可靠的数据支撑和有效的研究路径,也颠覆了某些网络传播风险成因的"刻板现象"和固有认知,尤其是在当前全媒体传播的时代背景下,随着信息技术的快速推进和媒体融合的纵深发展,任何地方发生的事件都可以瞬间传遍全球的每一个角落,加剧了社会公众网上互动的多元性和可能性。

第四节 网络传播风险的动力机制

近年来,作为新闻学与传播学、情报学甚至政治学、管理学、社会学等学科领域中的"网络传播风险"日益受到当前部门的高度重视,如何科学化解网络传播风险危机,共同营造一个清朗的网络空间环境已然成为当前学界的热点议题。但纵观当前对"网络传播风险"的相关研究,近年来已取得一定的研究成果,各研究者对网络传播风险的内在机理、生成机制、社会影响、模型构建和传播路径等进行了大量的研究,对社会安全突发事件网络传播风险传播的动力机制研究已经从人文社科研究领域逐渐向信息科学研究领域嵌入,有效地整合了单一学科的乏力与不足,逐渐形成学科融合发展的良好势头。

从目前的研究倾向来看,主要呈现这两种架构:①从人文社科研究领域的理论视角构建的社会安全突发事件网络传播风险传播模型分析,重在对该模型的阐释与路径的可能性重构分析;②从信息科学研究领域来分析社会安全突发事件网络传播风险的仿真模型,重在对该模型的模拟仿真,构建内源动力与外源动力耦合度测量指标体系等。因此,无论是从人文社科还是从信息科学技术的视角维度来建构社会安全突发事件网络传播和风险传播的动力机制模型,都必须从舆情的各相关利益主体这一内部结构,以及当前所处的社会背景和时代特征等外部环境进行综合分析考量,方能全面系统地对社会安全突发事件网络传播风险传播的动力机制模型进行科学构建。但认真审思,对社会安全突发事件发生后的网络传播风险生成动力机制,还缺乏一定的理论作为支撑进行阐释分析。为此,本书以生态学中的生态系统理论作为基点,着力对社会安全突发事件网络传播风险生态系统的动力机制进行系统分析,从而为国家政府相关部门有效掌握社会安全突发事件网络传播风险内在特征和应对机制提供可靠的理论支持。

一、要素特征：网络空间的舆情生态系统结构

从一定意义上而言，"动力机制"其实是探讨系统内部或者是单位内部各要素、各主体之间的相互协同关系，是各主体之间通过一定的路径方式共同推进整体功能或作用得以改变的一种实践方式，它强调的是整体与部分之间的内在逻辑关系。社会安全突发事件网络传播风险作为网络空间中的一种独特现象，有着自身的内在规律，当然也受到内部因素和外部环境的共同作用和影响，从舆情信息生态理论的视角维度来看，信息生产者、信息消费者、信息传播渠道和信息传播环境等，都会影响社会安全突发事件和网络传播舆情风险的生成、演变和发展进程，如图2-6所示。

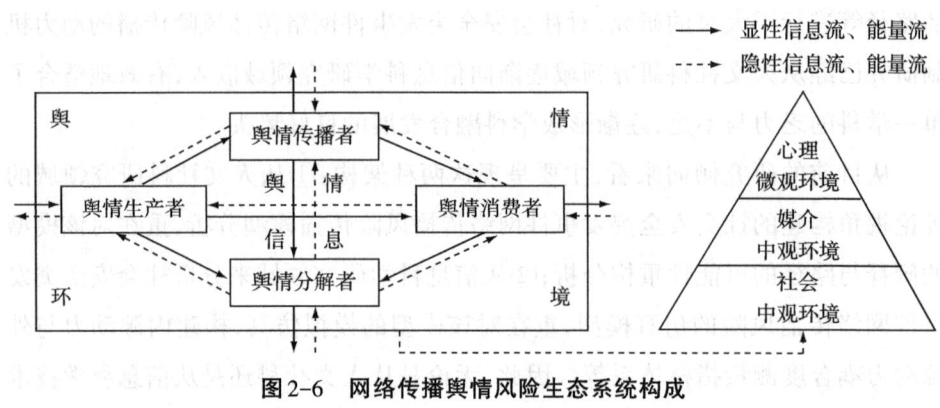

图2-6 网络传播舆情风险生态系统构成

因此，根据社会安全突发事件网络传播舆情风险的演变过程，我们可以将其传播动力来源分为内部动力和外部动力。

（1）网络传播风险是信息传播的内部动力。在社会安全突发事件网络传播风险的传播过程中，各方主体或利益相关者的因素发挥着至关重要的作用。从信息生态的角度出发，网络传播风险传播必须紧密结合社会安全突发事件这一核心要素，并在其发生或生成作用的背景下进行。在这一过程中，社会公众作为旁观者或信息生产者积极参与，通过社交网络媒体平台发送和传播相关信息，而另一端的社会公众，即网民或信息消费者，在接收到这些关于社会安全突发事件的信息后，会依据个人的兴趣、情感倾向和知识背景进行鉴别，甚至发表

评论、进行转发,从而进一步引发广泛的社会效应。因此,深入分析社会安全突发事件网络传播风险传播的演变过程后,我们不难发现,社会安全突发事件、社会公众及社会媒体这三个主体要素的内在特质,共同构成网络传播风险传播的内在动力源泉。

(2)网络传播风险信息传播的外部动力。一定的社会环境或社会现实会影响到事件的发生或变化趋势,进而影响到网络传播风险的传播进程。尤其是面对当前变幻多端的国际形势和严峻复杂的国内现实,都极有可能成为促进社会安全突发事件发生的外部因素。综观当前相关研究成果,许多研究者都在积极从内部要素来进行探讨社会安全突发事件网络传播风险发生的动力机制的同时,也正在逐步从其外部环境来分析社会安全突发事件网络传播风险的成因,避免了以前单从社会公众和社会媒体进行研究的基本范式。

社会安全突发事件网络传播风险信息传播过程中的各主体要素和各相关利益者存在着密切的互动逻辑,成为一个闭环的动态平衡舆情信息生态系统,而在信息能量的输入输出影响下,社会安全突发事件网络传播风险发生演变。因此,本书基于系统性、综合性和平衡性的思维模式,将社会安全突发事件网络传播风险置于外部环境和内部主体要素的共同作用下,来科学分析其演变轨迹和动力机制,从而构建系统的社会安全突发事件网络传播风险传播动力框架。具体言之,社会安全突发事件网络传播风险生态系统由舆情主体因子、舆情环境因子、舆情规则因子和舆情能流因子四部分组成。其中,社会安全突发事件网络传播风险主体是整个舆情生态系统中最关键的主体因素,对于社会安全突发事件网络传播风险信息的生产、传播、消费和化解具有重要的决定作用。从社会安全突发事件网络传播风险主体的主要角色来看,可以分为社会公众中的个体或群体,也可以是相关部门、社会媒体等机构主体。这些主体因素在网络空间环境的规制作用下,承担社会安全突发事件网络传播风险信息传播进程中的重要功能。

尤其是当前社交网络媒体时代,自由性、开放性、虚拟性的网络空间环境和媒介平台极大地提升和释放了网络传播风险主体的能量,从而使网络传播风险主体具有叠加的功能效应。网络传播风险所传播的空间环境是一个大环境,包括所处的社会现实、虚拟的网络空间及民众的心理环境,而网络传播风险在网络空间中的传播会受到社会规则、网络法规及事件信息的制约,对网络传播风险信息的生产和输出起着至关重要的作用。因此,社会安全突发事件发生后在信息流、技术流、能量流、制度流等网络传播风险显性(隐性)能量流和网络媒体的推动下,共同构成了社会安全突发事件网络传播风险生态系统的结构框架。

(1)舆情主体:长期以来,在短暂而漫长的中外传播史历程中,舆论一直是人们关注的焦点,也是国家和社会治理者体察民情、关注民生的重要渠道之一。社会公众作为网络舆论体系中的信息生产者,也是消费者和化解者,同时还是网络传播风险系统中最为活跃、最为核心的要素之一。从社会公众在网络传播风险信息传播过程中的角色定位来看,要注意"个体"和"群体"之间的逻辑关系。网络空间中的舆论是由社会个体之间的互动交流而聚集形成的,带有明显的"公众性"和"群体性"特征。同时,这种"公众性"和"群体性"的网络舆论会给"沉默中的个体"带来话语压力,甚至影响社会个体的行为趋向。此外,相关部门和新闻媒体在网络传播风险生态体系中也发挥着至关重要的作用,尤其是在社会安全突发事件发生后的第一时间,相关部门和社会主流媒体能否抢占先机,能否在第一时间公开事件信息,对于网络传播风险的传播走向具有重要的决定性影响。

(2)舆情环境:当下的社会现实和事件信息发展为网络传播风险的生成、传播和发展提供了温床。一方面,网络传播风险环境是网络传播风险生态系统得以构成的重要基础,网络传播风险主体的活动走向、话语表达都必须依赖一定的网络空间环境才能得以彰显。当前社会的全面城市化进程和社会转型发展的巨大变革,让许多人还来不及慢慢适应、措手不及,特别是社会安全突发事件发生后所产生的一些谣言信息更加剧了社会公众产生各种心理焦虑,甚至恐慌现象,引发了社会公众的情感"共振",结果导致网络传播风险的进一步加剧。另一方面,以社交网络媒体为代表的各种新兴平台"控场"优势凸显,不仅打破了原先传统媒体时代的单向性信息传播方式,而且改写了人们话语表达的结构版图,为人们创造自由交流、共享信息、情感共振提供了绝佳机会与话语平台,构建了一个"人人都是信息生产者、人人都是信息传播者"的信息生活图景,为网络传播风险的生成和传播注入了一股强劲的信息流和技术流,也为社会公众能在虚拟的网络空间中实现自我表达和利益诉求提供了一个畅通的互动平台。

(3)舆情规则:社会安全突发事件网络传播风险信息传播的生成、发展与演进轨迹会受到一定的规则条件制约。这个"规则"既是网络空间中舆情主体之间相互交流与话语表达的重要行为规范,也是互联网空间信息内容管理的重要依据。从这种规则的产生来源看,网络传播风险既有来自社会大环境下的各种法律法规,也有来自社会个体内部的相关道德情感、思想修养、性格爱好等个体因素。在社会安全突发事件网络传播风险生态系统中,这两种规则相互补充、相互影响,共同推动网络传播风险的演进发展。内在性规则具有文明"净化器"的功能,具有高度的自律性和约束社会个体的规范性。在网络空间中,内在性规则能够迫使各利益相关者遵守社会规范和行为准则,增强社会责任感和推进舆论引导的自觉性,而外在性规则具有设置言行"警戒线"的功能。在浩瀚虚拟的网络空间中,不管是舆情中的社会个体还是组织机构,都需要在特定的社会情境和舆论压力下,严格遵守互联网信息内容的相关管理规定,合理引导网络传播风险发展方向,及时化解网络传播风险危机,共同推进网络传播风险的良性发展。

(4)舆情能流:网络传播风险能流作为网络传播风险环境下推动网络传播风险发展和演进的一种能量流动,是网络传播风险系统中的一种助推力。因为在社会安全突发事件发生后所引发的网络传播风险,它不是一种毫无征兆的社会现象,也不是无所目的地发生、演进和扩散,它是在网络传播风险能流的过程中,按照一定的规则发生变化,即由一个阶段发展到另一个阶段,而这种能量流动具有一定的功能整合特征,具有迫使能量强的系统单元和能量弱的系统单元各部分之间达到一种平衡的状态,从而为网络传播风险生态系统达到优化的可能提供了能量效应。在网络传播风险的能量互动转换过程中,在外在作用力的助推下,总会有些系统单元要素会减弱或衰变,从而使这部分能量趋向于不可利用的状态。从整个网络传播风险生态系统来看,它是一个闭环的能量循环运行系统,但网络传播风险所形成的能量场与社会现实中的能量场具有不同的特点,前者更加灵活快捷,话语表达更加自由,有助于弥补社会舆论场中的话语缺席或场域,既是社会正能量的传播阵地,也是谣言和不实网络信息的温床。

二、演进逻辑:非平衡态、非线性的开放系统

社会安全突发事件网络传播风险生态系统是一个动态的非平衡、非线性的开放系统,各舆情主体要素可以自由地加入、参与舆情系统的结构中,并形成一个独立的生态位,共同参与网络传播风险的酝酿、扩散、爆发、化解的演进过程。长期以来,"竞争与生存"的生态位作为生态学中的核心观点,一直被学界运用于各学科领域的阐释研究中。在网络传播风险生态系统中,其生态位的存在时间、空间区位和环境资源决定着舆情的发展走向。从一定意义上而言,虽然这些生态位是一个个静态的点而存在于网络空间中,但在能流的作用下,会演变成一个时间轴状的演进模型(图2-7)。

(1)网络传播风险的酝酿与生成:生态位的形成期。网络传播风险的生成与特定的时代背景和社会现实有着密切的联系,随着利益格局的调整,各种社会矛盾和各种诉求也愈加频繁而复杂。当今世界面临前所未有的格局剧变,现代性困惑已经成为当前许多社会公众所衍生的一种社会心理现象,尤其是在社会安全突发事件等的触发下,激发了社会公众的一些非理性行为,各种愤懑、不平、抱怨等情绪态度迅速在网络空间中彼此互流,促使网络传播风险的萌生与成长。网络空间作为社会现实的延伸,已然成为一些社会公众在现实生活中无法倾诉和释放的心理寄托的重要空间,而网络传播风险生态位的宽窄程度是由其所占有的资源多样化程度所决定的,是其生存竞争能力水平的重要体现,在"竞争与生存"的生态规则作用下,竞争力越大则生态位所占时间段越长;反之,则生态位所占时间段越有限甚至走向消亡,不会进一步地进行扩散和蔓延。

第二章 GAI时代网络传播风险演化逻辑

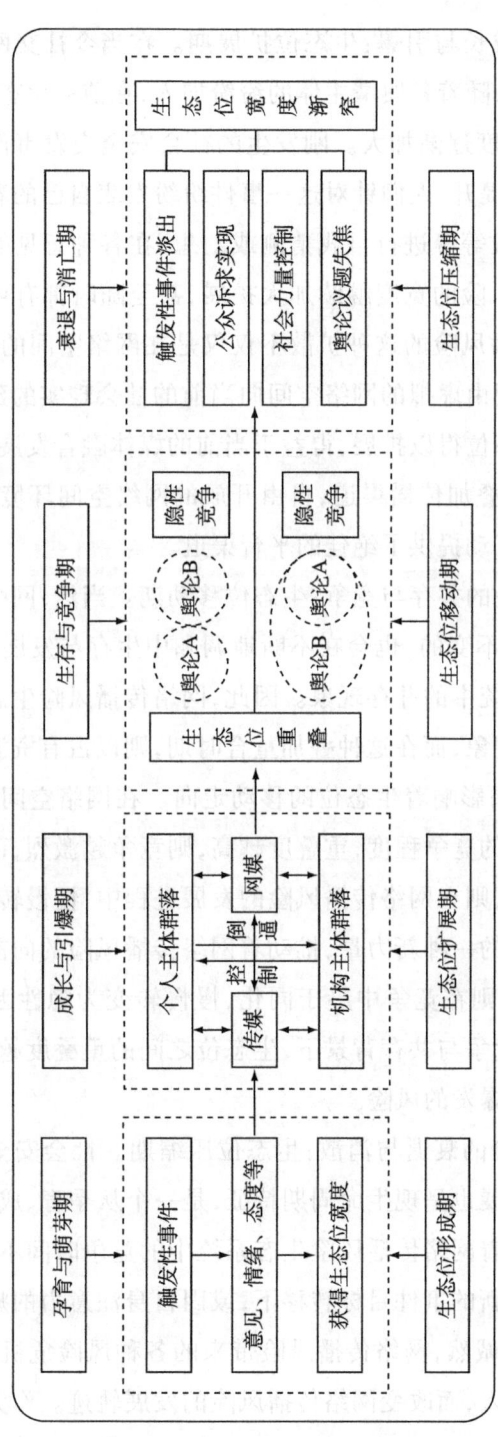

图2-7 网络传播风险生态系统的演进模型

(2)网络舆论的成长与引爆:生态位扩展期。在当今社交网络媒体极为快捷使用的全媒体时代,随着各舆情主体的纷纷加入,在前一生态位基础之上,推动着舆情生态位的宽度逐渐加大。刚发生的社会安全突发事件受到社会公众的关注度得到进一步提升,人们针对这一事件纷纷发表自己的看法、观点,对其产生的原因、死伤人数等等进行自我猜测或幻想,在各种意见的持续注入和聚集作用下,网络传播风险的宽度继续加大扩展,甚至随时都有可能集中爆发的风险。当然,网络传播风险的这种扩散不仅仅是在网络空间的扩散,它还会延伸到社会现实中,实现由虚拟的网络空间向当前的社会现实的延伸。在这个阶段,网络传播风险生态位得以扩展,得益于当前的媒体融合发展趋势,尤其是传统媒体与新兴媒体的叠加传播渠道,自由开放的网络空间环境,为人们的自由发表言论、彼此交流互动提供了绝佳的平台渠道。

(3)网络传播风险的共存与竞争:生态位移动期。当然,网络空间中的风险传播并不是完全独立不变的,也会在不断地调和中生存与发展。"共存与竞争"长期以来都是生态系统中的并存现象。因此,网络传播风险生态位也会出现叠加、重合等各种移动现象,而在这种叠加重合时期,则以占有资源的多寡来进行彼此竞争,其竞争结果影响着生态位的移动走向。在网络空间中,各种资源的重叠则意味着生态位的竞争程度,重叠度越高,则竞争越激烈,而被其他资源所挤占出来的剩余资源,则在网络传播风险的发展进程中,慢慢转变为显性因素,成为网络传播风险中的一种新力量,推动着网络传播风险的向前继续发展。而在生态位的重合部分则在竞争中趋于同化,慢慢转变为隐性因素,走向融合。因此,在资源的多方竞争与共存背景下,生态位之间的重叠度越高,网络传播风险则越容易面临集中爆发的风险。

(4)网络传播风险的衰退与消散:生态位压缩期。社会安全突发事件网络传播风险的演进与发展也呈现生命周期特征,是一个从孕育、成长、成熟和走向终结的演进过程。随着网络传播风险生态系统中的竞争时间不断延伸,有的网络传播风险主体或在新的事件目标转移下,或因自身注意力的疲惫而放弃了原有的舆论参与热度。诚然,网络传播风险带来的各种风险危机,注定会有新的力量或刺激要素的介入,而改变网络传播风险的发展轨迹。作为网络传播风的利益主体要素,机构组织发挥着重要的中介调节作用,可以通过各种政策措施,极大可能地满足社会公众的利益诉求,及时安抚社会公众的愤懑情绪;或在主流媒体的介入下,及时回应社会关切,有效地引导社会公众的价值认识,促使网络传播风险的生态位竞争力下降、生态位宽度缩小,甚至被挤退出网络传播风险生态系统,昭示着此次网络传播风险生态系统的平衡被完全击破,恢复原有的网络空间秩序。

三、动力机制:网络空间舆情生态系统的成因

从一定意义上而言,动力是推动事物向前发展变化的一种根本性源泉。在前面对社会安全突发事件网络传播风险生态系统的结构要素和演进逻辑特征进行深入分析的基础上可以发现,网络空间中的舆情生态系统呈现出一种系统性、整体性、逻辑性的结构特征。因此,推动网络传播风险生态系统的动力来自其内部各要素、各部分之间的相互作用、相互影响的逻辑演进过程。正是在这些系统要素的共同推进下,网络传播风险才会形成一个孕育、发展、爆发和消亡的生命周期演化规律。从生态理论的视角维度来看,网络传播风险生态系统的动力机制是网络空间舆情生态系统得以生成与演进的重要因素。由于不同结构要素之间存在明显的差异性与不平衡性,我们可以从以下四种不同机制来进行分析。

(1)以情感驱动和自组织功能为抓手的生态适应机制。"物竞天择、适者生存"作为生态系统中的内在规律,即在网络空间中,各舆情主体对社会安全突发事件发生后所作出的一系列心理和情感反应。生态适应性越强,说明情感的投入程度越高,对事件的关注度越高,社会公众在网络空间中的话语交流则越激烈,甚至会迸发出思想的火花,成为网络传播风险的引爆点,而自组织功能是网络传播风险生态系统自我调适的必然结果。在网络传播风险的生成演化进程中,由于网络传播风险能流的不平衡性和非线性特征,致使打破了网络传播风险系统内部的原有演进规律。因此,在网络传播风险自组织功能的介入下,原来的结构因子获得了新的演化动力,如果自组织能力越强,则网络传播风险生态系统的稳定性、协同性越强,越有助于推进网络传播风险生态系统的发展变化进程。

(2)以议程设置和系统维护为核心的生态补偿机制。随着当前以算法、算力和数据为核心的生成式人工智能技术时代来临,网络空间中的各种失序、失衡现象十分突出,打破了固有生态系统的平衡性,这就需要通过生态补偿机制进行合理的补位和修复。换言之,生态补偿机制就是通过创新议程设置和系统维护为核心,对产生正外部性的主体要素进行补贴性的干预,改变原来生态系统中的发展方向和目标,使之更好地达到优化网络传播风险生态系统的目的。在虚拟浩瀚的网络空间中,许多网民往往无所适从,则可以通过科学地设置议程,在媒体报道方式和话题关注上积极引导社会公众的关注角度和热度。此外,还可以通过大力营造和谐的网络空间环境,树立主流旋律和正能量传播的舆论氛围,提升社会媒体(包括传统的主流媒体和新兴的网络媒体)的公信力,充分发挥网络舆论正向因子的滋养作用,为网络传播风险生态系统积极赋能。

(3)以媒介公信力和网络法治为依托的生态冗余机制。从一定意义上而言,网络空间中的舆情冗余是指网络空间中的诸多不合常规、不良信息传播的网络文化现象,包括网络谣言、网络诈骗等,已经成为舆论引导进程中的重要污点,也成为网络空间舆情生态系统健康、可持续发展的重要公害。因此,面对网络空间中的各种乱象,首先要提升媒体的公信力,让人们相信媒体信息的可靠度,尤其是社会安全突发事件发生的第一时间,社会媒体应该要敢于发声、敢于亮剑、敢于斗争,以媒体的社会责任感和力量铲除这些网络不文明现象,让一些不良网络信息无处可藏。同时,结合当前新媒体的特点和规律,积极建立健全各项关于互联网治理的法律法规,避免网络空间舆情蔓延的风险,弥补网络空间中的法律真空地带,提升网络空间舆情生态监管功能,形成"有法可依、有法必依、执法必严、违法必究"的网络治理格局。

(4)以网络媒体和传统媒体为焦点的生态竞合机制。生态竞合机制作为社会安全突发事件网络传播风险生态系统中的一个重要节点,其主要旨趣在于充分发挥新兴媒体和传统媒体的竞争与合作,有效推进彼此的全面深度合作,从而实现社会大传播格局。长期以来,媒体作为推进舆论引导进程中的重要组成部分,其传播内容、传播手段和传播策略等一直成为影响网络传播风险生态系统的关键因素。尤其是在信息资源稀缺的传统媒体时代,单向性的传播模式缺乏与社会公众之间的交往交流,影响了社会民意的正常反馈机制,而在当今全媒体传播体系时代,随着各种新兴媒体的日新月异,其自由性、开放性、匿名性等诸多特征,瓦解和撼动了长期以来传统媒体的话语霸权地位,为社会公众积极参与舆论引导、表达现实诉求等提供了广阔的平台与机会,从而改写了网络传播风险生态系统的发展格局,但正是在这种多元的文化传播背景下,随着各种信息的多元冗余,人们每天生活在海量的信息浪潮中无所适从,在重要新闻和突发事件的信息传播中,更加相信传统主流媒体的传播渠道。

四、策略建构:网络空间的舆情生态系统优化

网络传播风险生态系统的优化策略是建立在前述的结构要素、演进逻辑和动力机制的基础上,在当代背景下结合媒体的特征和社会公众的需要,对网络传播风险生态系统所折射出的不足进行修复和优化。因此,需要对网络传播风险生态系统中的各要素主体性和规律性进行优化。

(1)提升舆情主体理性认知与实践能力。网络传播风险主体作为网络传播风险生态系统中的核心要素,其知识水平、兴趣爱好和行为习惯都会影响网络传播风险的发展走向。同时,网络传播风险主体既是网络传播风险信息的生产者、消费者和化解者,又是影响网络传播风险生态系统结构失衡与否的关键因子。因此,要维护好网络空间舆情生态系统的结构平衡,通过各种教育手段、培养方式等路径,提升社会公众的媒介素养和信息识别能力,提升社会公众的媒体认知能力和运用能力,增强网络自律能力。适时发现和培养网络"意见领袖",提升网络空间优势种群主体的话语影响能力,为社会公众树立行为规范和价值选择提供典型参考范式。此外,要尊重和对待主体群落的利益诉求,积极通过各种渠道与主体群落进行思想沟通,尽可能地满足主体群落的合理性诉求,防范群体极化事件的发生,引发更大规模的群体性事件。

(2)践行主体间性理念,发挥自我反馈调节作用。主体间性理念成为近年来学界、业界和管理部门日益频繁使用的一个哲学话语,其所体现的核心理念在于倡导主客体之间的互动逻辑关系,即突破了原先的单一主体范式,趋向于多元主体的共存模式。长期以来,在互联网空间的舆情管理过程中,往往把社

会公众作为网络传播风险管理的对象,而忽略其内在性需求。因此,在当前的网络舆论引导模式下,应将社会公众提升到不仅是网络传播风险的被治理对象,而且是网络传播风险的治理主体的高度。努力实现单向主客体关系转化为双向多重的主体间际关系,实现社会公众主体地位的合理回归。作为网络空间舆情生态系统中的自反馈机制,其主要功能是不断调和系统内部各主体、各要素之间的互动关系,这就需要通过外在的规制力量如法律法规、技术手段等适时介入,以确保整个生态系统保持相对的稳定状态。

(3)把握舆情生态变化和舆论生态阈值。生态阈值不仅是生物物种被动演化的参照,也是网络空间舆情生态系统调整和维持的依据。❶一般而言,网络空间中舆情系统的生态阈值是用来表示网络传播风险的某个临界点或临界区域,在动力机制的助推下,如果在网络传播风险的发生发展过程中,系统内部各要素之间的互动交流活跃度达到这个临界值,则网络传播风险生态系统将要被打破,会发生结构或功能方面的本质变化。因此,作为网络舆论引导的相关机构或部门,在网络舆论引导进程中,要认真把握网络传播风险生态阈值,尤其是要科学评估社会安全突发事件发生后,网络传播风险所达到的某一个峰值,这就需要综合各方面的因素进行考量,如当前的社会背景、网络环境、社会公众、新闻媒体等各利益相关者之间的互动关系,通过建立一定的指标模型得出可行性的操作路径,从而维持网络空间舆情生态系统的动力平衡。

综上研究可以发现,社会安全突发事件网络传播风险生态系统作为一个完整的闭环系统,其系统内部各要素、各主体之间在动力机制的影响下推动着网络传播风险的发展变化。

---

❶ 徐建军,管秀雪.论网络空间舆论生态系统的动力机制与优化策略[J].云南民族大学学报(哲学社会科学版),2018,35(5):42-48.

第三章　GAI时代网络传播风险放大效应

在当前世界形势下,各种突发事件时有发生,特别是在以算法、算力和数据为核心的生成式人工智能技术时代浪潮中,新兴智能媒体的作用日益凸显。各种与突发事件相关的音频、视频、图片等数据信息在社交媒体上被恶意传播,尤其是一些别有用心之人,他们利用现代媒体传播技术和平台,大肆进行不当宣传,从而加剧了我国意识形态领域的安全风险。因此,在全媒体背景下,我们必须高度重视社交网络媒体的安全防范工作。通过加强监管和防范措施,筑牢社会主义核心价值观和中华民族共同体意识的思想防线,防止社会安全突发事件信息通过社交网络媒体产生传播风险危机,从而维护国家安全和社会稳定,推动社会治理现代化的进程。

第一节　风险效应:舆情放大机制

近年来,综观学界对社会安全突发事件网络传播风险影响和风险放大的相关研究可以发现,早在2008年,张乐和童星就阐述了社会性风险事件在新闻媒体、政府、企业等风险放大的作用下被加强或者衰减的作用机制[1];刘岩认为,信息是风险放大的关键因素,找到放大的节点,可有效地预警和化解风险[2];张岩、魏玖长和戚巍构建了信息传播的虚拟风险体验对社会心理的影响模型[3];邱鸿峰和熊慧指出,地方媒体、学校、居委会的说服传播无力回应公众的环境正义诉求,同时部分组织成员对组织规范与使命的心理抵制,最终未能有效减轻公

---

[1] 张乐,童星.加强与衰减:风险的社会放大机制探析——以安徽阜阳劣质奶粉事件为例[J].人文杂志,2008(5):178-182.

[2] 刘岩.风险的社会建构:过程机制与放大效应[J].天津社会科学,2010(5):74-76.

[3] 张岩,魏玖长,戚巍.突发事件社会心理影响模式与治理机制研究——基于虚拟风险体验与风险社会放大理论的整合分析[J].天津社会科学,2011(6):34-38.

众的风险感知❶；戴烽和朱清从信息数量、信息争议、信息程度和信息关联四个方面对信息机制进行了剖析❷。

一、模型构建：网络传播风险放大模式

社会安全突发事件作为一种非常规的社会公共安全事件，与其他突发事件所具有的特征完全不同。其涉及的利益主体众多，特别是受影响对象既可能具体到个别个体，也可能涵盖某一群体，这使事件具有显著的随机性和模糊性。此外，社会安全突发事件的特殊性使其在网络传播风险信息的网络传播过程中，显得复杂而多变。全媒体时代的到来进一步加剧了社会安全突发事件爆发后信息的扩散速度和广度，极易引发社会公众的恐慌情绪，进而可能诱发次生群体性事件。网络传播风险的传播扩散规律也因此变得更为难以捉摸和预测。因此，我们有必要通过建立模型的方式，来进一步揭示和描述社会安全突发事件在网络传播风险扩散过程中的特征和规律，从而为有效应对和防控此类事件提供有力的理论支持和实践指导。

客观来看，一般性的突发性事件所反映或呈现的问题往往较为直接明了，如常见的自然灾害、食品卫生问题或环境污染等。此类突发事件发生时，只要相关部门能够迅速响应，及时有效地回应社会公众的关切，合理满足其基本诉求，通常事件会很快平息，舆情走向也往往只有一个高潮点，并不会出现次生舆情拐点。然而，与一般性突发事件相比，社会安全突发事件在处理过程中显得更为复杂。在全媒体环境下，信息生产者众多，部分信息甚至可能将社会安全突发事件的血腥场面进行拼接、重组等处理，这些不实的数据信息更容易引起公众的广泛关注和恐慌。这种情况下，网络传播风险信息的扩散过程变得复杂多变，极易引发次生舆情，影响国家安全和社会稳定。从网络传播风险信息的扩散模式来看，整个生命周期跨度较大，且在舆情扩散过程中，由于事件信息的不断变化，往往会出现多个舆情高潮和拐

---

❶ 邱鸿峰,熊慧.环境风险社会放大的组织传播机制：回顾东山PX事件[J].新闻与传播研究,2015,22(5):46-57.

❷ 戴烽,朱清.自媒体环境下风险放大的信息机制研究——以2016山东疫苗事件为例[J].西南民族大学学报(人文社科版),2018,39(6):149-153.

点。更为关键的是,社会安全突发事件涉及的各利益相关主体模糊性较高,舆情信息来源多样,这使网络传播风险信息的扩散曲线更加曲折。在舆情信息的传播扩散过程中,各利益相关主体之间的博弈不断加剧,导致舆情量的大小和强度不断发生变化,从而呈现出多个舆情高潮和多个次生舆情拐点的现象。

(1)"涟漪效应"的形成。一旦社会安全突发事件所引发的舆情风险被过度放大,舆情发酵后极可能激起广泛的社会行为反应;而这种反应所衍生的次级影响,将远超人们直接遭受风险事件所带来的影响范畴。在众多社会突发事件的背后,次生灾害的风险占比尤为显著。特别是在舆论引导工作未能及时且有效地开展的情况下,网民对于社会安全突发性事件可能形成长期的心理认知,这包括对专家和媒体的不信任、对自身生存环境的深刻忧虑及对相关部门的不信任。这种心理状态一旦长期存在,不仅为不法分子提供了可乘之机,同时也极大地增加了公共危机治理中舆论导向工作的难度。

(2)次生舆情的产生。次生舆情是指社会公共安全事件舆论发酵后引发的一系列网络舆情,由于回应时机不当或处置方式不合适,引起新一轮的甚至比初始状态更大的舆情危机。这也说明了网络舆情的不确定性,次生舆情是网民由于自身风险意识放大形成的部分言论。由于人们对风险信号的感知程度不一样,因此在网民自发风险意识放大后,形成的言论难免会有过激的情况,一旦这些带有过激情绪的言论得到一部分人的认可与支持,则会形成次生舆情。一旦不良言论被一些别有用心的组织利用,在网络上大肆渲染,得到一部分人的支持与认同后,便会引起网络舆情风险危机。次生舆情是"涟漪效应"的后果,其包括群体抵制、政府公信力下降等表现。

二、过程分析:网络传播风险案例分析

(一)案例分析

2019年4月3日上午7时16分,某地发生一起伤害事件。该事件发生后,在公众中引起强烈的传播风险效应,成为"知微事见"2019年度中的社会安全突发事件热点之一,其事件影响力指数为67.7,超过30%的同类事件指数,共有38

家社会媒体进行转载和报道,事件热度峰值达587,超过同类事件的29%。仅在事发当日17时到23时短短一天内,便形成了三个舆情高潮拐点(该事件的网络传播风险热度变化如图3-1所示)。

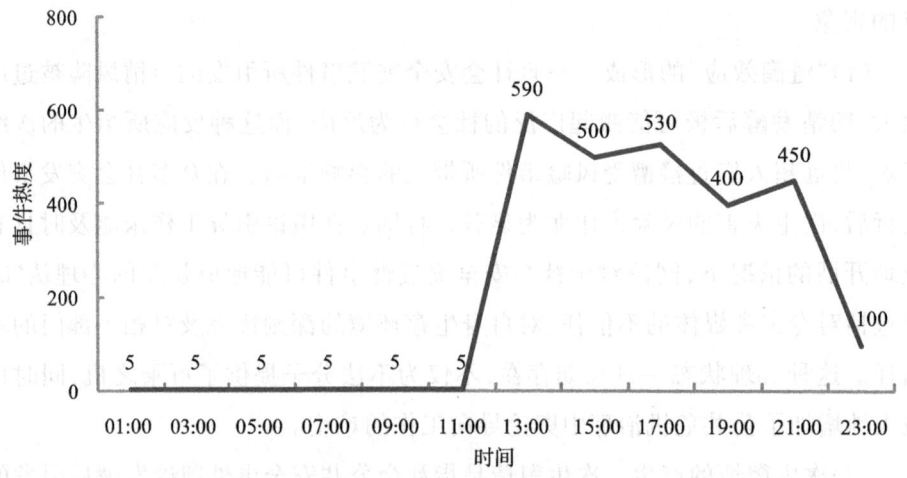

图3-1 某地发生一起伤害事件的网络传播风险热度变化

(二)舆情拐点

从图3-1对该事件网络传播风险热点变化趋势图来看,一是在11~13时引起社会公众和网民的大量关注和参与,形成了第一个传播风险扩散的高潮,第二个高潮是在15~17时,第三个高潮是在19~21时形成三个舆情拐点。从这三个舆情高潮的形成时间点来看,这三个时间点都是在社会公众的休息(或闲暇)时间,公众有更多的时间进行参与讨论。第一个舆情拐点是在事件刚发生后,该地官方向"澎湃新闻"通报后的第一时间,对于事件的发生原因、作案人员、死伤人数等相关信息,在尚未得到权威媒体或相关部门的公开下,社会公众有着过多的猜疑;第二个舆情拐点是在犯罪嫌疑人郑某军被捕后,该地检察院介入侦查,社会公众对于公安机关的处置措施和手段进行猜测的情绪变化,再次引起社会公众的参与讨论热情;第三个舆情拐点是在社会公众对于事件发生的原因和真相的追问,再次引发公众的愤懑。

下文结合图3-1,并根据社会安全突发事件网络传播风险的形成(扩散)、高潮和消散三个阶段对案例网络传播风险放大阶段时间分布进行分析,详见表3-1。

表3-1 网络传播风险放大阶段和时间分布

社会安全突发事件	发生时间	网络传播风险放大阶段			大致演化周期
		形成(扩散)	高潮	消散	
某社会安全突发事件	2019年4月3日上午7时16分	13时之前	13时 17时 21时	21时之后	3个舆情拐点

三、扩散路径:网络传播风险扩散传播

在事件中,网络传播风险信息的传播是由最开始的社会公众拨打当地警方的报警电话开始,同时事件在场者通过拍照转发微信朋友圈,引发了社会公众的广泛关注。随后,该地公安机关向"宁远发布"和"澎湃新闻"将事件的相关情况(如事发时间、地点、死伤人数和应对情况等)进行通报,事件由此逐渐得到扩散,各主流媒体、微信、微博在同一时间进行集中式的重点报道,引发舆情拐点的第一个高潮;后来在该地公安机关再次对事件相关处置和犯罪嫌疑人的成功控制下,但由于对事件的原因仍然处于未知状态,再次引发社会公众的激烈愤慨,成为舆情拐点的第二个高潮。正是在该地公安机关、主流媒体和社会公众各主体之间的多次抗争与角逐下,使事件网络传播风险进一步发酵,形成了三个不同坡度的峰值。具体言之,从该事件的网络传播风险信息扩散传播过程看,存在四个关键点潜在推动着网络传播风险的发展进程。

(1)事件公开。这是社会公众获取信息的第一来源,也是网络传播风险信息点燃的第一引爆点。从传播风险的发生动因来看,尤其是在当前全媒体的时代背景下,事件信息的源头是否真实可靠,以及事件信息的公开方式,都会直接或间接推动网络传播风险的发生可能。事件信息的公开发布平台从当前媒体布局来看,主要有"一网两端多平台",即微信、微博、抖音和主流网络媒体等新兴媒介平台,而在媒体融合的加持下,传统的主流媒体如报纸、电视、广播对事件信息的公开发布与传播也会对事件网络传播风险的热度与强度产生不同的

传播效果。随着信息源的增多,人们每当面对这些海量的信息有时感到茫然与无所适从,权威的主流媒体和传统媒体仍然是人们对事件可信的渠道,而从事件信息发布的主体来看,社会公众和相关部门作为事件信息公开发布的主要执行者,孰先孰后对事件信息公开披露,显然也对于网络传播风险的扩散传播、波及范围、热度强度等具有重要的推动作用。

(2)权威回应。任何事件的发生,社会公众最关心也是最关注的是相关部门的处置行为和态度,能否在事件爆发的第一时间内,绝不糊涂,立场坚定,旗帜鲜明,敢于发声,敢于亮剑,敢于制暴显得尤为重要。要从社会关切的角度出发,注意回应的语气、态度和全面性,不能以一言半语的语气含糊地回应社会公众所关注的焦点问题,及时引导网络舆论朝着事态平息化、稳定化方向发展,为有效及时化解网络传播风险危机提供最可靠的声音。因此,相关部门能否在事件爆发的第一时间采取积极有效的措施应对,能否抢抓舆情处置的最佳黄金时间显得十分重要。一旦错过了最佳时机,在网络舆论的声讨下,将会产生一系列的连锁反应,引发次生舆情,拉长网络传播风险的生命周期,甚至引起群体性事件,损耗和降低政府公信力。

(3)"意见领袖"。早在十九世纪,法国著名社会心理学家、社会学家,也是群体心理学的创始人古斯塔夫·勒庞就提出:"人们具有从众心理,且群体理性的存在仍需商榷,有些意见轻而易举地就能得到群众的普遍赞同。"[1]诚然,在当今全媒体时代,尤其是在人们面对纷繁复杂的各种信息观点时,这种从众心理效应更加凸显。在这种网络传播风险的传播过程中,网络"意见领袖"的指向意义更加突出,其更有影响力的声音已然成为社会公众跟从的风向标。这种社会从众心理的作用机制,对事件网络信息的扩散、放大和传播起着至关重要的导向作用。各种社交网络媒体诸如微信群、QQ群、微博、抖音等群主、博主所发布的互动信息,在与网民进行互动的交流中,深深影响事件话题的侧重点和舆论走向。

(4)社会公众。作为网络风险信息扩散传播过程中的重要主体因素,社会公众其自身的媒介素养、知识水平、价值观念、行为态度等都会影响网络传播风

---

[1] 古斯塔夫·勒庞.乌合之众:大众心理研究[M].张波,杨忠谷,译.武汉:华中科技大学出版社,2015:78.

险的多元化走向。尤其是在网络传播风险的发展进程中,不同的社会个体对事件的看法态度、意见观点不一致时,会更加激发公众的愤慨和共鸣,引爆网络舆论场的动荡,加剧网络传播风险。尤其是在自媒体技术高度发达的社交网络时代,"人人都有麦克风、人人都是传播者"的多元话语共存格局,这种网络的互动交流方式更容易引发舆论场的松动,形成百花齐放的多元话语图景,而正是在这种网络传播风险极度分散的态势下,会进一步加速风险信息的扩散传播,增加传播风险放大的可能,极大地降低了网络传播风险的可控性。

因此,事件信息、权威回应、"意见领袖"和社会公众作为网络传播风险信息传播过程的重要主体因素,在当今信息无处不在的全媒体时代背景下,媒体作为事件信息公开、披露、发布的关键因素,正是在这多元的主体互动中,构成了网络传播风险信息传播的扩散路径,如图3-2所示。

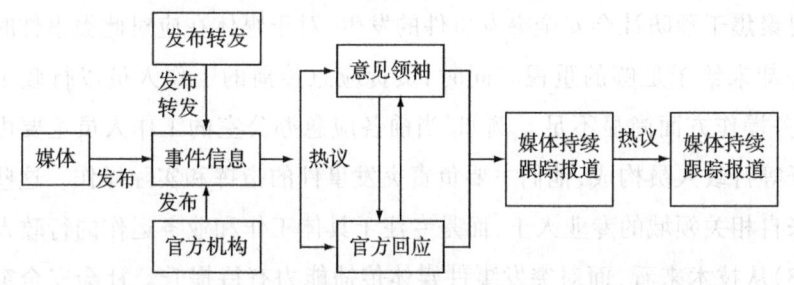

图3-2 社会公共安全突发事件网络传播风险信息扩散路径

四、体系建构:政府应急传播体系建构

在这个"人人都有麦克风"的生成式人工智能媒体时代,每个人都不是信息孤岛,社会安全突发事件发生后引发的舆情危机都有可能随时爆发。如何处理好社会安全突发事件带来的社会风险,以及对公众人身财产的损害,是当前应急传播体系构建中需要解决的核心问题。

(一)应急传播体系的主要问题

(1)从措施来看,对突发事件传播的应急管理难度加大。以算法、算力和数据为核心的生成式人工智能媒体时代是科技飞速发展、人与人之间距离被空前拉近的时代,它为社会公众的角色转换提供了更加广阔的舞台,让公民能够更好地行使知情权、监督权。然而,智能媒体的崛起也给舆论引导带来了不小的挑战。与传统传播模式不同,传统媒体在信息传递中拥有选择权,通过"把关人"的职能确保信息的真实性和准确性。智能媒体的出现削弱了"把关人"的作用,甚至在某些情况下导致其完全缺失。智能媒体环境下,信息的传播呈现出多元化、多样化的特点,受众可以自主选择接受信息并分享控制信息。信息传播方式发生了根本性的变革,从传统的线性传播转变为非线性的网状传播。同时,"意见领袖"的回音壁效应使不实消息和谣言在缺乏有效管制的情况下更容易滋生。这给社会安全突发事件发生后的传播风险信息处理与应对措施带来了更大的困难。

(2)从认识来看,对于媒体在应急管理中的地位不够重视。媒体作为党和政府的重要宣传阵地,同时也是舆论引导的重要工具。然而,长期以来,相关部门主要聚焦于预防社会安全突发事件的发生,对于媒体在应对此类事件时的传播作用却未给予足够的重视。同时,负责应急传播的工作人员以行政工作为主,实务操作方面尚显不足。例如,当前各应急办公室的工作人员主要由办公室主任等行政人员构成,他们主要负责突发事件的指挥和实际操作。这些人员并非来自相关领域的专业人士,而是专注于具体工作和业务运作的行政人员。

(3)从技术来看,面对突发事件媒体传播能力有待提升。社会安全突发事件传播风险信息传播的突发性、不确定性和无边界性,要求充分掌握新媒体的舆论引导能力。当前,在处理社会安全突发事件带来的负面影响和损失时,很多人由于对新媒体信息传播特征的不了解,在应急管理手段上依然采取传统媒体信息传播的处理方式,舆情得不到有效的控制。但是,通过单一的理论并不能满足新媒体信息传播能力的要求,这就使提升新媒体应急传播能力迫在眉睫。同时,生成式人工智能技术的网络传播标准要求网络传播风险工作人员有良好的媒介素养和较好的综合素质。既要有做事的激情,也具备娴熟的网络传播技巧。既要熟悉网络工作,也要了解社会安全突发事件处置流程。在自身积极参与工作的情况下,能带动其他人的踊跃参与。

(二)应急传播体系的完善建议

进一步加强对网络社会的管理显得至关重要,其根源在于网络社会能够深刻影响现实社会。由于网络社会的复杂性和多变性,不仅存在多样的网络信息内容服务平台,还涵盖了众多的网络信息内容生产者,这无疑给网络社会的治理带来了一定挑战。因此,网络社会的管理不应仅局限于相关部门的职责范畴,更应秉持求同存异的原则,倾听并吸纳各方的声音。我们需要以多元化的视角来深入了解网络社会,将网络社会的治理责任细化并落实到不同的主体上,从而实现真正意义上的多元治理。社会安全突发事件具有极大的不确定性,要求我们具备迅速应对和解决问题的能力。根据风险社会理论,各类灾难事故的突发频率日益加快,且难以预测和控制。在这样的背景下,构建完善的应急传播体系显得尤为重要。然而,从近年来突发事件的应急工作情况来看,我们不难发现应急响应体系仍然存在着诸多亟待完善之处。

(1)创新数据信息的收集和整合。在以算法、算力和数据为核心的生成式人工智能媒体时代,随着社会生活习惯的变化,为了更好贴近受众接受信息的习惯,融媒体也随之诞生。为打破信息的局限、加强信息的收集、分析与整合,"中央厨房"的出现成为全媒体环境下媒体融合创新发展的标志性模型,从生产流程整合、渠道整合、技术支持、精准操作等一体化操作流程,从信息的采集整合到投放平台发布的一套流程,很大程度打破了信息局限的壁垒并通过大数据资源和技术进行分析整合,很好地解决了传播过程中的信息孤岛、技术局限和精准投放等问题。

现代传播技术的发展尤其是正处于社会转型和互联网发展的双重背景下,赋予了公众更多的参与权。为了更好应对突发事件,相关部门也应当契合时代的发展,参照"中央厨房"的设置,以大数据为平台,建立多元媒体融合的应急传播渠道。各个舆情监测网点在政府的统一指导下相互协同作战,解决信息独立分散,互不连通的情况,打破以往的"信息孤岛"状况,避免在事件突发时的信息收集局限。应当在第一时间深入现场了解情况,从根源上了解事故发生的始末,并运用大数据技术分析和整合信息资源后,通过不同的媒介渠道进行发布,第一时间将信息向公众披露,安抚民心。

(2)加强智能媒体传播技巧的运用。应急传播建设应该与时俱进,掌握智能媒体传播的特征,熟练运用智能媒体环境下的传播形式和传播方式。同时,应努力提升专业技术人员工作水平,建立负责任的组织,避免在应急传播的过程中出现无人担责、相互推诿的情况。建立一支专业的网络传播风险监测分析队伍,内部分工合理明确,加强风险沟通技巧和对舆情的监测掌控。对于网络志愿者,应当进行系统专业的培训,提高网络志愿者网络信息的传播能力和有效性,为广大网民提供熟悉精确的指导,为网络志愿者设立激励机制,呼吁广大网民积极地参与投入志愿者的工作中,更好配合应急工作。

社会安全突发事件发生后,首先,应当建立科学的信息发布流程。在应急信息发布的过程中,为了应急传播效果的最大化,明确各个部门之间的权责机制,明确责任、相互配合,对应急信息的发布进行拆解分工,形成各部门之间的联动协调机制。其次,通过网络志愿者对发布的信息进行及时跟踪反馈,及时回应公众的疑问,通过议程设置等手段正确引导舆情走向,在及时发布公众权威的信息前提下,积极与公众互动,解决因信息不对称、信息虚假传播给公众带来的恐慌不安,引导公众参与到社会安全突发事件的处理中,从不同层面和角度去聆听公众对于突发事件的看法和建议,形成交流互动的双向反馈机制。最后,应急信息的发布是抢占话语权、满足公众期待、消除疑惑和引导舆论的最佳手段和方式,而应急信息的发布、跟进和反馈中的传播技巧问题,只有不断提升工作人员的专业素养和专业水平,才能在突发事件中更好提升应急能力。

(3)依法公开及时准确发布信息。信息公开正如一座桥梁,一端连接着公民的知情权,另一端连接着希望。相关部门在发布相关应急措施时,应当遵循依法公开与准确发布原则,及时传播并作出实时反馈。信息作为民生的安定之本,尤其是在如今这个生成式人工智能技术时代,海量信息和个性化信息推荐不断地影响、改变人们的生活。当突发事件发生时,各种信息铺天盖地席卷而来,公众很容易受到误导而形成舆论场。相关部门作为权威信息的发布者,是公众对信息来源进行判断的重要参照。在信息不对称情况下,应当依法向公众披露信息,保证信息畅通,稳住舆论场。因此,在依法行使权力时,也应当及时向公众公布权威的信息,避免带来不必要的恐慌,同时也为公民更好行使知情权和监督权提供基础。

在媒介高度化的智能媒体时代,信息的依法主动公开是应对全媒体时代的需要。如果在信息公开的原则上采取保守态度,公众就会仅凭对具体事件的直观感受和一般的价值判断而造成不可控的舆论走向。在各类突发事件发生后,能否在第一时间通过媒体准确地发布、披露事件信息尤为重要。不能"报喜不报忧",或者隐瞒、省略、拖延甚至撒谎。突发事件信息披露不充分,不仅容易损害公众的知情权,也阻碍了公众正确地行使监督权。

(4)健全网络监管机制。制度的顺畅运作,离不开一套健全且精细的监管体系作为支撑。正如古人所言:"无规矩不成方圆。"社会作为人类群体的集合体,其各项活动本质上都是人的活动,这一规律在网络社会同样适用。网络社会汇聚了众多拥有不同思维方式、兴趣爱好、教育背景、道德观念和现实身份职业的民众,这些人在现实世界中各自扮演着不同的角色。为了确保网络社会的健康有序发展,我们必须将监管的触角延伸到网络空间的每一个角落。通过采用分级治理的策略,我们可以将监管责任细化到具体的部门和人员,确保每一项监管措施都能得到有效执行。同时,我们还应为媒体划定明确的监督范围,使其能够在法律框架内发挥舆论监督的作用,共同维护网络社会的和谐稳定。

首先,实施分级监管策略。我们应充分利用平台媒体、QQ群主等具备影响力并管理着一定数量用户的群体特性,通过规范和管理这些平台或群体的言论,实现对信息发布的有效初步筛选。例如,"今日头条"上的文章、标题和内容需要经过严格审查后方可发布;同时,QQ群主也需承担起监管群内不良言论的责任。其次,我们要重点关注明星、"大V"等具有较高知名度且受到广泛关注的公众人物,对于他们在网络世界中所发表的观点和言论,严格进行审查。对于首次发表不良言论的公众人物,我们可以采取私下警告并删除其言论的方式;若再犯,则应在权力公告上点名批评,并记录在案;对于屡教不改者,我们将汇总其多次的不良言行,以视频、图片或文字的形式进行记录,并用于宣传或教育广大网民。最后,我们要加大多次排查力度。借助网络警察及民众的自发监督,进一步筛除网络上的不良言行。我们应重视并鼓励广大网民积极举报不良言行。对于网络上不利于社会稳定的言论、造谣生事、恶意诽谤他人及虚假报道以博取关注或利益的行为,我们要坚决说"不"。只有切实落实网络监管措施,才能为网络社会营造一个风清气正的良好环境。

(5)建立权威舆论矩阵。微博、微信、抖音等具备自由度高、操作便捷等显著特点的 App 软件迅速占领了市场。然而,党报、国家电视台等主流媒体,虽然拥有比自媒体舆论场更先进的技术支持和更权威的资讯资源,但受限于内容形式较为单一、缺乏民众反馈的声音等诸多因素,导致在对话沟通方面存在诸多不便。因此,我们有必要建立权威舆论矩阵,以适应当下不同平台的传播习惯。这一矩阵应以当地独特的风土人情为特色,以方便社会公众进行交流沟通和服务为核心目标。通过精心打造,力求构建一个具备强大传播力、引导力、影响力、公信力的媒体矩阵,以满足现代社会的多元化信息需求。

在论坛、微博、微信等具有较高言论自由度的舆论空间中,我们有必要加强实名认证制度,以强化准入机制。各部门在发布信息时,应当采取更加轻松活泼、独具一格的表达方式,将生活中可能涉及的法律法规以亲民的方式分享给民众,同时积极倾听民众的声音,深入了解他们的需求和关切。我们应尽最大努力收集信息,关注民众日常生活中所关心的问题,使内容更加贴近民众生活。同时,为民众提供及时可靠的咨询服务,积极解决他们所反映的问题。通过整合多方资源,我们可以打造一个集新闻资讯、健康、旅游、娱乐等多元内容于一体的权威舆论矩阵。在构建权威平台方面,我们可以以各省为单位,打造具有地方特色的新闻客户端,宣传本地的风土人情,塑造地方的良好形象。此外,我们还可以根据地域划分,构建各地的新闻联播平台,整合当地电视、广播等媒体资源,为民众提供丰富多样的本地资讯。

(6)强化人文素养教育。在网络社会中,网民的受教育程度与年龄分布呈现出显著的差异。为了加强网民的媒介素养,我们有必要组织相关部门并动员广大民众的力量,提供切实可行的理论支持和现实世界中坚实的法律保障。针对在校学生,学校应积极组织开设网络安全、网络犯罪等相关课程,通过系统而规范的学习,全面提升他们的网络素养,而对于非学生群体,我们可以以社区或村委会为单位,划定学习范围,组织线上和线下的网络文化学习活动,从而有效提升广大民众的媒介素养。在加强思想文化教育的过程中,我们还需注重培养民众的自主思考能力,使他们能够理性看待问题,避免被网络舆论所左右。网络舆论往往容易引发网络暴力,并容易受到媒体报道、群体意志等多方面因素的影响。因此,地方政府在组织思想文化教育时,应特别重视提升民众的媒介修养,培养他们独立思考的能力。这样,当民众遇到问题时,就能够多思多想、多方求证、集思广益,具备明确的是非观念,就事论事,避免过度情绪化。

(7)落实多元治理机制。相关部门为网络社会提供风向标,利用其权威性,为网络社会的治理提供制度保障。我们应该充分利用网络媒体各平台的多方协同管理,使网络社会化治理由单一社会治理转变为多中心社会治理。现实社会中不同的部门,在网络社会中开设属于自己的网络平台,发布与自身相关的法律法规,以及在现实生活中的真人真事,拉近政府与民众的距离。相关部门可以通过政务微博、政务微信客户端,为民众了解当地的法律法规、风土人情、热点新闻等提供相关途径,不断丰富人民群众的精神文化生活。

作为微博、今日头条、抖音短视频等热门服务平台,在具体的日常运营中,一是精选发布内容。拒绝宣扬低俗、庸俗、媚俗等内容和会对网络生态造成不良影响的内容。[1]二是承担社会责任。在面对重大事件时,在互联网首页首屏、弹窗、热门搜索栏中显示相关的新闻,及时地使民众了解事情的始末,引导民众情绪。三是遵循法律法规。平台不得违反用户个人信息保护规定,私自将民众个人信息(电话、地址等)出售或共享给第三方平台,造成民众信息泄露。无论是舆论监管还是信息发布,最终都体现在民众身上。

在如今以算法、算力和数据为核心的生成式人工智能媒体时代,传统传播活动中的"把关人"作用减弱,各种社交网络媒体平台的出现让我们处在一个信息爆炸的时代,从受众到传播者的改变,为网络传播提供了广阔的发展空间。长期以来,社会热点事件一直是各媒体争先报道的焦点,而媒体或者个人获取信息的渠道单一,无法确保信息的准确性,但大众的求新、求异、跟风等各种心理很容易造成虚假信息和以讹传讹的情况出现。因此,在整个应急传播体系构建过程中,应急传播信息起着上传下达的关键作用。社会安全突发事件的发

---

[1] 国家互联网信息办公室发布. 网络信息内容生态治理规定[J]. 中国广播,2020(1):25.

生,由于多方面的原因容易导致信息的堵塞、封闭,公众、媒体等不能深入事件的现场,这时候相关部门应该在第一时间深入现场,了解事件发生的起因、过程等真实确切的消息,及时将准确的信息向公众发布,依法及时公开、准确公开,从而最大限度地还原事情真相,满足公民的知情权并且阻止不良信息的蔓延,由此树立良好形象,进一步提升公信力。

第二节 群体极化:情绪传播机制

群体极化,即群体成员在集体讨论过程中,原有观点倾向在成员间的相互影响作用下被进一步强化,导致这些观点朝着更为极端的方向发展。随着生成式人工智能技术的日新月异,智能媒体的应用已深入我们生活的各个角落,潜移默化地影响这个时代每一个人的生活方式。然而,在当今这个被称为后真相的时代背景下,网络空间中事实性信息与情绪性信息并存,而大多数社会公众更倾向浏览即时性和在线评论的情绪性信息。情绪作为一种特殊的信息形态,在群体极化中所起的作用却往往被忽视,但其影响力却不容忽视。

一、网络群体极化概述及基础理论

我们已经进入以算法、算力和数据为核心的生成式人工智能媒体时代,互联网成为我们生活中必不可少的一部分。网络空间更是成为网民针对公共事件表达观点、抒发情绪的主要"空间"。在这个信息繁杂的虚拟空间中,网民在观点的表达和行动上常常会缺少理性的判断,极易表达一些"非理性"的言论和做出一些不适宜的行动,从而导致网络群体极化现象的发生。群体极化现象的产生不但不利于网民对事件事实性信息的客观认知,甚至可能引发不利于社会健康发展的网络事件。在导致网络群体极化的因素中,网民的情绪传播比事件的真实信息更具主导性,但"情绪"作为人的主观意识,是一种特殊的信息形态,在一定程度上不太受到关注,所以基于网民的情绪传播去对网络群体极化现象进行研究和探讨是很有必要的。当社会各种热点性事件、群体性事件及重大突发性事件发生时,评论和猜测都是存在的。人们开始存在某种意见偏向,他们会在网络中寻找同样关注此类事件并和自身观点相同的网络群体。在网络群体中,经过全体成员商讨之后,群体中成员的意见更加向某个方向偏移,意见形成高度的同质化,最后形成极端的观点,发展成网络群体极化事件。

(一)网络群体极化的概念

群体极化概念最早是由美国学者凯斯·桑斯坦提出的。在他看来:"团体成员一开始便有某种偏向,在商议后,人们朝着偏向的方向继续移动,最后形成极端的观点。"❶群体成员之间进行意见交流和讨论,如果群体中大多数成员意见表现为激进和冒险,群体所作出的决策和行为也会表现为激进或冒险;如果大多数的群体成员意见表现为保守或拘谨,群体所作出的决策和行为也会表现为保守或拘谨。随着互联网的到来诞生了一种网络群体,互联网跨地域性的特点,使分散在世界各地互不认识的人们联结在一起,根据各自的兴趣爱好或者社会热点事件,在网络空间中形成群体进行意见交流和讨论。网络群体和传统的群体不同,网络群体没有一定的组织架构和规范,没有固定的活动场所,任何网民都可以自由进入,群体成员不受规范的约束,自由地在网络群体中发表自己的意见。

网络群体中大多数成员的意见与自己相同时,自己的意见会得到加强;反之,自己的意见会减弱。当社会热点事件、群体性事件及重大的突发性事件发生时,根据互联网传播迅速的特点,网民能够在较短的时间内获取信息,并根据自己所关注的热点新闻,临时在网络空间中,和互不认识、数量庞大的网民聚集在一起,形成网络传播风险,给社会带来不利的影响。互联网即时交互、海量信息的特点,人们在网络中轻易地与他人进行沟通,轻易地获取与自己相同观点的信息,使自己的观点更容易地在网络空间中被证实,让自身更加坚信自己的观点,而且被证实的观点会比之前的放大很多。互联网匿名性的特点,网民们在网络空间中发表意见时,不顾及自身的真实身份,发表与真实身份不符的意见倾向,而那些在现实社会中不敢发表意见倾向的人,在网络中毫无顾忌地表达,使各种情绪化的言论充斥在网络中。

---

❶ 卡斯·H. 桑斯坦. 网络共和国——网络社会中的民主问题[M]. 上海:上海人民出版社,2003:45.

(二)社会心理学视野中的网络群体极化

(1)从众心理理论与网络群体极化。一般认为,从众心理是指"改变个体的观念或行为,使之与群体的标准相一致的一种倾向性"[1]。当社会热点事件发生时,互联网快捷性的特点,让世界各地的人们迅速地了解有关此次社会热点事件的信息,但是互联网中信息碎片化的特点,使人们在网络中了解到的信息大多数都是不完整的。因此,人们对于社会热点事件的来龙去脉,并没有一个非常清晰的架构,于是人们在网络上表达自己有关此次社会热点事件的看法时,容易产生情绪化、非理性的言论。当情绪化、非理性的观点在网络群体中处于优势地位,个体网民处于优势意见的环境中,在从众心理的影响下,个体网民迫于网络群体的压力和防止被孤立表达的观点倾向也会趋于处于优势地位的观点。网络群体中处于优势地位的观点加上受从众心理影响的海量个体网民加入,逐渐在网络中形成极端的观点,为网络群体极化现象创造了条件。

(2)集体无意识心理与网络群体极化。荣格指出:"集体无意识心理的存在并非依赖于个体经验,而是具备先天性与普遍一致性的行为特质。这种心理特征在大脑中处于休眠状态,仅在适宜的环境与条件下方可被唤醒并激活。一旦得以唤醒与激活,它将产生压倒性的影响力。"[2]集体无意识心理理论具有以下特点:其一,个性化被同质化。在集体无意识心理的影响下,个人的才智会减弱,个性化也会减弱,无意识占据上风。古斯塔夫·勒庞认为,群体思维是一种无意识的过程,当发生社会热点事件时,互联网开放性的特点,使网络中分散的网民临时地聚集在一起,形成网络群体,各种不假思索的情绪化、非理性的观点聚集在一起,群体思维慢慢地变得情绪化、非理性的观点占据上风,最终导致网络群体极化现象的发生。[3]其二,群体力量膨胀。有的人总是存在着"罚不责众"心理,个体在群体的庇护及网络匿名性的特点下,人们更加自由地表达着情绪化、非理性化的观点,群体力量变得膨胀,会发展成网络群体极化现象。其三,传染性与暗示性。集体无意识心理影响下,群体成员的才智会被减弱,处于

---

[1] S.E.泰勒.社会心理学:第十版[M].谢晓非,等译.北京:北京大学出版社,2004:221.

[2] 王岳川.20世纪西方心理学美学的演进[J].广东社会科学,2013(1):183-194.

[3] 古斯塔夫·勒庞.乌合之众:大众心理研究[M].冯克利,译.北京:中央编译出版社,2000:19.

无意识的状态,由于网民趋于年轻化,并不具备相关专业的知识背景,群体思维从而更容易被传染并形成接受暗示,情绪化、非理性的观点更容易快速地形成并产生极化的观点,最后演变成网络群体极化现象。

(三)传播学视野中的网络群体极化

(1)沉默的螺旋理论与网络群体极化。沉默的螺旋理论是德国学者伊丽莎白·诺利·纽曼在《沉默的螺旋:一种舆论学理论》*The Spiral of Silence: A theory of Public Opinion*一文中提出来的。社会热点事件的发生,各种有关此次事件的信息在网络上出现,互联网的开放性,人们自由地在网络上获取信息,并表达着自己的观点,各式各样的观点充斥在网络中。当某个观点处于优势地位,网民持有的观点与处于优势意见一致时,人们就会积极地参与其中,使处于优势地位意见的群体更加地强大;而网民所持有的观点与处于优势意见不一致时,人们就不会积极地参与其中,而且还把自己的观点隐藏起来。在沉默的螺旋的效应下,处于优势地位的观点逐渐扩散开来,变得更加地强大,而少数意见慢慢地变少甚至消失。当优势意见处于一种极化状态时,易为网络群体极化现象创造条件,加速网络群体极化现象发生。

(2)两级传播理论与网络群体极化。美籍奥地利著名社会学家保罗·F.拉扎斯菲尔德等在其经典著作《人民的选择:选民如何在总统选战中做决定(第三版)》中,首次提出了"两级传播理论"。❶该理论后经发展,逐渐演变为"多级传播"理念。在他看来,大众传播效果比不上那些在网络中活跃的积极分子、接触媒体多、热衷总统选举的人,被称为"舆论领袖"或者"意见领袖"。此部分人会影响甚至改变选民的态度,在总统选举宣传的效果中起到很重要的作用。两级传播理论就是"媒介—'意见领袖'—受众"的信息传播过程,"意见领袖"对网民观点的形成具有重要的影响。例如,在"微博"这一社交媒体平台上,舆论领袖通常表现为活跃的网络积极分子,且他们与各类媒体保持着较为频繁的接触。每当社会热点事件发生时,舆论领袖往往能够迅速接触到相关媒介,获取并理解媒介传递的信息。随后,他们基于自身对热点事件的理解,在网络上积

---

❶ 保罗·F.拉扎斯菲尔德,伯纳德·贝雷尔森,黑兹尔·高德特.人民的选择:选民如何在总统选战中做决定[M].唐茜,译.北京:中国人民大学出版社,2011:21.

极发表观点,并将这些观点传播给他们的众多追随者。这一现象正是两级传播理论在现实社会中的直接体现。在"微博"中,舆论领袖的一个共同特征是拥有庞大的"粉丝"群体。这些粉丝中,多数人可能并不具备相关的专业知识,因此在受到"大V"的影响时,他们倾向于形成与舆论领袖相同的观点。当大量的粉丝通过不同渠道发表与舆论领袖一致的观点时,这种效应会不断叠加,最终推动网络群体极化现象的发生。

二、群体中情绪与事实的关系

每个人都是独一无二的个体,拥有着各自独特的生活轨迹和经历。当面对同一条事实性信息时,由于成长背景、知识层次等因素的差异,不同网民对信息的解读往往呈现出多元化的视角。这种解读的多样性导致了群体极化现象的出现,它可能表现为单一极化的形态,也可能呈现出双极化甚至多极化的趋势。不论群体极化以何种形式展现,情绪在其中的作用都是不容忽视的。在触发网络群体极化现象的群体性事件中,其事实信息与网民的情绪之间存在着错综复杂的关系,它们彼此交织、相互影响,共同推动着事态的发展。

(一)事件事实对网民情绪的影响

首先,在这个网络信息化时代,人们足不出户就可以接收到来自四面八方的信息,各种各样不同的信息充斥着人们的生活。在面对这些更迭交替的信息时,由于人的精力有限,只能对想了解的相关事实性信息进行片段式阅读而无法对每一条接收到的信息进行解码、吸收并思考。其次,在群体性事件被曝光后,关于事件事实的信息无法同步更新,由此产生的时间差为公众情绪的传播提供了发展空间。事件实时信息的不足或更新速度的滞后会导致网民的猜忌。这种猜忌往往是带有主观情感的,随之产生情绪化言论,在短时间内会影响群体观点倾向。最后,事件的事实真相不明导致网民情绪的遗留。许多网民对群体性事件的关注就好比追剧,从第一集开始追,一集不落,马上就到大结局,终于要揭开凶手的面纱了,突然在剧终的前一分钟时,它提醒你第二季还没拍。虽然第一季你已经看完很久了,但是你在追完剧时的情绪信息却依然遗留在脑海中。同样的道理,当事件的事实信息已经停滞不前了,但关于情绪的信息还延留于大脑之中。这种事实真相不明导致在网民潜意识中留下的焦虑情绪会在此后发生的类似事件中通过联想效应得以释放。

例如,2017年的"江某案"成为众多网民讨论的热点,国内媒体的报道,让这个早在2016年11月的"江某案"重回大众视野。由于事件的过程曲折离奇,受到了许多网友的广泛关注。主流媒体和自媒体也针对此案件不断地在网络上输出各种观点和言论,一时间,网络上充斥着各种各样关于"江某案"的海量信息,从网络媒体到主流媒体、从微博到知乎。其中仅是新京报网在2016年11月到2019年1月对"江某案"的相关报道已有21篇(表3-2)。

表3-2 "江某案"媒体报道情况

报道形式	报道数量/篇	平台
评论	3	新京报网(4篇)
长消息	1	
消息	5	新京报网(17篇)
评论	4	
视频	8	

众多的信息让网民应接不暇,使其情绪的浮躁程度大幅度上升,产生一系列非理性的言论及行为。当媒体对事件起源做大量的报道后,"江某案"并未开庭,案件的进一步信息无法得以更新。在媒体发布到正式开庭的时间段内,网民的焦虑情绪在不完整的事实信息的冲击下得到了酝酿与蔓延。2017年11月,"江某案"由于暂未开庭,在案件的真相扑朔迷离而引起网友的争议与猜忌时,在等待"江某案"事件进展的过程中,网民对之前真相不明的事件的遗留情绪被调动,通过联想效应而极易想起相应的事件。

相比较事实信息的传播,情绪性信息在传播上更为快速和广泛,而情绪又是基于事实信息产生的,事件的性质对情绪的影响具有主导性作用。能够戳中网民痛点的事件都能引起广泛讨论,但是当事件的事实信息不完整时,网民的情绪极易在接收关于事件的碎片化事实信息的过程中被激发并达到饱和状态。

我国社会正处于转型快速发展时期,难免会出现极具争议性、事实信息不完整、调查进度慢、真相未解的群体性事件。

(二)网民情绪对事件事实的影响

网民情绪对事件事实信息的影响主要体现在"对事实信息的选择""对事实信息的认知"等方面。在这股信息洪流里,对信息做选择是很有必要的,因为人的有限精力不允许我们去解读接收到的所有信息。随着互联网的快速发展,信息的传播渠道更为多样化,每天都有千万条信息喷涌而出,充斥在人们生活的方方面面中。为了减少信息被淹没,传播者利用大数据技术向人们进行有针对性的信息投放。根据个人的性格特点、兴趣爱好向你推荐与你想法相一致的言论,使你的想法得到进一步加强。因此,在面对群体性事件的事实信息时,人们往往会选择与内心原有想法一致的信息,而忽略事件的完整信息,而在对事实信息的认知上,心理定势难免会使网民对事实信息的认知出现偏差。

三、网络群体极化产生的基本原因

在以算法、算力和数据为核心的生成式人工智能媒体时代,我们可以将现实社会中分散的人们迅速地在网络上聚集起来,并在社交网络媒体上进行交流互动,发表自己的观点,使网络群体极化现象更为突出。为解决因网络群体极化现象引发的道德风险问题,只有厘清网络群体极化产生的主要原因,才能提出更有针对性的解决对策。

(一)网民

(1)网民群体的非理性化思维。正如法国学者古斯塔夫·勒庞认为:"在集体心理中,个人的才智被削弱了,从而他们的个性也被削弱了,个性化被同质性所吞没,无意识的品质占了上风。"[1]即便个体拥有卓越的才智,但在群体情绪化、非理性化思维的影响下,该个体也可能表现得如同"思维受限"一般,深受情绪化、非理性化的群体思维所左右。近年来,多起社会安全突发事件的爆发,直接触动了广大网民的敏感神经,促使他们迅速在网络空间中集结成群体。在这

---

[1] 古斯塔夫·勒庞.乌合之众:大众心理研究[M].冯克利,译.北京:中央编译出版社,2000:19.

一过程中,情绪化、非理性的言论大量涌现,成为主导群体思维的关键因素。群体思维逐渐呈现出非理性化的趋势。网民群体成员受情绪化、非理性的言论影响下,逐渐丧失了独立思考和理性判断的能力。

在网民群体思维的影响下,个体的才智逐渐受到削弱,其思考与判断能力被情绪化、非理性的群体思维所替代,陷入一种类似于"思维受限"的状态。这种状态不仅削弱了个人在网络空间中的影响力,也增加了网络群体极化现象发生的可能性。因此,我们需要高度重视网络空间中的群体情绪化和非理性化现象,积极引导和促进网民的理性思考和判断,以维护网络空间的健康和稳定。

(2)个人责任感弱化分散。个人进入群体之后,认为在群体的庇护下,可以自由表达自己不满的情绪,加上网络的匿名性,个体的责任感弱化。群体成员的责任感弱化与分散,主要有以下原因:其一,个人可以不对群体行为负责。群体中大部分人都是参与者、沉默者,不属于群体中活跃的人甚至管理者,在群体行为中起不到关键的作用,大多数成员都只是跟随者,不是发言者,因此群体成员认为自己不需要为群体行为负责,群体成员的个人责任感弱化。其二,群体成员不需为其他成员负责。一个群体有很多的参与者,很多人认为群体责任分散给群体中的每一位成员,有些群体成员认为自己所要承担的责任是非常小的,甚至有些群体成员认为自己在群体中不承担任何责任,不需要为群体或者群体其他成员负责。网民群体个人责任感弱化与分散,为网络群体极化现象创造了条件。

(3)事实不清和沉默螺旋。为了更清晰地阐述问题,我们以2019年6月26日南京某员工伤害他人事件为例进行深入分析。此事一经发生,迅速在网络上掀起了轩然大波。在邻居们的记忆中,这位员工平日里总是穿着整洁,待人谦和,每次进出小区都会主动打招呼,俨然一副文化人的形象。然而,正是这样一位看似温文尔雅的人,却突然变成了众矢之的"凶手",令人们大跌眼镜。在事件真相尚未公开之前,网友们只能根据家属的陈述和网上的碎片化信息来揣测和判断行凶者的身份和动机。在这种充满猜忌和不确定性的氛围下,网友们很难用客观公正的眼光去看待这次事件,从而导致网络上出现了两极分化的言论特点。此外,沉默的螺旋效应也在这一过程中起到了推波助澜的作用,进一步加剧了网络上的两极分化。网络群体极化现象极易发生。

(4)刻板印象和从众心理。人们因为自己的主观经验会在认识某些事物时,形成固定的印象,这种印象就是刻板印象。❶在刻板印象的影响下,人们看待某些事物时不经过大脑认真地思考,脑海中就会浮现出固有的印象。个体网民在从众心理理论的影响下,自身知觉、认识、判断与群体行为和大多数人的行为趋于一致。因此,在各种有关女司机的案件中,不管是被打或打他人,个体网民在从众心理的影响下,不管自己是否了解此次事件的来龙去脉,自己的知觉、认识、判断都和大多数人的一样,对女司机充满敌对之意,加剧网络群体极化的发生。

(二)媒体

(1)媒体"把关人"缺失。"把关人"理论在传播学中占据着举足轻重的地位。1947年,德国学者库尔特·勒温在其生前最后一篇论文《群体生活的渠道》中,深入剖析了传播过程中信息流动的规律。他观察到,信息在传播过程中总是沿着某些特定的渠道流动,这些渠道中设有检查点,即所谓的"门区"或关卡。这些关卡可以对传播的信息进行筛查和过滤,从而筛选出有价值的内容。在传统媒体时代,信息传递是单向的,媒体"把关人"扮演着至关重要的角色。他们严格把控着信息的传递,确保受众接收到的信息都是经过精心筛选和过滤的。同时,媒体"把关人"还会将不符合群体规范或自身价值标准的信息进行隐藏,从而有效地控制网络舆论,防止网络群体极化现象的发生。然而,随着互联网的蓬勃发展,人们的生活方式发生了翻天覆地的变化。网民们从以前被动地接收信息,逐渐转变为主动的信息传播者和接收者。他们可以在网络中自由选择自己想要传播和接收的信息,自由地发表言论、表达观点,并进行实时的信息交互。这种变化使信息的数量呈爆炸式增长,网络"把关人"难以顾及所有信息,进而不利于网络舆论的管理。

(2)网络舆论领袖的加入。当社会热点事件初露端倪,网民群体尚未形成之际,这些舆论领袖便纷纷加入讨论,积极发表自己的观点。他们凭借自身的影响力,迅速成为群体中的核心人物,引领广大参与者展开热烈的讨论。网络

---

❶ 张楠.网络群体极化的形成机制[J].新媒体研究,2018,4(11):36.

舆论领袖的构成极为复杂,既有专家学者,也有"大V"、明星网红等各界人士。他们在网络中拥有庞大的"粉丝"群体,每当社会热点事件爆发,他们的言论往往能够迅速传播,使众多追随者信服并与自己保持观点一致,从而对网络舆论的生成产生深远影响。然而,在网络互动中,偏激的言论往往能够获得大量的关注。为了获取更高的关注度和流量,进而实现更多的收益,一些网络舆论领袖在发表对社会热点事件的看法时,往往倾向于发表偏激言论。这种行为不仅容易引发争议,还可能导致网络群体极化的现象加剧,对网络空间的健康发展造成不良影响。

(3)即时性,信息碎片化。在当下纷繁复杂的智能媒体网络环境中,流量无疑成了衡量影响力的核心指标。许多网络媒体为了谋取利益,极力追求更高的点击量和更广泛的受众群体,纷纷将流量视作制胜法宝。每当社会热点事件爆发,一些网络媒体为了博取眼球,不顾信息的真实性,急于发布各种吸引眼球的资讯,以获取大量流量。相较于传统媒体时代的垄断性信息发布,如今的互联网时代赋予了每个人"麦克风",使每个人都能够成为信息的发布者。无论是微信、微博还是QQ等社交软件,都成了人们发布和获取信息的便捷渠道。这些平台允许人们自由分享,打破了信息传播的界限。随着媒介形态的多样化,网民可以在不同的社交平台上轻松获取信息,并能够将某一媒介上获取的信息迅速转发至其他平台,从而扩大信息的传播范围,增加受众获取信息的机会。此外,网络传播的迅速性也使网民能够迅速获取所需信息。在这样的网络环境中,网络媒体要想吸引大量受众并使他们经常使用自己的平台获取信息,就必须确保信息的及时性。只有在第一时间发布相关信息,才能迅速吸引受众的关注。同时,由于社会热点事件往往处于动态发展过程中,媒体所获取的信息往往只是事件的一部分,因此在追求及时性的同时,内容往往呈现碎片化特点,难以完整呈现事件的全貌。

(4)官方信息公开的滞后性。网络群体极化现象,在多数情况下,往往源于真实信息的匮乏。由于网民对真实情况的了解不足,他们往往受到网络中虚假信息的误导。官方机构作为权威代表,其言论具备相当的说服力和真实性,对公众舆论具有积极的引导作用,能有效遏制情绪化和非理性的言论,避免网络群体极化现象的产生。在当前的互联网环境下,"人人都有麦克风,人人都是传播者"。信息的控制权不再完全掌握在权威机构手中,每个人都可以自由发布信息。当热点事件发生时,往往是身处其中的网民首先获得第一手资料,而非官方机构。这些网民在网络上发布信息,而官方机构为了获取并验证这些信息的真实性,往往需要耗费大量时间进行调查和取证。由于调查、取证等过程需要较长时间,官方机构在公开信息时往往存在滞后性,这就为网络群体极化现象提供了生存空间。在此情境下,公开真实信息可能引发冲突,因此官方机构往往选择在公众关注度降低时再公开信息。

四、情绪传播对网络群体极化作用

法国学者古斯塔夫·勒庞在《乌合之众:大众心理研究》一书中提出揭示群体行为扩散效应的"感染理论",在他看来,群体行为是群体成员间情绪相互感染的结果。❶通过一系列的实验研究,勒庞指出,当群体成员做决定时,非理性因素往往占主导地位,极易受到情感因素左右,事实证据对他们的影响微乎其微。因此,在群体传播盛行的时代,情绪总是能够左右群体决策,并对群体极化的发展与形成产生影响。

(一)情绪对群体极化具有推动作用

并非所有的信息都能催生群体极化现象,其发生与否,关键在于信息本身是否具备极化特质。如今,我们生活在一个"人人都有麦克风"的生成式人工智能媒体时代,网络上的信息内容不再局限于专业人士或精英阶层,普通网民同样扮演着重要的角色。回顾以往的社会安全突发事件,不难发现,许多备受关注的热点事件,其信息源头往往来自普通民众。相较于主流媒体或专业人士所发布的信息,普通民众发布的内容更多是基于个人的主观视角。他们发布信息的动机主要是为了寻求认同和回应,同时也为了宣泄内心的情绪。这种主观性和情感化的信息表达,有时会在网络中形成特定的舆论氛围,进而可能引发群体极化现象。

对比事实信息的传播速度,情绪传播的速度更为迅猛。据中国社会科学院

---

❶ 古斯塔夫·勒庞.乌合之众:大众心理研究[M].冯克利,译.北京:中央编译出版社,2000:19.

社会学研究所与社会科学文献出版社联合发布的《社会心态蓝皮书:中国社会心态研究报告(2022)》数据显示,网民针对热点事件的讨论,其时长大致在24~72小时,且讨论的热潮往往在信息发布后的1~9小时内达到顶峰。正是在这几个小时内,群体极化现象迅速形成。网络群体的临时性与时效性特征,为性格各异的成员在短时间内就某一观点达成共识提供了基础性条件。值得注意的是,这种共识更多地建立在情感认同之上,而群体成员在情绪层面达成的共识,恰恰是触发群体极化现象的根本动力所在。

(二)情绪传播会造成群体极化的不稳定性

情绪作为人类复杂心理结构中的一环,具有显著的不稳定性和冲动性。因此,群体极化现象,看似一种不可逆转的趋势,实则深受情绪传播的影响,呈现不稳定的特点。导致群体极化的因素之一在于事件事实信息的不完善。当事件信息随着时间的推移逐渐丰富和完整,真相得以合理揭示时,网民的情绪往往会得到平息和安抚。此外,即便事件尚未得到全面而合理的回应,但随着讨论热度的逐渐减退,网民的注意力也可能被新出现的事件所吸引,从而转移情绪焦点。在同一时间段内,新的观点或反向情绪的涌现,往往能够改变已经形成的极化方向,甚至使其发生截然相反的转变。在后真相时代,这种情绪反转的现象并不罕见,典型的争议性案例往往能够生动地揭示这一社会心理现象。

(三)网络语言中的恶搞情绪传播

在网络空间中充斥着粗制滥造的语言,这些语言常常受到人们的批评和反感。然而,大多数网络语言却以独特而多样的方式展现了网民们的娱乐精神。例如,2019年,网络流行语中的"我太难了"一词,既蕴含着对消极情绪的讽刺与无奈,又是对现代社会巨大生存压力不满的一种宣泄。经过网友们的广泛使用和传播,甚至还衍生出了"我太南了"这样的变体表达。类似这样的网络语言流行案例比较常见。当同一种语言符号在群体间被大量传播和修改时,它便逐渐变得富有趣味性,可以灵活地运用在生活的多个方面,成为人们表达情感、交流思想的重要工具。

网络语言往往通过诙谐的画面和形象来生动呈现,这些语言往往改变了词汇本身的意义,是对情景的再创造。有些网络语言看似难以理解,是线下交往中少见的词汇,但在网络上却受到很多人的追捧和模仿。这种娱乐性的表达方式使人们对这些词汇的包容性增强,通过幽默和夸张的手法进行谴责、讽刺,进而表达自身的观点和态度。这种方式使原本具有负面含义的语言变得相对温和,减少了极端和强烈的色彩。从网络流行语的广泛使用中,我们可以看到,有些词汇能够精准地表达自己当下的生活状态,有些则能够揭示社会存在的一些问题。例如,2019年十大网络流行语之一的"柠檬精",常用于自嘲或讽刺他人对某事的羡慕之情。这反映出,在当今社会,人们的需求不仅局限于物质层面,更多的是对精神层面的追求和满足。这些词汇在网络流行语的推动下,以更为灵活和有趣的方式展现态度和情绪,巧妙地避免了现实生活中的矛盾冲突。

(四)情绪推动网络语言的加速扩散

简洁的文字或者图片及视频都有可能体现某种一情绪,但是对于详细的信息表达却远远不够,自身的情绪会推动网络语言表达的加速。网友在使用网络语言时,还可以根据既定的环境再造出新的网络词汇,这能满足人们追求最新网络用语时的心态。当情感链接一旦建立起来,也就是情感达到共鸣之后,情绪有了归属地,就会快速传播,实现情绪共享。按照这个传播路径,个人情绪对网络语言的传播是具有推动作用的。焦虑、烦躁、不满、渴望、关注等情绪都是人们日常生活中常见的,在开放性极强的网络氛围内,这类情绪得到更加充分的表达。更多的情绪表达受个人生活环境、受到的教育、自身文化水平及所处的社会环境的影响,人们的情绪会相互影响并传播开来。由于情绪的本质为社会属性所决定,即情绪呈现出群体性的特征,因此在社会层面上,情绪共鸣事件在爆发过程中起到了不可小觑的推动作用。容易引起人们产生情绪共鸣,通过转发和传播,情绪再一次得到强化,情绪在网络语言的传播中扮演重要的角色。

情绪的聚集并不是主要依靠互动来实现,情感维系和情绪感染在传播过程中有更大的影响。情绪感染可以通过多渠道来实现,并不是只有在人们的交往过程中才会发生。情绪推动网络语言的扩散主要是由于某一情绪特别符合当下某类人的心态和所处环境及状态,语言带有感情色彩,正是因为人们把自身情绪带入语言当中表达出来。有些夹杂的个人情绪稍有凸显,有的人就会不经思考地从自己口中说出来,它们并没有多大的经济价值,但从网络初步发展至今仍然存在,而且语言被发明、被创新、被使用得越来越多。传统媒体语言也在不断革新,为的是赶上语言在网络中的发展,网络语言就是在不断革新中愈演愈烈,不断进入日常交际语言中,社会环境所引发的情绪对网络语言的出现起到推动作用。相对来说,日常交际语言比网络语言的稳定性强,网络语言存在的时间也比较短,这主要也是受到人们随时变化的情绪的影响。

五、网络群体极化引发的道德风险

互联网的互动性、信息海量性、及时性等特点,改变了人们的生活方式。然而,随着网络群体极化现象的日益凸显,缺乏有效控制与监管机制也逐渐暴露出来。出现网络群体极化现象所引发的网络暴力行为不仅侵犯他人权利,还通过道德绑架破坏了网络和谐氛围。这些问题无疑对当前社会治理构成了不小的挑战,亟待我们采取有效的措施加以应对和解决。

(一)侵犯他人合法权益

网络群体极化现象屡见不鲜,在短时间内,众多群体成员迅速聚集,却往往被单一的情绪和声音所牵引。这种情形下,群体情绪极易陷入极端状态,导致暴力行为的风险显著增加。在"罚不责众"的心理暗示下,他们极尽攻击他人之能事,导致网络暴力。[1]每位研究者对网络暴力都有自己的定义,但是大多数定义都集中在损害个人利益、侵犯隐私、辱骂、侵犯他人权利等采取不正当手段的网络行为,给他人正常生活造成很大的影响。网络暴力主要存在两方面的行为。一是语言暴力。用侮辱性语言辱骂当事人,给当事人造成极大的心理创伤和精神压力。二是行为暴力。利用网络对当事人进行"人肉搜索",在网络上公开当事人隐私,给当事人生活增添很多麻烦。

当社会安全突发事件发生时,部分极端化的群体往往倾向于在网络空间中对相关当事人进行肆无忌惮的语言攻击。他们使用侮辱性的言辞辱骂当事人,给受害者带来深重的心理创伤和精神负担。网络暴力并不仅限于语言层面的

---

[1] 陈庭贵,杨俊蓉.网络群体极化现象的形成机理及仿真实验研究[J].重庆科技学院学报(自然科学版),2019,21(1):108-113.

伤害,还包含行为上的侵害。一些网民更是利用网络平台对当事人进行"人肉搜索",将其个人隐私(如家庭住址、电话号码等)公之于众。在现实社会里,诸如谩骂、人肉搜索、泄露他人隐私等行为,无疑是不文明且可能违法的。然而,由于网络监管机制尚待完善,网络群体极化现象所引发的网络暴力行为似乎成了一种司空见惯的现象。在这些极化群体中,个人责任感被削弱并分散,群体思维也趋向于简单化和极端化,从而加剧了网络暴力行为的发生,严重侵犯了他人的合法权益,并扰乱了网络空间的正常秩序。

(二)破坏网络生态

网络群体极化现象往往伴随着一种"过度的道德想象"的倾向。在每个人的思维深处,对于是非对错的判断往往形成了一种习惯性的反应机制。在生成式人工智能媒体时代,每个人都是信息的传播者。为了追求信息的首发性和时效性,人们往往倾向于发布碎片化内容,从而可能忽略了主体事实的清晰性和完整性。当社会热点事件发生时,人们基于各自的理解与价值判断,往往从道德层面对事件进行评价,这无疑给当事人带来了沉重的舆论压力,导致他们可能不得不迎合公众意愿,作出违背自身意愿的决策。

网络群体极化现象时有发生,破坏了网络空间环境。网络信息的海量性、碎片化等特点,使网民不知道有关社会热点事件的具体内容,不能够用客观、公正的眼光看待。情绪化、非理性的言论充斥在网络上,再加上网络群体无意识性和官方信息公开落后,更是加剧了情绪化、非理性的言论,加剧了事件传播和发展,破坏网络和谐环境。

(三)影响社会稳定

网络信息碎片化是导致网络群体极化现象发生的重要因素之一。随着互联网技术的迅猛发展,各种新兴媒介层出不穷,个人的传播能力得到了前所未有的放大,使每个人都能够享受到前所未有的传播权利。然而,这种传播权利的普及也带来了信息碎片化、海量化和虚假化等问题。以"微博"为例,其发布内容存在字数限制,最多只能发布140个字,这导致网民在传播信息时往往只能选取片段化的内容,从而加剧了信息的碎片化现象。众多网民纷纷发布自认为重要的信息,导致网络中充斥着大量碎片化的信息,使缺乏深入了解真实情况的网民难以辨别真伪,进而离真相越来越远。在一些网络群体极化事件中,一些不法分子更是利用网民的情绪化特点,在不了解事件真实情况的前提下,煽动网民情绪,引发反社会情绪。由于网民普遍年轻化,缺乏足够的判断力和辨别能力,加上害怕被群体孤立的从众心理效应影响,他们更容易被网络中情绪化、非理性的舆论所引导,难以客观看待"社会问题"等新闻报道。这导致他们容易被不法分子利用,传播不良言论,出现反社会情绪,对社会稳定造成一定的破坏。

第三节 恐慌效应:谣言传播机制

在当下这个移动互联网与全媒体交融的时代,信息如潮水般无处不在、无时不有,其普及程度几乎无人能免。然而,这种高度信息化的环境也为网络谣言的滋生提供了温床,使其成为引发社会恐慌效应的重要推手。面对当前瞬息万变、纷繁复杂的国内外形势,社会安全突发事件一旦发生,便会给社会和人民群众的生产生活带来影响。心理恐慌,作为社会生活中对生命、安全、名誉或经济等关键要素的一种心理现象,尤其在面对突如其来的重大突发事件时,其影响尤为显著。人们对于未来的不确定性、对生命安全的担忧,往往会引发更为强烈的紧张感和不安感。此时,一些别有用心者便利用社交网络媒体的便利,散播所谓的"网络谣言"。他们或是对事件真相一无所知,或是凭空捏造事实,通过微信朋友圈、微博等网络平台进行恶意发布或转发。在网络媒体的急速传播下,这些谣言被不断放大,产生了更为强烈的社会影响,给人们的心理造成了巨大的恐慌,严重影响了社会的和平安定和人民的心理健康。因此,如何在社会安全突发事件中有效遏制网络谣言的传播,提升社会公众的心理认知能力,从而避免引发恐慌效应,就显得尤为重要和迫切。

一、网络谣言传播的主要突出个性特征

相较于其他类型的突发公共事件,诸如自然灾害、公共卫生危机、食品安全问题、环境保护挑战及事故灾难等社会安全突发事件中的网络谣言,在以算法、

算力和数据为核心的生成式人工智能技术时代展现出了其独特的显著特征。这些谣言往往以事件发生的地域作为谣言传播的热点区域,形成明显的地域性特点。同时,谣言在向外围扩展的过程中,往往伴随着关联炒作等特性,这些个性特征使网络谣言在社会安全突发事件中显得尤为突出。

(一)以事件发生地点为谣言热点区域

近年来,智能媒体环境下因社会安全突发事件产生的网络谣言现象愈发引人关注。在这些谣言中,事件发生的具体地点、背后的作案动机及伤者的数量,往往成为社会公众集中关注的热点话题,也是谣言制造者围绕的焦点。造谣者巧妙地利用了公众的心理特征和兴趣点,他们或将不同事件的碎片化信息进行重新组合,或基于某一地点发生的社会安全突发事件进行延伸和编造,以进一步增加事件地域在社会公众心中的关注度。

(二)谣言向外围扩展具有关联性和炒作性

在互联网空间中时有发生的近似于"恐袭"的网络谣言,展现出了极强的关联炒作特性,并呈现由事发地向周边地区扩散的态势。这些网络谣言对国家安全和社会稳定造成了严重影响,给广大人民群众的生产和生活带来了不小的冲击和心理恐慌。

二、网络谣言传播的社会影响

随着生成式人工智能技术的迅猛发展,网络信息的传播方式日益呈现扁平化、开放式和互动性等显著特点,这为网络谣言的传播提供了广阔的舞台。特别是近年来,新兴的社交网络和智能媒体层出不穷,使网络谣言的传播具备了更高的精准性和私密性,从而更容易获得人们的信任。

(一)冲击社会信任体系

从某种角度来说,信任是人与人、组织与组织构建的一种互动型社会纽带,这种纽带建立在双方共享的经济、政治和社会等多重关系的价值共识之上,蕴含着巨大的资本价值。在现代化社会体系中,面对潜在的危机或风险,一个稳固的信任体系不仅能激发人们对潜在危机或风险的积极预期效应,更是构建和维护优质社会秩序的关键纽带。因此,构建一个健全的社会信任体系需要各主体要素之间的深入价值认同,这样才能共同推动社会的可持续发展。当社会安全突发事件发生时,公众往往在网络空间中受到谣言传播的困扰,难以分辨事实真相。即便相关部门通过媒体平台及时辟谣、公布事实,由于在社会公众心中已形成的刻板印象,消除误解并不容易,这无疑影响了相关部门在公众中的公信力和影响力,进而动摇了与社会公众之间的社会信任体系。

(二)扰乱社会公共秩序

公共秩序作为法律法规、规章制度及公序良俗的具体体现,无疑是现代城市文明进步的缩影,更是评判城市文明水准和市民素质的关键指标。要构筑良好的社会公共秩序,涵盖社会生活、公共场所及交通等多方面的秩序,无疑需要全社会共同发力,携手合作。每当社会安全突发事件降临,网络空间便不可避免地弥漫着各种谣言,这些谣言往往给公众带来诸多误导。面对这些网络谣言,许多人由于缺乏正确的判断能力,常常采取"宁可信其有,不可信其无"的态度,从而心理防线极易受到冲击。在浏览到网络上的不实信息时,人们往往会陷入高度紧张、安全感匮乏的心理状态,进而引发认知判断能力的下降。在这种强烈的条件反射下,社会公众往往容易陷入恐慌,引发大规模的逃散、躲避与聚集行为。

(三)影响公众的价值观

互联网作为人类社会进步历程中崭露头角的新兴力量,它犹如一把"双刃剑",在赋予人们无尽便捷的同时,也悄无声息地给人类社会带来了诸多安全风险。特别是在突发公共事件时有发生的当下,许多造谣者更是瞄准了社交网络媒体这一传播渠道,将各种碎片化的信息进行拼接、组合,并肆无忌惮地进行转发传播,从而将突发事件推向恶性发展的边缘。这些充斥于网络空间的只言片语,往往使社会公众对整个事件的全貌缺乏深入了解,导致社会群体容易走向偏激、愤怒和非理性的道路,进而对社会公众的价值观造成不良影响。一旦在外界的某种触发下,这些谣言极有可能成为点燃群体性事件或网络集体行动的"导火线",对社会的安定和国家的安全构成巨大威胁。

三、网络谣言传播的深层原因分析

社会安全突发事件网络谣言能够在较短的时间里通过各种智能媒体平台进行迅速扩散,到达世界上的每个角落,引起社会公众的心理恐慌,主要是在内因与外因共同作用下的结果。整体而言,信息供需矛盾、权威发布缺失、媒体过度报道、网络推波助澜、心理干预缺失、受思维定式影响等方面,是形成社会安全突发事件发生后网络谣言传播的重要因素。

(一)信息存在供需矛盾,权威发布缺失

信息不对称理论是由美国经济学家肯尼斯·约瑟夫·阿罗在1963年的著作《不确定性和医疗保健的福利经济学》中首次提出的。这一理论旨在解析市场经济活动中,各类人员对相关信息的掌握程度存在的差异性。尽管我们已经步入大数据时代,身处信息的洪流之中,然而,当面对这浩如烟海的信息时,我们不难发现,来自各种渠道的声音纷繁复杂,真假难辨。尤其是在社会安全突发事件爆发后,信息不对称现象尤为显著。社会公众迫切渴望了解事件真相,但政府、媒体的信息披露往往难以满足其需求,这种矛盾愈发凸显,加剧了公众对事件真相的掌握和认知不足。在这样的背景下,网络谣言极易滋生和传播。借助自媒体的便捷性,部分公众出于好奇、恶意或善意,只需轻轻一点,便可将未经证实的信息广泛传播,进而形成强烈的网络谣言传播效应。

(二)媒体过度报道,网络推波助澜

新闻媒体不仅是引领社会舆论、实施舆论监督的关键工具,更是推动社会治理进步不可或缺的利器,以及社会公共服务体系中的一股重要力量。在全媒体时代的大背景下,媒体融合正逐步深化,新闻媒体更是承载着传播正能量的重要使命与社会责任。审视当前的社会媒体环境,我们不难发现,一些媒体在追求经济效益与社会效益的过程中,未能妥善处理二者之间的平衡关系。部分新媒体片面追求点击量、收视率和"粉丝"数量,往往忽视了自身的使命担当,一味追求经济利益。为了吸引公众眼球,它们夸大其词,对未经严格核实的信息草率发布,缺乏科学严谨的信息发布机制。这种做法不仅降低了造谣的成本,更助长了造谣者恶意传播网络谣言的嚣张气焰。此外,还有一些媒体在社会安

全突发事件发生时,对遇害者的个人信息进行不当的数据挖掘和人肉搜索。这种不负责任的曝光报道不仅给受害者和关注者带来了深重的情感创伤和心理愤怒,还可能导致这些事件进一步演变成为新的网络谣言。

(三)心理干预缺失,受思维定势影响

良好的社会心态无疑是衡量一个社会文明程度的重要标尺。在当下城市化进程迅猛推进、生活节奏日新月异、竞争日益激烈的背景下,部分人的社会心理出现了差异化现象。然而,我国当前的社会心理干预机制与快速发展的社会现状尚存在诸多不适应性。专业心理服务人员的短缺及社会组织结构的不健全,导致在突发公共事件发生时,那些心理失衡、行为失范的个体未能得到及时有效的心理疏导,进而加剧了网络谣言的传播风险。同时,每当社会安全突发事件爆发,由于缺乏完善的心理疏导机制,部分公众容易陷入恐慌和惧怕的情绪之中。一些涉及社会公共安全的敏感词汇往往会迅速引发公众的广泛关注。尽管媒体会及时发布声明进行澄清,但受先前对社会安全突发事件的固有思维模式影响,仍有大量公众坚持自己的主观判断。

(四)网民素养不足,治理技术滞后

在当前生成式人工智能媒体时代,庞大的网民群体、开放的网络空间及便捷的上网条件,为网民们提供了在网络上发表评论、转发信息的便利。然而,网民群体的媒介素养存在显著的差异,导致他们在面对社会安全突发事件时,往往缺乏足够的信息甄别能力。有时,出于恶搞、好奇或追求新鲜的心理,他们会不经意间转发一些信息,从而无意中为网络谣言的传播提供了可能。与此同时,随着信息技术的飞速发展,微信、抖音等新兴媒体不断涌现,各种媒体平台的多源头发布给网络谣言治理带来了严峻的挑战。尤其是微信、抖音等基于熟人朋友圈的自媒体,因其极强的私密性、隐蔽性和渗透性等特点,进一步加剧了网络谣言治理的难度。

四、网络谣言传播影响的主要防控对策

党的二十大报告中提出:"加强全媒体传播体系建设,塑造主流舆论新格

局。健全网络综合治理体系,推动形成良好网络生态。"为新时代网络空间治理提供了工作遵循和目标指引。网络谣言的传播,作为网络空间内的一大痼疾,无疑给人民的安居乐业、社会的公共秩序及国家的安全稳定带来了一定的影响和冲击。鉴于此,我们必须果断地采取切实有效的措施,以提升网络谣言的治理水平。此举不仅有助于维护网络空间的清朗,更为加强和创新社会治理、推动国家治理体系和治理能力现代化提供了有力的舆论支持。

(一)加强应急防控能力,形成谣言快速处置机制

首先,要消除网络谣言滋生的温床,提升突发事件发生后第一时间内的快速打击处置能力,尽可能地压缩、减少突发事件发生后带来的不良影响,增强社会公众对国家严厉打击极端分子的信心,消除社会安全突发事件发生带来的群体心理恐慌效应;其次,要提升网络谣言传播的处置能力和技术水平,建立健全网络谣言筛选确认制度、评估制度和信息处理后反馈制度,及时发现网络空间中的谣言传播,有效切断谣言扩散的机会;再次,建立畅通网络谣言举报机制,可通过公安系统的"一网两端多平台"设立举报栏目或专线,充分发挥社会公众的协同治理能力,共同应对网络谣言传播;最后,建立健全网络传播风险的日常监测体系,加强对互联网、自媒体平台的资质审核,严格把关,净化网络谣言传播的基础环境,制定相应的平台惩治措施和差异化的监管手段,完善网络空间治理法律法规,努力为网络谣言治理保驾护航。

(二)规范媒体新闻报道,完善社会舆论引导预案

首先,新闻媒体作为党和政府的喉舌,必须坚定不移地高举旗帜,将党性原则与人民性原则相融合,持续提升媒体公信力。确保信息及时公开,提高社会透明度,构建畅通高效的官方信息发布渠道,对于保障公众知情权至关重要。尤其在突发事件发生后,新闻媒体应当迅速作出反应,权威发声,提供最新、准确、统一的新闻信息及报道口径,对事件进行有重点的规范发布,以消除社会公众的疑虑和恐慌。其次,媒体应充分发挥其安抚人心、引导舆论的作用,不遮掩、不隐瞒,确保社会信息的公开透明,从而最大限度地遏制网络谣言的滋生与传播。通过提供真实、全面的信息,媒体有助于稳定社会情绪,引导公众理性看

待突发事件。再次,提升新闻媒体从业人员的媒介素养和职业素养同样关键。应建立健全新闻媒体内部管理制度、内容审核制度、新闻发布制度,对新闻信息的标题、文稿、图片及尺度进行严格把控,避免误读和过度阐释,确保新闻信息的精准传达。最后,加强新闻媒体的舆论引导功能。充分利用媒体融合的平台优势,实现多渠道、多平台发布。建立"意见领袖"制度,积极对网络空间中的噪声进行干预和引导,减少社会公众不必要的心理恐慌,营造积极向上的舆论氛围。

(三)发挥社会组织力量,健全社会心理干预机制

为了有效应对社会安全突发事件,实施科学的社会心理干预至关重要。这样的干预不仅有助于揭示事件真相、平复社会恐慌情绪,还能修复群体心理创伤,并遏制网络谣言的蔓延。首先,我们需要建立一套科学、完善的社会心理干预体系,并加强制度建设,确保干预工作的有序开展和高效执行。这将为干预工作提供坚实的制度保障,确保其能够在关键时刻发挥应有的作用。其次,应充分发挥高等院校和科研院所的专业优势,建立社会心理健康、微信公众号等热线平台,为需要心理咨询服务的人们提供便捷的沟通渠道。这将有助于确保更多人能够获得及时、有效的心理援助。再次,我们应积极调动社会组织的民间力量,包括社会工作协会、心理学会、心理卫生协会和心理咨询师专业委员会等组织。这些组织可以组建社会心理救援志愿团队,在突发事件发生时迅速介入,为公众提供必要的信息沟通和心理疏导服务,从而有效降低政府在应对突发事件时的社会成本。最后,我们还需提升心理咨询专业人员的防范意识和专业素养,使他们能够更好地应对求助者的负面情绪,避免自身受到不良影响,并防止因此产生的"二次伤害"。

(四)加强网民素养教育,提高抵制网络谣言的能力

为了提升网络谣言传播的治理能力,首先,我们需要强化社会公众的理性冷静思考能力和应急安全意识。这包括提高群众自发组织救援的能力,确保在突发事件发生后能够有序撤离事故现场,避免因冲动过激行为而引发的恐慌混乱,进而降低社会危害。其次,通过充分利用"一网两端多平台"等媒体融合平

台,我们应多渠道宣传突发事件的应急安全知识。这样人们就能清楚地知道在突发事件发生时应该采取哪些行动,避免哪些行为,以及如何有效参与社会安全突发事件的处置工作。同时,这也有助于培养社会公众的媒介素养和防谣意识,提升网民的信息甄别能力。最后,建立健全有效的激励制度措施至关重要。我们应完善民间智库,成立专注辟谣的志愿者组织或建立独立的辟谣中介网站,以激发社会公众和社会组织协同参与辟谣的热情。

网络谣言治理不仅是一项系统工程,更是一项需要长期坚持的复杂任务。要实现网络谣言治理工作的实质性进展,必须依赖各治理主体的紧密协作。政府相关部门、新闻媒体、社会公众、通信运营商及信息产业等各主体要素需充分发挥作用,构建联防联控机制,全面强化组织领导、侦查打击、舆论引导、自我防范、行业自律、风险预警及日常监控等各项工作。

第四章 GAI时代网络传播风险防控机制

社会安全突发事件网络传播风险的识别、化解、处治和防控是一个系统的工程，牵涉各相关利益者的方方面面因素。共同构成一个清朗的网络空间环境，需要我们全社会的共同努力和大力支持。在现实生活中，每当社会安全突发事件爆发后，相关部门和社会媒体应该要以最快的时间和速度在第一时间抵达事发现场，尽可能地减少网络谣言的扩散传播，将网络传播风险危机降低到最低程度。诚然，社会安全突发事件网络传播风险预警指标体系的建构，是着眼于当前相关部门在预防处置突发事件发生后的应用性探索，但在事发后的第一时间，如果对各项指标缺乏严谨科学的把握和认知，有可能贻误了突发事件处置的最佳时机。因此，作为突发事件处置应对者，需要在事发后的第一时间，以最快的速度和最果断的手段对突发事件的高风险因素进行科学研判，稳住事件发展趋势，维护国家安全和社会稳定，防止造成社会公众的心理恐慌效应。

第一节 网络传播风险研判方案设计

近年来，全球数据总量以惊人的速度增长，呈现每两年翻一番的态势。据国际数据公司（IDC）预测，到2025年全球数据量将高达175ZB。其中，中国的数据量预计将达48.6ZB，占27.8%。大数据的蓬勃发展不断推动着数据价值效益的提升，在这场如火如荼的数字革命中，数据已成为推动我国数字化进程不可或缺的重要动力。随着互联网技术的不断进步和智能手机的广泛普及，各种数据交换共享共用日益频繁，信息已成为我们生活中的核心资源。网络已深度融入我们的日常生活、学习和工作的方方面面，成为我们不可或缺的一部分。然而，随之而来的网络传播风险和安全问题也日益凸显，直接关乎我们每个人的切身利益。一旦个人信息泄露，不仅会对我们的个人隐私造成侵犯，更可能对我们的生活产生严重影响。❶在信息企业的运营过程中,信息安全扮演着举足轻重的角色,直接影响着企业能否保持正常运转。对于一个国家而言,网络已成为战争向高维空间延伸的新领域,网络安全已经上升为国家安全的重要组成部分。尽管现有的网络传播风险已有相应的制度和技术进行管控,能够在一定程度上解决相关问题,但在当前大数据海量、多样、真实等特性所带来的客观威胁因素推动下,大数据在成为各国竞相争夺的高价值目标的同时,也暴露出越来越多难以预测的未知风险。

在移动互联网迅猛发展的时代背景下,网络传播风险的监测显得尤为重要。特别是随着生成式人工智能技术的飞速发展,网络传播风险日益加剧,这也催生了相关舆情监测系统技术平台的不断升级与发展,极大提升了社会舆情监测管理的便捷性。面对日趋复杂的网络空间环境和海量的信息洪流,网络传播风险监测技术平台的功能需求也愈发严苛。平台不仅要承担起数据收集与实时监测的重任,还需深入进行数据分析,以便精准预判舆情发展趋势,进而制定出科学合理的执行预案。此外,网络传播风险监测系统技术平台具备高度的综合性,融合了管理学、语言学、情报学及计算机科学等多学科的知识。这样的跨学科整合使平台能够更有效地监测和预判网络传播风险,进而实施针对性的干预措施。在平台的建设过程中,还应充分利用定量研判、多重决策等科学方法,并结合人机结合、虚拟现实等先进技术,科学有效地模拟警源、警兆、警情等,以实现精准预测的目标。❷在高度信息化的现代社会中,网络传播风险动态监测的加强显得尤为必要。只有深入了解和掌握网络传播风险的整体态势,我们才能准确把握网民的思想动态,从而更有效地维护社会的安全稳定。通过及时监测和分析网络传播风险,我们可以将负面事件的消极影响降至最低,消除对社会稳定造成不利影响的潜在因素。同时,这也将提升我们对网络传播风险的应对和处理能力,进一步构建一个清新、健康、安全的网络空间生态环境。

一、网络传播风险的驱动因素

随着信息化步入第三阶段,万物互联的浪潮正席卷而来。生成式人工智

---

❶ 陈薇伶,黄敏.大数据时代我国网络信息安全控制体系构建[J].重庆社会科学,2018(7):95-101.
❷ 李希光.大数据时代的舆情研判和舆论引导[J].思想政治工作研究,2014(1):10-16.

能技术凭借其基于海量数据的深度学习和数据挖掘所展现出的智能化特征，正日益受到瞩目。与此同时，数据安全也在时代的聚光灯下显得尤为突出。随着信息化的不断深入发展，信息安全已不再仅局限于技术层面的安全，而是逐渐渗透到公众个体、社会公共领域及网络空间等多个层面。如今，信息安全已经上升为国家各领域的战略性安全问题，其重要性不言而喻。然而，由于国外多方势力的不断渗透，许多不法分子将机密信息泄露至国外，给国家安全带来了巨大的危害。这些威胁大多源于技术、商业利益及国家间竞争的驱动。

（一）经济性质的目标驱动

随着大数据产业的迅猛发展及大数据产业对信息需求的急剧增长，以经济利益为驱动的信息安全事件时有发生。当前，数据缺口的持续扩大促使数据黑市规模进一步膨胀，其主要活动聚焦于有价值信息的采集、盗取、贩卖与利用，已形成一套相对完备的产业链条。根据苹果公司2023年12月发布的数据泄露报告，2021和2022年，全球共泄露了惊人的26亿条个人记录，仅2022年一年就泄露了约15亿条个人记录。2023年，全球数据泄露规模将创下历史新高，前9个月有3.6亿人的敏感数据遭泄露，比2022年全年高20%。中国互联网协会发布的《中国网民权益保护调查报告2023》中显示，近一年我国网民因为个人信息泄露、垃圾信息、诈骗信息等遭受的经济损失达805亿元人民币。电话广告和垃圾短信无孔不入，相较于垃圾广告，危害最严重的则是诈骗电话。这些犯罪分子对个人信息的肆意泄露尚且如此，涉及行业和国家，这种网络传播绝对是非常危险的。面对当前的数据交易乱象，急需国家出台相关法律制度予以严格规范，同时要以技术手段加以治理。

这些犯罪分子对个人信息的肆意泄露已经令人震惊，若此事涉及行业和国家层面，那无疑将是极为危险的。然而，当前主要的防治手段往往侧重对犯罪发生后的打击，效果显然不尽如人意。这些自私的个体，以追求一己私利为目的，通过庞大的数据资源仅获取微不足道的利益，虽然暂时充实了自己的腰包，却严重损害了国家的信息安全，而这样的损害是无法用金钱来衡量的。因此，面对当前地下数据交易的混乱局面，我们迫切需要国家尽快出台相关的法律制度进行严格规范,并借助技术手段对地下市场进行彻底铲除,以维护国家的信息安全和社会稳定。

(二)商业竞争的驱动

大数据生态的发展,实质上是互联网公司主导的竞争态势的演进。在这一背景下,企业间的竞争变得愈发激烈,不可避免。这种竞争态势不仅促进了大数据技术的广泛应用和企业的快速扩张,同时也加剧了信息安全威胁的上升。企业为了保障其核心竞争力,纷纷依托大数据为企业赋能的商业智能(BI)技术,以获取更多有价值的数据资源和技术优势。在这场竞争中,企业们竞相争夺数据资源和技术,这也在一定程度上反映了其管理体制的竞争水平。然而,企业的首要目标始终是盈利,因此在激烈的市场竞争中,为了生存和发展,企业会不惜一切代价抢占更多的资源。这包括收集用户的隐私数据、各种设备的运行数据等敏感信息。通过运用多种技术手段,企业们能够获取更广泛、更深入的数据资料,如现在的App经常会收集用户的移动设备位置、通话记录、账户密码、短信等敏感信息。这些数据在收集、传送、存储和管理的过程中,每一个环节都存在着被第三方拦截和获取的风险。即使数据能够安全地到达数据库,如果因为管理和技术上的疏忽而导致数据泄露和丢失,后果将不堪设想。尤其是当泄露和丢失的数据量巨大且涉及用户隐私时,其危害更是难以估量。

(三)国家间的竞争驱动

当前,整个国际网络安全形势不容乐观,许多国家都在持续增大对网络空间和网络基础设施的资金投入。全球绝大多数网络攻击来自欧美等发达国家。当前攻击的方式也是非常多样,主要恶意软件是加密货币挖矿软件,木马网络正在疯长,勒索病毒依然大肆猖獗,移动应用攻击持续暴增,Magecart对电商和金融业的攻击有增无减,云攻击数量快速上升,严重影响国家的网络空间安全。在大数据时代,数据的安全已是网络安全的核心内容。因此,各国开始建立基于本国发展要求的网络空间安全战略,而国家的网络安全又是这一切安全的基础保障。国际网络空间的竞争与博弈,既是技术的竞争,又是国家制度政策的竞争。

(四)技术性的驱动

现有的技术平台不能完全保证数据的安全,各类操作平台并不稳固,如 Windows、Linux、Unix 等常规服务器平台,各自都有不同的漏洞。再加上编程人员和架构工程师由于技术和经验的积累各不相同,这些因素的综合都会使大数据应用变得极不安全,数据安全问题随时都有可能发生。而且,随着技术的进步发展,一旦黑客掌握相对优势的攻击技术,再加以对漏洞的利用,网络安全将瞬间瓦解。伴随着数据量的猛增,数据库呈指数增长,数据库的增多致使暴露的漏洞也随之扩大,可攻击目标也跟着递增并且更加明显。数据安全一直被视为最重要的基础保障,如果无法对核心数据进行有效防护,将会对整个国家安全造成严重损害。因此,必须提升对数据安全在技术上的投入,加强对新技术的应用,以技术优势确保数据安全,同时建立健全现有防护体系。

二、网络传播风险研判原理

随着生成式人工智能技术应用领域的不断扩展,对于网络传播风险的监测也具有积极作用,但是数据的挖掘和利用在现阶段依然存在较高难度,技术标准相对较高。在理论层面上,只有更加精准地研判网络传播风险信息,掌握必要数据,才能有效应对网络传播风险,提升对相关事件的处理能力。从一定意义上而言,只有充分利用大数据技术,对网络传播风险影响因素进行综合分析,才能制定更加有效的应对方案,提升对网络传播风险的防控能力。

(一)网络传播风险传播的主体——网民

在社会事件逐步演变为社会热点的过程中,其信息传播的复杂程度较高,具备极强的即时性。要想全面而深入地掌握舆情参与主体的行为特征及其活动规律,并精准地识别出舆情焦点及信息流的主要趋势,我们必须充分利用关联数据与技术手段。鉴于网民在舆情传播中扮演了核心角色,其认知、态度及行为对舆情传播和演变的特征具有决定性影响。因此,在舆情分析工作中,我们应以网民作为切入点,深入剖析舆情发酵与扩散的整个过程,并着重分析共鸣、互动、共振等网络信息传播中常见的典型现象,以揭示舆情演变的内在逻辑与规律。

(二)网络传播风险传播的客体——问题

社会热点事件是网络传播风险产生的前提条件,而热点事件往往可以引发社会普遍关注,或者和社会公众利益息息相关,从而引起网友的搜索行为。目前,教育、医疗、物价和住房等社会大众普遍关注的问题往往是我国舆情热点集中的领域,而上述领域的事件成为热点事件的可能性更高。就目前而言,我国实时监测网络传播风险在技术层面尚不存在较大障碍,核心问题在于整理相关数据,以便进行舆情分析,并完成舆情研究报告等。与此同时,还可以利用点击量、阅读量等数据了解网民关注的变化趋势,为科学应对提供必要依据。

(三)网络传播风险传播的平台——媒体

随着我国智能手机持有量的不断增加,社交媒体也成为信息共享平台,个体在网络传播风险中的地位进一步提升,如微博、微信等平台对于网络传播风险的产生至关重要。和传统媒体相比,上述社交软件和媒体为网民提供了直接参与渠道,在信息传播方面具有群发性、多元性,在互动过程中实现信息的网状传播,为社会热点事件主流意见的形成创造了良好条件。所以,在分析和预判网络传播风险过程中,加强社交媒体的舆情监测尤为重要。

三、网络传播风险研判方法

分析和预判网络传播风险具有高度的复杂性,其具体流程如下:范围设定、媒体资讯、机器抓取、关键词过滤、人工判断、判断有效性、偏好判断、确认字段、资讯分类、资讯评分、定制摘要、摘要翻译、质量检测及编制日报等。

特别是在移动互联时代的蓬勃发展中,新媒体信息极大加剧了网络舆情的复杂性。众多信息热点经过网络媒体的广泛传播,展现出鲜明的即时性和网状性特征。这种传播方式不仅实现了由单点传播向多点传播的转变,同时也对舆情监测人员和机构提出了更为严苛的要求。对于网络传播风险危机的识别和应对方案的制定,显得尤为关键和重要。通常情况下,具体的操作方法如下。

(一)人海浏览法

人海浏览法是指利用人工方式,通过广泛的社会调研和媒体信息收集来分析舆情变化趋势,进而得出舆情研判结论的方法。在诸多方法中,人海浏览法是最为基本的方法,是早期被广泛应用的方法。当前,网络媒体技术的发展水平不断提升,人海浏览法的局限性和滞后性日益突出,数据重复、数据遗漏等问题不断增加,操作方式机械化导致数据研判的准确度下降,难以实现舆情研判的预期目标。但是,鉴于这一方法的操作难度低,便捷程度高,目前依然具有一定的应用空间。

(二)关键词搜索法

关键词搜索法是指利用网络搜索器等工具,以海量搜索的方式来获取舆情相关信息和数据,并基于此来分析和研判舆情热点。相较于其他方法,关键词搜索法具有实用、精准及高效等优势。鉴于这一方法对网络搜索工具的依赖性较高,是否可以实现研判目标在很大程度上取决于信息库和数据库的质量。随着信息量的不断增加,部分商业网络在确定是否被搜索方面会考虑利益因素,会对这一方法的有效性造成影响。

(三)多文档精选法

多文档精选法具体是指通过分析与舆情目标相关的网页文档,进而研判网络传播风险结果的研判方法。该方法往往只能以人工的方式来实现,是网络传播风险研判方法体系的重要组成部分,对于分析舆情产生过程具有重要作用,有利于提升舆情监测者的研判能力。在通常情况下,目标文档在网络热点、信息扩散等方面的数量相对较少,在舆情趋势研究方面具有较大的应用空间。

(四)因子分析法

因子分析法通过梳理网络传播风险事件的发展进程,结合其发生规律,通过范式建模实现对网络传播风险事件的智能分析。该方法的应用过程涉及舆情模板,同时需要对比分析舆情因子,凸显出社会大众对网络传播风险的科学认知,更偏向理论分析。考虑到舆情事件的多样性、复杂性及独特性,这一方法的应用质量难以保障,需要进行持续的修复和完善。

(五)网络实验法

网络实验法在现实舆情研判方面也具有广泛的应用,通过对网络环境进行模拟,科学分析网络传播风险事件,进而合理研判事件发展趋势。通常情况下,该方法适用于敏感性强、复杂程度高的网络传播风险事件,对于某一舆情事件发展趋势的研判具有较高的精准性和有效性,对于网络传播风险发展规律的深化研究具有重要意义,有利于提高网络传播风险监测者的研判质量,因此该方法具有较高的研究价值。

显而易见,网络传播风险监测系统技术平台是网络传播风险研判的关键所在,衍生出丰富的网络传播风险研判方法。在网络传播风险研判操作过程中,可以根据网络传播风险研判的具体要求,对各种方法进行综合使用,从而互相辅助,取得更好的研判效果。但是无论采用哪一种方法,人工分析都必不可少。只有在确定分析对象的前提下,才能更具针对性地整理基础信息和数据,研究文本资料,发挥网络传播风险监测系统技术平台优势,对网络传播风险事件发展过程进行全方位把握,从而科学、有效、合理地对网络传播风险程度进行预估,分析网络传播风险发展的基本趋势,为政府决策提供必要的理论依据,合理控制舆情信息的影响范围和程度,实现舆情监测的预期目标。

四、中外网络传播风险发展趋势

自从互联网诞生以来,世界各国纷纷致力于构建各自的网络体系。在网络安全治理领域,西方发达国家正依托其强大优势,持续完善本国的网络治理体系,该体系涵盖了网络安全相关的制度、政策和手段等诸多方面。目前,随着社会进步和技术的日新月异,世界网络安全在制度、技术等多个层面展现出了崭新的发展态势。

(一)技术分析

随着技术研究的深入和应用的广泛拓展,信息安全的研究领域正在不断扩大其边界。目前,世界各国的研究重点聚焦于密码、协议、体系结构、对抗技术和安全技术这五大关键领域。其中,密码技术作为整个安全体系的核心基石,自然成为技术研究的重中之重。密码技术的主要组成部分包括分析与编码两大环节,而加密技术则是其中的核心要点。自1976年起,现代密码学开始崭露头角,这一时期以美国所创立的公钥密码学和数据加密标准(Data Encryption Standard,DES)算法为代表,标志着现代密码学的正式确立。DES算法具有高度的安全性和可靠性,被广泛应用于金融、军事、政府等敏感领域的数据保护中。DES算法可以确保信息的机密性和完整性,有效防止未经授权的数据访问和数据泄露。1997年,美国又积极推动高级加密标准(Advanced Encryption Standard,AES)的建立,此举不仅彰显了美国在密码学领域的领先地位,更激发了全球各国对分组密码研究的热情与投入。在美国AES之后,其他国家也纷纷开始着手制定与密码相关的标准,并积极开展标准征集与制定工作。随着密码技术在各个领域的广泛应用,密码的标准化和实际转化进程始终备受各方关注。这不仅是信息安全领域的重要议题,也是推动整个技术生态系统健康、有序发展的关键一环。

当前,公钥基础设施(Public Key Infrastructure,PKI)已成为众多网络服务广泛采用的基础技术,其核心优势在于能够为网络提供全方位的加解密、认证及密钥管理等安全保障。此外,国际社会对量子密码、基因密码等前沿加密技术也表现出浓厚的兴趣。我国在密码技术研究领域取得了丰硕的成果。例如,我国团队成功发射了全球首颗量子人造卫星"墨子号",并实现了超7000千米的量子加密传输,这一创举向全世界展示了中国在量子通信领域的强大实力,也标志着我国已经具备实现地面与卫星连接的量子通信能力。这些成就不仅彰显了我国在密码技术领域的领先地位,也为全球密码学的发展注入了新的活力。

(二)管理分析

生成式人工智能在给人类带来便利的同时,也在不断催生新的信息安全风险,世界各国针对信息安全问题形成各自独特的管理模式。例如,美国为应对信息安全风险挑战,不断加快立法进程,强化网络管控能力,并持续优化管理制度,逐步构建起一套符合自身利益的网络治理体系,其得以建立的基础在于"三驾马车",即国防部、国家安全局(NASA)及联邦调查局(FBI)。这三个部门立足本国实际情况,充分发挥各自职责,通过制定政策、设立专门机构等多种形式,在美国网络治理体系中发挥着举足轻重的作用。

我国的网络管理主要由政府部门主导,通过颁布一系列法律、法规,并运用行政、法律和技术手段等多种方式实施综合管理,同时鼓励社会各方面相互监督。在管理机构方面,国家网信办、中华人民共和国工业和信息化部(简称工业和信息化部)、公安部等部门发挥着关键作用。具体而言,国家网信办主要负责统筹协调网络安全相关工作,确保各项措施得到有效执行。工信部则承担着互联网行业及企业日常监管的职责,保障网络空间的健康有序发展,而公安部则负责具体打击网络安全的违法犯罪行为,以维护网络空间的安全稳定。此外,2016年,国家网信办发布的《国家网络空间安全战略》也明确指出了国家网络空间安全工作的重要性和紧迫性,为加强网络管理提供了有力的政策支持和指导。❶目前,针对我国所面临的诸多网络安全问题,管理层面主要采取了防御、封锁、遏制等措施。这些做法在一定程度上反映我国现行的网络安全管理制度和手段尚存不足,仍需不断加以完善和提升。

(三)法律分析

随着互联网技术的迅速崛起,这也引发一些人利用新兴互联网技术从事违法犯罪活动,世界各国也在不断建立健全法律体系建设加强网络安全治理。在这方面,美国在网络安全法律体系的建设上堪称先驱,且其体系相对完善,为国家的网络安全提供了有力的法律支撑。美国的网络安全法律体系架构清晰,主要分为两个层次。第一层是法律层面,早在1966年,美国就颁布了《信息自由法》,这不仅是其首部针对网络安全的法律,更是美国信息安全立法的起点和重要里程碑。此后,围绕这部法律,美国又相继制定了多达21部相关法律,形成了较为完善的法律框架。第二层则是法规层面,这主要体现在总统令和战略报告上。总统令通常被视为美国的政策指令,而战略报告则为政府的网络安全管理提供了指导思想和方向。二十世纪六七十年代,阿帕网的兴起带来了一系列新的挑战。针对这些问题,卡特政府发布了12065号总统令,这是首个专门针

---

❶ 王军.《国家网络空间安全战略》的中国特色[J].中国信息安全,2017(1):36-37.

对国家安全问题制定的政策文件。自此之后,历届美国政府都会根据时代的发展和网络安全形势的变化,发布相应的网络安全战略和总统令,以确保国家网络安全得到持续有效的保障。

我国的网络安全立法历史虽然不长,至今仅有30余年,但在这短暂的时间里,我们已成功构建了一个与国情紧密契合的网络安全法律体系。从整体上看,我国的网络安全法律体系大致可划分为国家立法层面,以及新制定或新修订的其他部门法范畴。我国网络安全立法的建设历程,按照时间脉络,可划分为四个主要阶段:首先,是2000年之前的计算机安全立法萌芽期,其中1991年,劳动部颁布的《全国劳动管理信息计算机系统病毒防治规定》堪称国内信息安全领域的先驱法规,而1994年,国务院发布《中华人民共和国计算机信息系统安全保护条例》则标志着我国信息安全立法新时代的到来;其次,2000—2004年,随着互联网的蓬勃发展,我国进入了互联网和信息安全立法阶段,其间出台了一系列立法性文件,如《互联网信息服务管理办法》等;再次,2005—2012年,信息安全保障立法成为重点,先后颁布了《中华人民共和国电子签名法》等法律文件,并将信息安全相关内容融入《中华人民共和国刑法》《中华人民共和国治安管理处罚法》等法律中;最后,自2013年至今,我们迎来了网络安全立法的新阶段,以《中华人民共和国国家安全法》等基本法律为基石,增加了大量关于网络安全的规定,特别是2016年出台的《中华人民共和国网络安全法》,对我国网络安全法律体系的构建具有里程碑式的意义。尽管我国在网络安全立法方面已取得了显著成效,但面对信息技术的迅猛发展,现有法律在保障网络安全方面仍显不足。因此,我们仍需继续加强网络安全立法工作,以更好地适应和保障我国网络安全的现实需求。

综上所述,通过深入研究可以清晰地认识到,在当下这个既充满威胁又蕴含无限机遇的生成式人工智能媒体时代,数据已经上升为国家发展的核心战略资源。2016年,我国发布的《国家网络安全战略规划》为网络安全的发展提供了政策层面和法律层面的双重保障。

第二节 网络传播风险预警处置机制

在前面深入剖析社会安全突发事件网络传播风险生成动因及演变规律的基础上,预警与处置措施显得尤为重要。具体而言,可以从事件属性、信息特征、网络媒体及社会公众这四个维度出发,构建一套科学完善的网络传播风险预警指标体系,进而识别出在处置网络传播风险危机过程中需要特别关注的潜在风险因素。只有在明确这些风险因素的基础上,我们才能有针对性地提出精准的处置策略。这些策略不仅能为相关部门在预防和处置此类事件时提供科学、有效的决策依据,还能提升整个社会的安全稳定水平,为构建和谐社会提供有力保障。

一、网络传播风险治理的必要性和紧迫性

随着社交网络媒体的迅猛崛起,当前的网络空间治理面临着前所未有的挑战。特别是像微信、QQ等社交媒体,其高度的私密性和强大的传播力,使网络传播风险治理的难度显著增加。在媒体融合的时代背景下,一些不法分子利用这些社交平台的特性,肆无忌惮地传播不良信息,甚至能够迅速组织、策划、发动社会力量参与破坏社会安全和国家稳定的行动。这导致网络舆情发酵的风险急剧上升,给社会带来更为深远的负面影响。同时,一些别有用心之人借助社交网络媒体策划的群体性活动,具有更强的隐蔽性、低成本性、传播面广及参与人数众多等特点,这无疑给当前的舆论引导工作增添了极大的风险和挑战。这些活动不仅难以被及时发现和监管,而且一旦失控,极有可能引发严重的社会动荡。面对如此复杂的网络空间治理环境,我们必须充分利用大数据、云计算和人工智能等先进技术手段,不断提升治理能力和水平。这些技术的应用将有助于我们更加精准地识别和监控网络空间中的违法犯罪活动,及时阻断不良信息的传播渠道,有效维护社会安全和稳定。在全媒体时代,信息技术的迅猛发展为不法分子或别有用心者提供了诸多便利条件,他们的作案手段不断更新、对抗性增强、形式更加多样化,这无疑增加了我们当前社会安全维稳工作的难度。因此,如何有效预防不法分子或别有

用心者利用现代媒体技术,实施线上线下同步进行的社会舆情治理活动,已经成为一项紧迫而重要的任务。

二、网络传播风险要素分析

从某种程度上讲,社会安全突发事件的网络传播风险实际上是内外因素共同作用的产物。站在信息生态的视角上审视,整个网络传播风险系统由信息生产者、传播载体及消费者等核心要素共同构建。若要更细致地分析,我们可以从事件属性、信息特征、网络媒体及社会公众这四个维度,深入剖析社会安全突发事件网络传播风险的发生与演变的关键要素。就社会安全突发事件的本质属性而言,其破坏性、突发性等特点使得这类事件相较于其他突发事件,具有更为显著的社会影响,并更容易引起公众的广泛关注和心理恐慌。与此同时,在当前的社交网络媒体环境下,媒体对事件信息的报道与传播方式,对于帮助信息消费者准确理解事件原貌具有至关重要的意义。具体来说,这些因素的显著影响表现在:信息生产者如何把握事件的本质特征,传播载体如何高效且准确地传递信息,以及信息消费者如何理性接收并解读这些信息,都是影响网络传播风险的关键因素,而社交媒体在其中的角色,更是起到了推波助澜的作用。其报道的真实性及报道方式,直接关系到公众对事件的认知与态度。具体而言,这几个因素的突出表现如下。

(1)事件本身的风险要素。事件本身的独特属性作为信息传播的起点,其影响力的大小对于后续信息传播的动力具有举足轻重的地位。特别是社会安全突发事件,其发生的时间、地点、经过及后果等信息往往带有强烈的不确定性和高度的敏感性,这些因素在很大程度上影响着社会公众对事件的认知层次和广度。在强烈的求知欲和求新欲的推动下,一旦事件爆发,人们往往更迫切地想要了解事件的真相,这也更容易引发社会公众的集中关注和互联网上的广泛传播与讨论。

(2)信息特征和风险要素。信息特征主要涵盖在社会安全突发事件发生后,通过媒体平台广泛传播的图片、文字描述及视频资料等相关内容。这些信息内容不仅是社会公众了解事件概况的主要途径,其传递的信息与事件真实情况的吻合程度,更在很大程度上影响着公众对事件真相的认知。在当下全媒体盛行的社会背景下,信息传播渠道的日益多元化使得虚假信息和碎片化信息层出不穷,这无疑增加了社会公众对事件认识的模糊性,而"以讹传讹"等现象的产生,更是进一步加剧了网络传播中的风险危机,使公众在获取信息时更加需要审慎辨别,以免受到误导。

(3)媒体报道风险要素。媒体作为连接社会公众与事件真相的关键纽带,在媒体技术日新月异的时代背景下,其报道方式、重点及频率均对社会公众的认知水平产生深远影响,甚至能够左右社会公众的心理情绪和观念。然而,有些媒体在报道时未能严格把关,过分追求血腥画面和离奇标题以吸引公众眼球,这种不负责任的行为极易引发社会公众的心理恐慌和强烈反感,加剧事件信息的负面影响,导致舆情迅速扩散和蔓延。

(4)网民反映的风险要素。社会公众作为网络传播风险中的核心主体角色,他们对于事件的认知深度和情绪反应,均对网络传播风险的发展态势与传播方向产生着显著影响。每当社会安全突发事件发生,网络媒体的迅速报道和传播会引导社会公众对事件真相的认知,由于事件本身往往具有特殊性,容易催生网络集体情绪的非理性化倾向。尤其是在一些别有用心的个人或团体恶意煽动下,他们极力发布或转发与事件真实情况不符的图片、文字等虚假内容信息,这无疑加剧了网络传播风险中负面影响的扩散。

三、网络传播风险预警指标分析

基于当前纷繁复杂的社会安全突发事件信息,如何构建具有科学性、操作性的社会安全突发事件网络传播风险预警指标体系,成为当前重要内容。因此,需要结合预警预控的功能作用,在前面分析的网络传播风险要素基础上,围绕定量分析和定性分析,充分反映防御性预警的特点,构建既相对独立又具有相互作用的指标体系(表4-1)。

表4-1 社会安全突发事件网络传播风险预警指标体系

目标层	一级指标	二级指标	三级指标	测量方法	调查对象
社会安全突发事件网络传播风险预警指标体系	事件属性（F1）	影响程度（F11）	伤者人数（F111）	具体数据	
			社会影响（F112）	问卷调查	专业人员
			经济影响（F113）	具体数据	
		事件信息（F12）	作案目标（F121）	具体数据	
			作案手段（F122）	具体数据	
			时间跨度（F123）	具体数据	
		应急反应（F13）	是否及时（F131）	具体数据	
			心理疏导（F132）	问卷调查	专业人员
			进展情况（F133）	具体数据	
		连锁反应（F14）	次生事件（F141）	问卷调查	专业人员
			关联事件（F142）	问卷调查	专业人员
	事件信息/信息特征（F2）	信息变异（F21）	网络谣言（F211）	具体数据	
			煽动情况（F212）	问卷调查	专业人员
			异化情况（F213）	问卷调查	专业人员
		信息数量（F22）	转发数量（F221）	具体数据	
			评论数量（F222）	具体数据	
			原创数量（F223）	具体数据	
		信息特质（F23）	契合程度（F231）	问卷调查	专业人员
			信息格式（F232）	具体数据	
			发布时效（F233）	具体数据	
社会安全突发事件网络传播风险预警指标体系	网络媒体（F3）	传播内容（F31）	真实情况（F311）	问卷调查	专业人员
			全面情况（F312）	问卷调查	专业人员
			权威情况（F313）	问卷调查	专业人员
		传播范围（F32）	自媒体数量（F321）	具体数据	
			网站数量（F322）	具体数据	
			论坛数量（F323）	具体数据	

续表

目标层	一级指标	二级指标	三级指标	测量方法	调查对象
社会安全突发事件网络传播风险预警指标体系	网络媒体（F3）	传播效果（F33）	及时情况（F331）	具体数据	
			引导情况（F332）	问卷调查	专业人员
	社会公众（F4）	公众情绪（F41）	持续情况（F411）	具体数据	
			情绪分布（F412）	问卷调查	专业人员
			转移情况（F413）	问卷调查	专业人员
		网民参与（F42）	网民数量（F421）	具体数据	
			互动情况（F422）	问卷调查	专业人员
			职业分布（F423）	具体数据	
			年龄阶段（F424）	具体数据	
		风险网民（F43）	网络水军（F431）	问卷调查	专业人员
			网络推手（F432）	问卷调查	专业人员
			"意见领袖"（F433）	问卷调查	专业人员

根据前面对社会安全突发事件和网络传播风险影响因素的特点分析，构建了事件属性、事件信息/信息特征、网络媒体、社会公众4个一级指标，影响程度、事件信息、应急反应、连锁反应、信息变异、信息数量、信息特质、报道内容、报道范围、报道效果、公众情绪、网民参与、风险网民13个二级指标，伤者人数、

社会影响、经济影响、作案目标、作案手段、时间跨度、是否及时、心理疏导、进展情况、次生事件、关联事件等38个三级指标。

（一）事件属性

社会安全突发事件的基本属性对于社会公众认知和情感传播具有重要的关键作用，也是网络传播风险的第一道信息来源。因此，社会安全突发事件的基本属性成为网络传播风险预警体系的重要指标之一。一级指标事件属性包括影响程度、事件信息、应急反应和连锁反应4个二级指标。

（1）影响程度描述社会安全突发事件发生后对社会、经济、政治的干扰程度。不言而喻，影响力越大的社会安全突发事件发生后，不管是给社会稳定还是国家安全，都会带来更强烈的负面效应，从而给社会公众带来的心理恐慌和风险传播性也更强。影响程度包括伤者人数、社会影响和经济影响3个三级指标。

（2）事件信息是指用来揭示社会安全突发事件发生过程的核心构成部分，是反映和呈现事件本来面目的重要载体形式，也是阐释事件内部各要素之间的关键信息。一般言之，事件信息是社会公众最关心和最希望能在第一时间了解事件真相的重要内容。因此，信息变异、信息数量和信息特质3个二级指标共同构成了社会安全突发事件网络传播风险一级指标事件信息的具体要素。

（3）应急反应是在社会安全突发事件发生后的第一时间内对事件的处置应对情况。能否公开、及时、披露事件发生的具体过程、具体原因和相关信息，成为能否有效消除社会公众恐慌心理的关键环节。是否及时、心理疏导和进展情况3个三级指标共同构成了社会安全突发事件网络传播风险二级指标应急反应的具体要素。

（4）连锁反应是用来描述社会安全突发事件发生后所带来的一系列外部风险因素，次生事件和关联事件2个三级指标共同构成了社会安全突发事件网络传播风险二级指标连锁反应的具体要素。

（二）事件信息/信息特征

信息特征是社会公众对社会安全突发事件进行整体认知的感官材料，其信息的真伪、量的多寡及传播过程中是否存在变异等情况,都会影响网络传播的风险发展变化。尤其是在当前的社交网络媒体时代,信息发布门槛低、传播渠道多等因素加剧了网络空间中众多、海量信息的难以辨析,经过网民不假思考地进行转发、评论,进而产生一定的网络传播风险。社会安全突发事件网络传播风险一级指标事件信息包括信息变异、信息数量和信息特质3个二级指标。

(1)信息变异是用来描述社会安全突发事件信息在经由社交网络媒体传播过程中,在内外因素的共同作用下所发生的嬗变现象。在社会安全突发事件发生后的第一时间里,由于主流媒体和相关部门尚未介入,一些别有用心之人便通过一些技术手段恶意拼接、刻意夸大、有意作假等方式传播不良信息内容,对社会公众心理恐慌和社会安全稳定产生不良影响。网络谣言情况、煽动情况、异化情况3个三级指标,共同构成了社会安全突发事件网络传播风险二级指标信息变异。

(2)信息数量是用来描述社会安全突发事件发生后,经由媒体进行传播的信息规模。在当前全媒体、智能媒体不断迭出的时代背景下,从众心理、求新求异心理促进人们面对社会安全突发事件发生后,进行疯狂的转发、评论,从而使社会公众的注意力发生明显的位移现象。当这些信息达到一定程度的累加时,会影响事件的发展进程,引发网络传播风险危机。转发数量、评论数量和原创数量3个三级指标,共同构成了社会安全突发事件网络传播风险二级指标信息数量。

(3)信息特质是用来描述社会安全突发事件发生后各信息内部之间关系的传播风险程度。经由社交网络媒体传播的各种信息和音视频数据,由于在信息生产者的不同知识背景、价值观念、兴趣爱好等方面存在差异,其所发布的信息往往会影响着社会公众的认知视野。如果事件信息与真实情况的吻合程度较低,则更易于引发网络传播风险危机。契合程度、信息格式和发布时效3个三级指标,共同构成了社会安全突发事件网络传播风险二级指标信息特征。

(三)网络媒体

网络媒体是用来体现社会安全突发事件发生的信息传播渠道,是舆情扩散传播的风险要素。在当前全媒体时代,媒体渠道的多元化不仅可以为社会公众获取事件信息提供更为及时的便利性，同时，也增加了信息的难辨性、模糊性，这种宣传报道特点直接或间接地影响着网络传播风险的发展走向。社会安全突发事件网络传播风险一级指标网络媒体包括传播内容、传播范围和传播效果3个二级指标。

（1）传播内容旨在体现网络媒体对社会安全突发事件发生原貌的具体属性，是否真实、是否全面、是否权威对于社会公众的影响是不同的。在社交媒体的大潮中，坚守社会责任与担当无疑应当成为媒体的神圣使命和不可或缺的核心价值。然而，在这样一个多元化的时代背景下，一些自媒体却盲目地追求经济利益，将社会利益置于次要地位，从而破坏了原有的媒体生态。这些自媒体为了吸引公众的眼球，往往采用"假、大、空、腥、性"等字眼作为手段，以期在短时间内获取更多的关注和点击量，进而实现眼球经济的利益最大化。然而，这种以牺牲社会责任为代价的短视行为，使报道内容成为传播风险的重要源头之一，给社会的和谐稳定带来了潜在的威胁。真实情况、全面情况和权威情况3个三级指标，共同构成了社会安全突发事件网络传播风险二级指标传播内容。

（2）传播范围是指社会安全突发事件通过网络媒体的覆盖率，即覆盖范围。在当今全媒体时代，信息已无处不在、无时不有，传统的信息传播方式已经被解构，人人都可以进行网络信息消费。数据显示，截至2024年6月，我国网民规模近11亿人（10.9967亿人），庞大的网民群体可以进行网上评论、网上转发等，加剧了网络传播风险。传播范围越广，越容易引起社会公众的关注。自媒体数量、网站数量、论坛数量3个三级指标，共同构成了社会安全突发事件网络传播风险二级指标的传播范围。

（3）传播效果是指社会安全突发事件经由网络媒体传播报道后的实际影响效果。一般而言，社会安全突发事件发生后，网络媒体对该事件的报道时长、报道频率、报道重点、报道手段等，都会影响该事件的传播效果，从而对社会公众的内心和心理产生不同程度的影响。高频率、集中式、狂轰式的报道往往会加剧事件网络传播风险，长时间对血腥场面的报道也会加剧社会公众的心理恐慌。网络媒体的传播报道及时情况和引导情况2个三级指标共同构成了社会安全突发事件网络传播风险二级指标传播效果。

(四)社会公众

社会公众作为网络传播风险生态系统中的重要利益主体,其媒介素养、社会认知、知识结构和兴趣爱好等,都会影响和左右着网络传播风险的发展走向。社会公众具有双重的身份存在,尤其是在虚拟的网络空间中,社会公众可以借助网络空间的虚拟性参与网络传播风险建设。因此,社会安全突发事件网络传播风险一级指标社会公众包括公众情绪、网民参与和风险网民3个二级指标。

(1)公众情绪主要用来描述社会公众对于社会安全突发事件发生的情感特征。从一定意义上而言,不同的情绪很可能催生不同的行为。社会安全突发事件作为一种非常规突发事件,具有强烈的恐怖性、残忍性和破坏性等多种特征,每当社会安全突发事件的突然爆发,都会在社会公众的心目中产生强烈的恐慌、惧怕等心理阴影,而正是这些心理特征最容易成为引发网络传播风险危机的关键因素。因此,社会公众的情绪状态和持续情况、情绪分布和转移情况3个三级指标,共同构成了社会安全突发事件网络传播风险二级指标公众情绪。

(2)网民参与度是用来描述社会公众在社会安全突发事件发生过程中的活跃程度。如果社会安全突发事件发生后在媒体的推波助澜下,引发大量的网民进行围观,则更容易引发网络传播风险危机。尤其是网民在参与事件讨论的过程中,不同的网民参与情况对网络传播风险的生成、扩散具有重要的关键影响。不同职业的网民、各个年龄层次的群体,因各自独特的价值观和期待值,将会催生出多种多样的舆情关注热点。因此,网民数量、互动情况、职业分布和年龄阶段4个三级指标,共同构成了社会安全突发事件网络传播风险二级指标网民参与度。

(3)风险网民是用来描述在社会安全突发事件发生过程中的一些特殊网民,与一般网民不同的是,这些网民具有强大的组织力和号召力,对于网络传播风险的影响具有重要的风向标作用。如果在社会安全突发事件发生后,在这些特殊网民的广泛参与下,网民之间的互动更加频繁,会进一步加剧网络传播风险的事态升级,会形成更大的舆论效果,并有可能引发次生群体性事件,严重影响国家安全和社会稳定。网络水军、网络推手和"意见领袖"3个三级指标,共同构成了社会安全突发事件网络传播风险二级指标风险网民参与。

四、网络传播风险识别和处置策略

(一)网络传播风险识别指标

根据上述对社会安全突发事件网络传播风险的风险要素的分析结果,需要对4个一级指标、13个二级指标和38个三级指标进行权重比较,得出高风险指标要素,以提高相关部门面对社会安全突发事件发生的网络传播风险危机处置能力。在此,可以结合定性与定量相结合的分析方法,利用德尔菲法构建各级指标要素中的所有判断矩阵,再通过层次式排列和一致性检验的分析方法得出网络传播风险的各要素指标权重,然后通过主因素分析法(ABC分析法或帕累托分析法)将社会安全突发事件的各要素进行排队分类,把关键要素和一般要素进行区别,为处置社会安全突发事件时快速识别风险因素提供可操作性依据,于是对这些风险要素进行权重累计分析,将社会安全突发事件的三级指标进行风险等级评定。

根据前面的数据统计整理,对38个指标进行风险等级评估,可以得出高风险指标11个、中度风险指标15个和一般风险指标12个。其中,伤者人数(F111)、作案目标(F121)、作案手段(F122)、是否及时(F131)、心理疏导(F132)、煽动情况(F212)、发布时效(F233)、真实情况(F311)、引导情况(F332)、情绪分布(F412)、"意见领袖"(F433)为高风险指标,在应对社会安全突发事件网络传播风险中应当着重采取相应措施;社会影响(F112)、经济影响(F113)、时间跨度(F123)、网络谣言(F211)、转发数量(F221)、评论数量(F222)、契合程度(F231)、全面情况(F312)、权威情况(F313)、及时情况(F331)、持续情况(F411)、网民数量(F421)、互动情况(F422)、网络水军(F431)、网络推手(F432)为中风险指标;进展情况(F133)、次生事件(F141)、关联事件(F142)、异化情况(F213)、原创数量(F223)、信息格式(F232)、自媒体数量(F321)、网站数量(F322)、论坛数量(F323)、转移情况(F413)、职业分布

(F423)、年龄阶段(F424)为一般风险指标。在应对社会安全突发事件发生过程中,应该采取分清轻重缓急、重点应对的措施,以提高风险的处置时效性和针对性,将风险降低至最低水平。

(二)网络传播风险处置策略

社交网络媒体的快速发展,为暴恐极端恐慌分子提供了绝佳的平台和机会;如何有效预防和应对社会安全突发事件,已然成为当前着力助推社会治理和国家治理能力现代化进程中的关键问题。由于社会安全突发事件具有策划周密、组织严格、行动诡秘等突出特征,在全媒体背景下,每当社会安全突发事件发生后,极易受到事件策划者的左右和诱导,加剧社会安全突发事件的恶性发展,因此有必要从社会安全突发事件网络传播风险预警指标中的高风险指标入手,结合社会安全突发事件网络传播风险应对中的难点,全面加强社会安全突发事件网络传播风险的处置,以维护国家安全和社会稳定。

(1)完善突发事件等级评估体系。正如前文所述,社会安全突发事件往往具有破坏性大、政治性强、恐怖性高、传播性快等突出的特征,并采用非常规的枪击、砍杀、纵火、放毒、爆炸等残忍手段制造血腥的恐怖场面,以达到引起社会公众的关注,对国家安全和社会稳定产生影响和冲击,成为潜在的国家安全、政治安全和社会安全的重要风险源之一。因此,面对不同的社会安全突发事件,需要在事件发生后的第一时间进行准确分析和风险评估,对事件的风险等级进行精准定位,从而采取相应的处置措施,防止风险传播风险的蔓延和扩大化,尽可能地将事件风险降低到最低水平,维护国家安全和社会稳定,保障人民群众正常的生产生活。

(2)加大风险敏感信息监控力度。在当前生成式人工智能媒体时代,海量的信息无处不有、无处不在。面对鱼龙混杂的各种信息,让许多社会公众茫然不知所措。尤其是在一些网络推手和网络水军的利诱下,更容易引发网络不实信息扩大传播的风险,导致社会公众的心理恐慌。因此,面对复杂的网络空间环境,应该要通过网络平台监控技术手段,对各种信息尤其是敏感的不良信息进行实时监控,特别是一些自媒体平台、重点网站、微信、微博等各种社交网络媒体进行全时段的管理监测,一旦发现存在有鼓动性、攻击性、煽动性的消极信息,及时启动应急预案进行有效处置,从而将事件网络传播风险降到最低,最大限度避免网络传播风险和危机的发生。

(3)构建完善信息发布联动机制。从目前的各自媒体平台发布信息情况来看,许多媒体平台过于追求经济效应而忽视了社会效应,给社会公众带来信息难以甄别的风险。但从社会公众当前获得信息的渠道来看,往往是在第一时间收到社交网络媒体上的信息推送,以此成为获取信息、了解事件真相的重要途径。出于自身利益需要,许多自媒体平台往往会夸大事实真相,或提供虚假信息,或断章取义,造成了不良的社会传播影响。因此,建立健全严谨的、高质量的信息发布联动机制,显然迫在眉睫。如何通过科学地设置网络媒体的推送信息功能,在第一时间充分展现网络媒体的及时性,向社会公众提供精准的信息内容,对社会公众的心理情绪进行有效疏导显得十分重要。

(4)健全网民情绪监测预警系统。从某种意义而言,网络传播风险的产生、演变、发展是社会公众(网民)的情绪化反应。情绪化作为网络空间中的一种网民之间的心理共鸣现象,它不仅可以像传染病一样快速地传播给不同的社会个体,引起社会公众的群体极化现象,而且严重会影响到国家安全和社会稳定。因此,需要通过舆情监测预警平台建立完整的网民情绪监测预警系统,精准把握网民情绪变化,一旦监测到可疑的网民负面情绪信息,就要积极采取有效措施认真做好心理疏导和干预工作,缓解网民的负面心理情绪,防止因过激的情绪给社会带来干扰,影响社会治理的现代化进程。

综上可以发现,如何构建清朗的网络空间环境,需要全社会的共同努力和大力支持。社会安全突发事件网络传播风险的识别、化解、处置、防控是系统工程,牵涉各相关利益者的方方面面。在现实生活中,每当社会安全突发事件爆发后,作为社会媒体应该要以最快的时间和速度在第一时间抵达事发现场,尽可能减少网络谣言的扩散传播,将网络传播风险危机降到最低程度。诚然,社会安全突发事件网络传播风险预警指标体系的建构,是着眼于当前相关部门在预防处置社会安全突发事件发生后的应用性探索,但在事发后的第一时间,如果对各项指标缺乏严谨科学的把握和认知,有可能贻误了事件处置的最佳时机,因此作为事件处置应对者,需要在事发后的第一时间,以最快的速度和最果断的手段对社会安全突发事件的高风险因素进行科学研判,稳住事件发展趋势,维护国家安全和社会稳定,防止造成社会公众的心理恐慌效应。

第三节 构建网络传播风险防控体系

本书通过全方位地论述网络传播风险监测体系技术平台,深入分析现阶段网络传播风险监测环节存在的问题和不足之处,在此基础上建立健全联动机制,在科学应对处置网络传播风险的同时,改善网络传播风险控制效果。实践表明,通过构建完善的舆情检测技术平台,加强数据和信息的针对性收集,并进行科学分析以及合理研判,对网络传播风险发生可能性进行综合性评价,对网络传播风险影响因素进行分析,科学判断其发生的可能性,制定可操作的应对和处置计划,为主管部门最大限度控制网络传播风险提供必要支持。

一、强化网络传播风险日常监测模式

当前,以移动互联网为代表的信息技术高速发展,对社会各个方面产生深远影响,网络传播风险也成为各方面关注的重要课题。所以,加强网络传播风险的常态化监测,提升对负面舆情的监测能力,切实有效地制定应对方案,合理引导网络传播风险已经成为相关部门的主要课题。就现阶段而言,监测机构在网络传播风险监测方面取得了重要进展,相关技术成果比较丰富,为有效控制网络传播风险提供了大力支持。随着大数据技术的应用和普及,如何在网络传播风险常态化监测方面引入大数据技术是目前研究的重点课题,但是整体水平较低,加强相关研究具有一定必要性。只有如此,才能改善网络传播风险环境,提升网络传播风险的应对能力和防控能力。

(一)当前网络传播风险监测平台的主要模式

在一定时期里,国内网络传播风险监测一般参照西方发达国家的做法,技术的自主性相对较低,因国情、网民素质、社会环境等因素的不同,对网络传播风险的影响也会存在显著差异。若仅参照西方发达国家的经验,网络传播风险监测效果势必受到一定影响。在这种情况下,有必要科学合理地打造网络传播风险监测技术平台,实现对网络传播风险的全天候监测,以帮助舆情监管人员及时掌握网络传播风险动态,有效地控制网络传播风险。黄永林等在网络传播风险监测技术平台的搭建过程中,引入多种先进技术手段,并基于此构建了具体网络传播风险监测平台体系❶,如图4-1所示。

现阶段,随着我国各级部门的公开程度不断提升,政务信息公开制度改革持续推进和完善,不断为社会大众发表意见提供有效渠道,以此来改善自身形象,并减少网络负面信息的传播。如何有效分析网络传播风险环境并获取有效信息、如何快速提升数据研判能力,以及如何对舆情发展方向进行精准研判等均是需要应对的重要课题。相关部门进行网络传播风险监测,充分了解社会大众的关切,对相关工作进行周密安排,为制定传播风险应对预案,有效提升了网络传播风险处置能力,决策信息平台功能设计,具体可参照图4-2。

在移动互联网高度普及的当下,网络传播风险危机发生的可能性大大提升,大幅提升了网络传播风险的监测难度,也进一步加剧了网络传播风险的偏差性和隐蔽性,仅通过目前的技术手段已经难以有效控制网络传播风险,有必要加强网络传播风险监测技术平台的更新和开发,才能与时俱进,提升信息和数据采集能力,加强网络传播风险管控机制的优化,改善其风险预警能力。在网络传播风险预警过程中,通过信息的有效研判,以提升对传播风险的控制能力。同时,基于舆情分析结果,实现对网络传播风险的实时分析以及跟踪管理,以便向用户提供接受度更高的信息。

---

❶ 黄永林,等.网络舆论监测与安全研究[M].北京:经济科学出版社,2014:241.

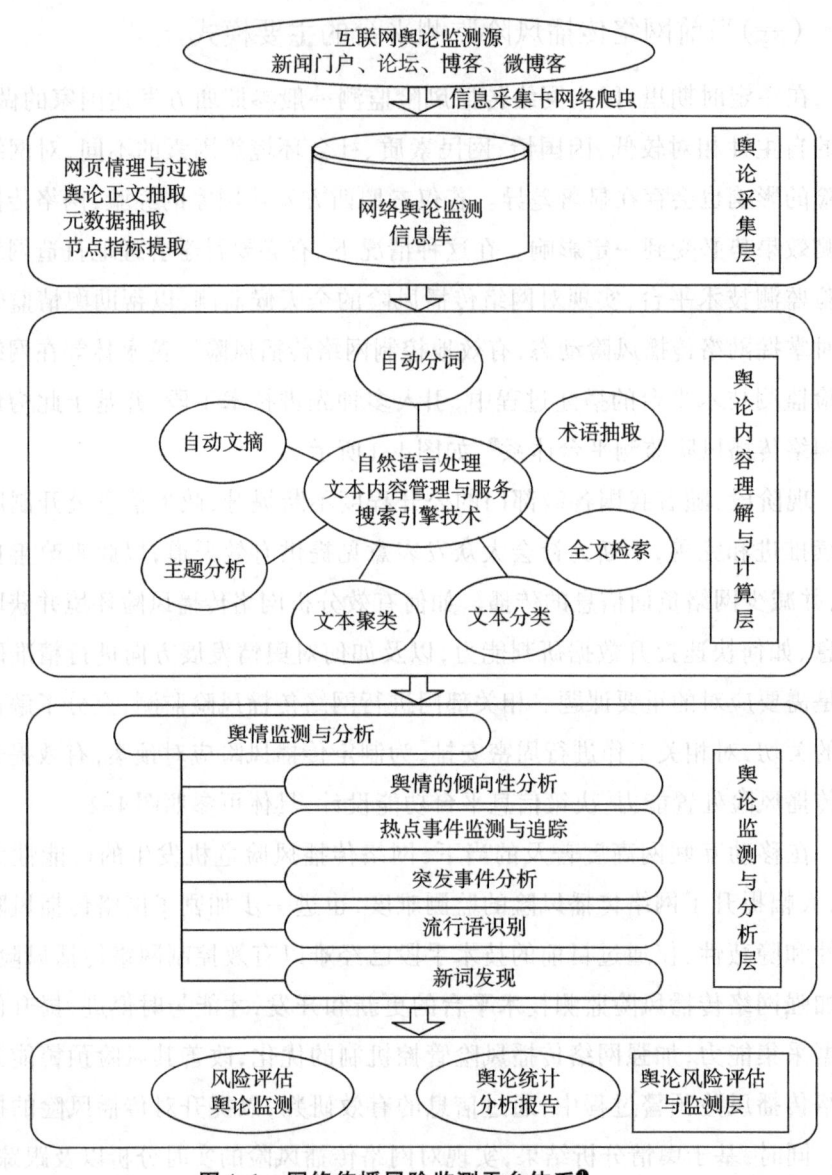

图4-1 网络传播风险监测平台体系❶

---

❶ 该平台采用四层体系架构,通过信息采集卡或网络爬虫从各监测源(如新闻门户、论坛、博客和微博)中自动扫描并采集舆论信息,从中抽取正文内容及其他元数据建立网络舆论监测信息库,然后通过自动分词、术语抽取、全文检索、文本分类与聚类、主题分析、自动文摘等关键技术,结合知识库实现对信息库中网络舆论的内容理解与语义计算,并在此基础上分析舆论的倾向性、自动识别一段时间内的热点事件、流行语或突发事件、新词等舆论焦点信息,最终自动生成网络传播风险统计分析报告。

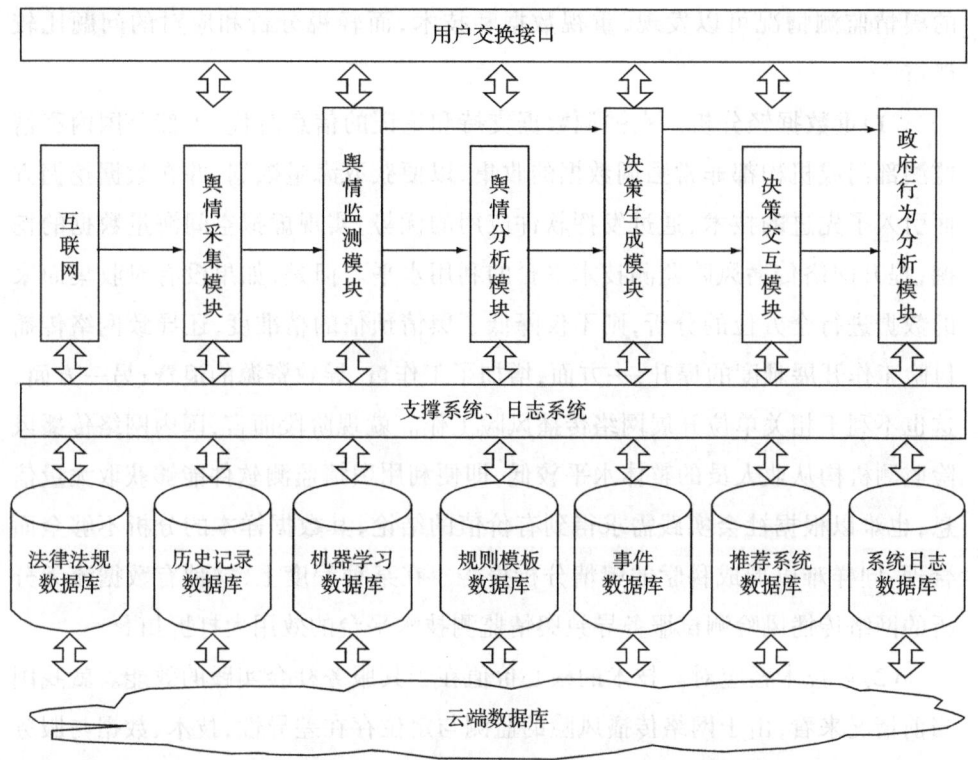

图4-2　基于网络传播风险的决策信息平台功能设计❶

（二）当前网络传播风险监测过程中存在的问题

众所周知，对于社会各个方面而言，网络传播风险都具有重要意义，社会各相关部门都将网络传播风险监测作为工作重点。为提升网络宣传水平，我国政府高度重视网络信息的共建共享建设，针对突发事件积极加强网络舆论引导，以便更好地维护自身形象。从目前来看，国内网民最关注的领域莫过于食品、医药、环保、教育等，主要集中在食、住、行等领域。此外，物价、计生、环境、电力、文博等也被社会广泛关注。目前，国家成立了相关机构对社会网络传播风险进行监测和管理，从而最大限度控制传播风险。但是，通过分析我国现阶段

---

❶ 该平台设置的基本组成要素：界面功能条目（用户交互接口）、互联网、后台模块、支撑系统、日志系统、后台数据库和云端数据库。其中，前台功能的体现主要依靠后台的良好设计，后台设计根据信息管理的基本流程，详细划分为六个模块：舆情采集模块、舆情监测模块、舆情分析模块、决策生成模块、决策交互模块和政府行为分析模块。

的舆情监测情况可以发现,重视数据和技术,而轻视分析和应对的问题比较严重。

(1)重数据轻分析。在强调数据支持和论证的信息时代,大部分国内舆情监测部门或机构都非常强调数据的收集,以便获取海量数据,并在数据挖掘方面引入了先进的技术,通过发挥软件应用的优势,实现虚拟空间海量数据的挖掘,提升网络传播风险监测技术平台的利用水平。但是,如果没有对收集而来的数据进行全方位的分析,则不仅降低了舆情预估的精准度,还导致网络传播风险工作开展难度的提升:一方面,增加了工作量,导致资源的浪费;另一方面,这也不利于相关单位开展网络传播风险工作。就现阶段而言,国内网络传播风险监测机构从业人员的整体水平较低,即便利用舆情监测软件能够获取大量信息,也难以根据社会实践需求得到有价值的结论,其数据样本的分析不够全面合理,同样难以形成科学的舆情分析报告。在某种程度上,这种有数据流无分析的网络传播风险测试服务导致舆情监测技术平台的效用大打折扣。

(2)重技术轻应对。技术的核心价值在于其服务社会实践的效能。就我国当前情况来看,由于网络传播风险的监测与定位存在差异性,技术、数据与服务在网络传播风险监测技术平台中的融合应用尚显不足。在网络传播风险监测领域,机构类型主要可划分为三类。首先,是学术型机构,如北京大学舆情研究中心、华中科技大学舆情信息研究中心、重庆大学舆情信息研究所等。这些研究机构汇聚了众多技术精英,学术团队实力强大。它们聚焦于社会公共事件,致力于舆情传播研究,旨在制定出科学合理的网络传播风险危机应对预案,并精心规划实施路径。值得注意的是,尽管这些学术机构在理论研究方面颇具优势,但在组织资源上略显不足,对于社会公共事件传播风险的应对力度和管控能力相对有限。其次,是技术型机构,如鹰眼速读网系统、识微商情监测系统等。这些机构多为以营利为目的的商业实体,主营业务集中在软件销售方面。它们所依据的数据主要来源于服务器数据,但在制定网络传播风险应对方案时缺乏足够的专业性,因此其舆情分析报告的实用价值有待提升。最后,是媒体型机构,如新浪舆情通、新华舆情等。这些机构拥有庞大的用户基数,在数据资源方面具有显著优势,因此具备一定的网络舆论引导能力。然而,在执行网络传播风险应对预案时难度较大,许多措施难以有效落实,对于相关决策的指导作用有限。

相关报告显示,学术型机构在网络传播风险研究方面存在显著的局限性,在很大程度上偏离了社会实践,其舆情监测结果难以用于危机处置,更多地强调数据和信息采集,但是在一定程度上忽视了数据分析,均在一定程度上限制了网络传播风险监测能力的发展。[1]所以,网络传播风险监测机构务必深刻认识服务器建设的重要性,并致力于优化监测平台的用户体验。在此基础上,机构还需进一步强化数据信息的深入挖掘与系统性梳理,以确保每一节小结都能提炼出有价值的信息。我们应通过技术、数据及服务三个维度的紧密配合与高效协调,着力提升网络传播风险分析报告的实用性和可操作性,使其能够更精准地指导实际工作。同时,在数据挖掘过程中,我们需积极引入前沿技术,以提升数据应用水平,为构建和谐社会与国家稳定提供更为坚实的技术支撑,从而更好地造福广大人民群众。

二、构建内外联动应对工作机制

通过分析网络传播风险的发展过程可以发现,网络传播风险传播路径及影响因素具有复杂性和多样性,其本质是在网络空间环境下的社会公共事件传播。实践表明,网络传播风险主要源于构成要素及虚拟空间的多样性,只有全面梳理网络传播风险传播的内在规律,明确舆情演变的基本逻辑,才能实现不同部门的有效协作,构建工作联动机制,形成网络传播风险管控合力,在网络传播风险防控方面实现突破式进展。

在由不同事物组成的系统中,一个事物的变化会导致一系列关联事物的相应变化,即所谓的联动效应。[2]所以,以联动为切入点,可以将网络传播风险应对联动机制的概念界定为依托于网络舆论的发展规律和演变逻辑,凭借有效的措施,通过合理方式,进而加强网络舆论事件的合理引导。实现上述目标的

---

[1] 鲍娴萍,方晴,程艳林,等.网络舆论生态与青少年网络舆情监测体系的创新实践[J].青少年研究与实践,2015(3):37-43.

[2] 杨斌成,李娟.网络群体事件处置与舆论引导联动的模式及程序[J].内蒙古财经大学学报,2014(1):19-22.

关键之处在于利用数据的关联性和互动性。网络传播风险联动机制的核心目标是推动网络传播风险发展趋势和方向的合理性。通过加强网络生态建设,提升网络空间环境的秩序性,如图4-3所示。

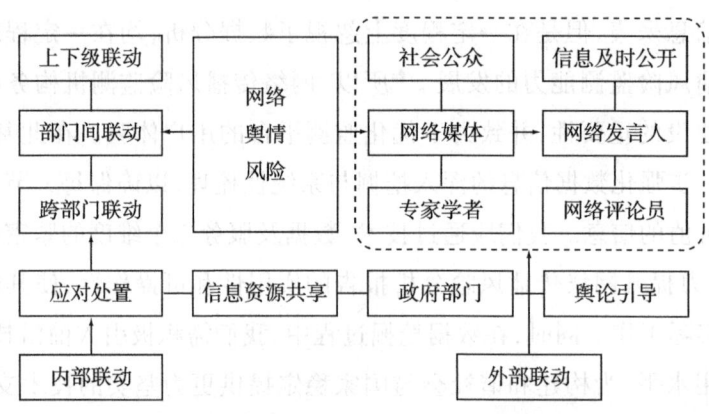

图4-3 网络传播风险危机应对联动机制

通过分析图4-3可知,网络传播风险危机的处置包括两个部分:其一为内部联动机制;其二为外部联动机制,整个过程的关键在于信息资源共享。随着网络化程度的不断提升,大数据技术等现代化技术应用领域日益广泛,特别是社交媒体的持续发展,进一步提升了信息资源共享程度,为信息的广泛传播创造了良好条件。作为网络传播风险的主体之一,相关机构在执行力方面具有较大优势,拥有其他组织不具备的组织能力,可以基于权威性而实现组织目标。

社会安全突发事件是网络传播风险危机管控的主要对象,相关部门借助其行政能力而实现组织层面上的资源整合,增强跨层级和跨部门之间形成的合力,组织相关人员成立专项团队,基于信息工作量而制订针对性的网络传播风险处置计划。相对于普通的突发事件,社会安全突发事件更容易引发网络传播风险危机,如果没有对其进行针对性的处理,则容易诱发大量不可预估的次生风险,社会事件的负面影响会进一步加剧,在这种情况下必须发挥相关部门的权威作用,制定切实有效的处置方案。

很多社会安全突发事件具有突发性和偶然性,仅依靠相关部门难以进行有效应对,尤其是资讯爆炸的自媒体时代,传统舆情监测方式具有一定局限性,在传播风险防控方面难以实现预期目标。基于此,各方只有加强合作,深度协调,在更加广泛的资源共享基础上提升网络传播风险的应对能力。首先,通过权威信息源及"意见领袖"的合理引导,在最短时间内回应社会关切问题,在回应社会大众质疑的同时,避免出现谣言传播问题;其次,借助相关技术手段实现有效监控,只有在疏堵结合的情况下,才能确保网络传播风险主基调朝着正确方向发展。与此同时,政府在联动机制中发挥主导作用,而媒体及相关平台主要是信息选择和传播的执行者❶,在此过程中,各个联动主体需要提升认识,以维护国家安定、社会和谐及人民群众利益为前提,在优化交流协同机制的基础上,建立信息共享平台,在信息传播过程中凸显社会主义核心价值观,为社会正能量的传播创造良好条件。

在充满海量数据的网络空间中,网民不断增多,倾听民意呼声,引导社会舆情向健康方向演变的过程高度复杂,很难在短时间内实现,需要兼顾各个方面和各个领域的因素,如公共事件发生的深层次原因、事件发生背景、网民对信息的识别能力、网络媒体的传播机制等。相关部门、专家学者、网络媒体、社会大众等各方面主体,需要建立完善的网络传播风险控制系统,优化技术平台,提升跨层级、跨部门的联动水平,实现内外部主体良好互动,强化各个主体的协同效应,确保社会安全突发事件的网络传播保持在正确的轨道和方向,避免出现网络传播风险,建立良好的网络空间秩序。

总之,在当前全面推进中国式现代化进程中,随着以算法、算力和数据为核心的生成式人工智能技术的广泛应用,如何高效、及时地应对网络传播风险,科学、合理地引导社会舆论朝着健康、和谐方向发展,已成为当代学界的重要课题和时代使命。在大力推行网络执政、新闻执政的时代背景下,构建阳光、高效的政务平台,已经成为当前各级相关部门的共同夙愿,而如何有效应对网络突发事件和处置网络传播风险危机,已经成为检验政府部门网络执政能力的"试金石"。尤其是在商业浪潮席卷全球、媒体行业重组与变革的转型期,许多网络媒体行业社会责任的缺失,加之社会公众媒介素养的不足,容易加剧网络传播风

---

❶ 杨斌成,李娟.网络群体事件处置与舆论引导联动的模式及程序[J].内蒙古财经大学学报,2014(1):19-22.

险的发生,给网络传播风险应对工作增加了难度。构建和谐的网络传播风险生态环境将是一个长期的历史过程,而作为学界的理论研究,更需要综合传播学、心理学、语言学、社会学及情报学等多学科理论知识和技术设计,需要研究团队的集体攻关,方能更好地驾驭网络舆论引导研究,有效地提出科学预案进行引导、干预和处置传播风险危机。

三、我国网络传播风险安全机制构建

在技术研究领域中,我们应积极推动以算法、算力和数据为核心的生成式人工智能技术及相应资源等的优化升级,积极学习并借鉴美国等信息技术强国的先进理念,在持续优化既有技术的基础上,坚定不移地走自主创新的发展道路,并致力于有效整合与优化资源,探索并走出一条独具特色、符合自身发展需求的技术体系道路。

(一)加快网络安全管理体系的创新和升级换代,加强信息安全管理

我国当前的网络安全管理体系涉及多个部门、学科及技术的交融管理。在生成式人工智能技术快速发展时代,现有的网络管理制度亟待完善,相关技术亦需进一步规范。互联网信息泄露所引发的诸如诈骗、广告骚扰等一系列社会安全问题,主要源于管理上的缺失与不当。统计数据显示,每年发生的信息安全问题中,六成以上与人为因素密切相关。面对新技术应用所带来的新型安全趋势和挑战,部分信息企业为追求最大利益,在获取海量数据资源时,往往对数据保护表现出重采集、轻保护的倾向。对此,必须追究其数据安全保护责任,并严格落实相关部门的监督职责。从历史发展的角度看,我国在积极推动数据开发利用的同时,也必须同步加强数据安全防护工作。这不仅是保障数字经济健康、高质量发展的必要前提,也是维护国家安全和社会稳定的必然要求。

随着大数据产业的蓬勃发展,我们亟须构建一套更富前瞻性的网络安全管制体系,深刻认识到在大数据环境下信息安全的独特性及技术手段的关键性作用。我们要强化互联网安全防护的预测预警能力,确保在风险发生前便能精准识别和应对。在管理层面,我们应防止因方法过于单一或不科学而引发新的安

全隐患。除了密切关注监管者和被管控的网络空间对象,我们还应切实做好安全管理相关部门的工作。各部门之间应根据不同时期的职责进行明确的分工,并充分利用信息共享和管理手段,加强彼此间的协同合作。只有这样,我们才能共同构建一个更加完善、更加科学有效的安全管理体系,确保大数据产业的健康、稳定发展。❶在优化网络安全管理领导体系方面,我们必须明确国家信息安全组织管理的核心地位。基于统一分工、权责明确的原则,我们应进一步完善精细化管理制度,确保各项管理工作有序、高效地进行。

(二)建立和完善网络传播风险安全的相关法律制度

当前,中国的网络传播风险安全立法尚处在发展阶段,在应对新型网络安全犯罪时有些力不从心。某些发达国家在技术和立法上有先发的优势,可以在借鉴国外先进立法经验基础之上,转变立法思想,从被动变主动,从而进行一些有开创性的法律制度建设。基于中国信息安全发展和立法不平衡的情况,要做好法律建设工作首先要做好立法的全面规划,这是基础的也是非常必要的工作,它是后续立法质量的重要保障和前提。当前主要以相关部门、企业、公民为主体,对主体在保障信息安全权利和义务方面制定相关法律,对主体在有关数据方面存在的不良行为进行规范。在客体上,要在信息的获取及共享、网络传播风险安全及犯罪、国际数据交易及数字产权保护、信息服务等方面制定法律。要充分考虑发展和管理并进的原则,在对信息安全立法的同时也要制定推进产业和技术升级发展的法律法规,科学合理地建构信息安全立法框架。

加速网络安全立法可从制度上对网络传播风险安全予以保障。当前,应该努力完善和细化现有法律,同时推动新型法律的立法等工作,做好与其他法律的有关衔接,以此形成系统完整的网络安全法律体系。网络安全和国家安全是一个整体,我国应密切关注境外网络入侵,加强自身防御体系建设,与此同时,要强化全球各国网络间的国际合作,在推动国际网络安全立法时提出符合自身利益的主张,增强我国在国际网络安全领域的话语权。

---

❶ 龙健.政府基础信息资源跨部门共享的影响因素调查[J].电子政务,2014(7):105-113.

(三)建立国家、行业、机构和个人的网络传播风险安全长效机制

当前,中国大数据产业正在高速发展,但缺乏完善的机制来处理或者预防其发展问题。基于这一现状,需要以个人为基础、行业机构为纽带,国家做顶层设计来进行统一的建设规划。网络安全既作为国家主权的体现,也作为个人权益的保护,同时作为行业机构研究发展的保障。我们要清醒认识到,安全不再只是某个主体的安全,就如同目前的全球化,它是一个整体的安全,但整体要以局部的安全为基础。因此,需要通过国家以制度层面的设计规划,行业机构以技术和管理的保障,以及公民个人的自觉遵守等。

随着全球各国对信息技术领域的日益重视,我国要想获得足够的优势,应该建立起从国家到行业再到个人的统一协调规划,这是保障内部安全的前提,而要使本国不受外部所影响,就必须保持相对于外部的绝对优势。尤其是在商业浪潮席卷全球、媒体行业重组与变革的转型期,许多网络媒体行业社会责任的缺失,加之社会公众媒介素养的不足,容易加剧网络传播风险的发生,给网络传播风险应对工作增加了难度。构建和谐的网络传播风险生态环境将是一个长期的历史过程,而作为学界的理论研究,更需要综合传播学、心理学、语言学、社会学及情报学等多学科理论知识和技术设计,需要研究团队的集体攻关,这样方能更好地驾驭网络舆论引导研究,有效地提出科学预案进行引导、干预和处置传播风险危机。

第四节 创新基层新闻宣传工作机制

基于移动互联网的高速发展与人民群众需求的日益增长,微博、微信、短视频、客户端等新媒体平台,已经成为人们日常生活中获取外界信息的主要途径。现阶段,媒体融合得到党和国家的高度重视,在人民信息获取需求增长与行业发展的推动下,已形成相应的发展体系,但在开展宣传工作时,仍存在脱离群众、不切实际的情况。因此,对于基层来说,如何推动地方媒体融合的创新发展,使之更符合宣传工作的需要,仍然是一个重要课题。

一、全媒体在基层新闻宣传工作中的作用

对传统媒体而言,生成式人工智能技术对当前媒体的发展与更迭会带来强势冲击,受众纷纷转向新兴媒体,报纸、广播等媒介渠道不再受到人们的青睐,只有把自己的资源和互联网平台结合起来,才能有新的发展策略的生存空间。因此,媒体融合的发展可以更好地促进传统媒体与新媒体的优势互补。相关部门在工作体制创新上,可充分利用两者的互补关系开展宣传引导工作,如利用新兴媒体的交互性,实现政民互动关系的加强,以及利用传统媒体的权威性,保障信源的真实性等,都是媒体融合对基层宣传工作机制创新的重要意义。

(一)提高舆论引导能力

媒体融合的发展对区域内广播、电视、微信、微博、报刊、网站、客户端等平台资源进行了有效的整合,改善了传统的基层宣传模式。基层官方政务宣传正在与更多的新兴媒体相结合,而微博、头条、短视频、微信等媒体平台自身独特的交互性,给基层开展宣传工作带来了更多的政民互动空间。通过类似的平台进行政务宣传模式创新,可以更好地规避以往单方面传播的局面,同时加强与民众的交流,拉近与民众的距离,有利于更好地将党的方针政策传达到民众中。在新的历史时期,宣传不仅是单一的新闻报道,也包括主动进行议程设置,如以脱贫攻坚系列报道为例,在夺取脱贫攻坚战役最后胜利的关键时期,各级部门纷纷围绕"我的扶贫故事/我的脱贫故事"主题,广泛开展征文征集,通过天眼新闻客户端、动静新闻客户端、地方融媒客户端以及新浪微博与微信公众号等平台对基层优秀扶贫事迹进行宣传,为宣传基层脱贫攻坚系列工作经验、巩固脱贫攻坚工作成果营造了良好的舆论氛围。

(二)提高舆论监督效果

对于基层媒体单位而言,新闻媒体不仅在舆论引导上有重要作用,在舆论监督上也具备独特的媒介属性,媒体融合的发展,更是开拓了民众通过媒体平台进行舆论监督的新途径。以近年来各地加大完善的"网络问政"平台为例,该平台多依靠当地融媒体中心进行搭建,通过开辟相关问政渠道,民众可以将有

关诉求与意见反映给相关部门,不仅在一定程度上满足了民众的监督权,也为基层民众更好地解决民生诉求、完善公共管理体制提供了新的途径。同时,部分地区的"网络问政追踪""融媒问政回音壁"系列报道,也将相应的监督作用再次进行了升华,有利于地方宣传部门在民众诉求中树立"有问必答"积极解决的形象。此外,全媒体时代,网民的表达途径较以往更便捷,可以随时随地充分表达自己的看法,也为媒介充分发挥舆论监督作用提供了可能。

二、媒体融合背景下基层新闻宣传工作现状

新兴媒体的发展,给人们更多、更新颖地接收信息的渠道,人们参与话题讨论的方式也在逐渐增多,如何在"舆论战"中作好舆论的正确引导已是一项迫在眉睫的工作。因此,基层单位在媒体融合背景下,确保宣传工作扎实有效开展十分重要。就目前而言,县域融媒体中心的建成为地方媒体融合背景下宣传工作机制创新带来了新的机遇。我们选取贵州省黔西市为调查对象,通过对相关新闻报道与文献资料进行查阅,以及基层民众对宣传工作开展的满意程度、使用情况进行实地调查,对黔西市在媒体融合背景下宣传工作机制创新的工作现状进行分析。

(一)黔西市融媒体中心建设现状

2018年9月,在县级融媒体中心建设现场推进会上,中共中央宣传部针对全国县级融媒体中心建设的推进工作进行了详细部署。根据部署要求,须在2018年启动建设600家县级融媒体中心,并确保到2020年年底实现全国范围内的全面覆盖。为响应贵州省委、省政府的相关指示精神,并结合当地实际情况,贵州广播电视台、贵州日报报业集团、当代贵州杂志社及多彩贵州网四家省级媒体,将共同担当起带动和促进全省县级融媒体中心建设的重任。各县将拥有自主选择合作对象的权利,从中挑选一家省级媒体作为合作伙伴。黔西市积极贯彻中央及省委、省政府的决策部署,迅速行动,对现有的"报、刊、台、网"人员及设备资源进行了整合优化,以加快推进县级融媒体中心的建设进程。在这一过程中,黔西市着力打造集策划、采集、编辑、播报、发布、推广和评价等多功能于一体的"中央厨房"指挥中心,并精心营造包括展示演播区、指挥调度区、采编

融合区、互动融合区等在内的办公软硬件环境,从而为新闻宣传工作的顺利开展奠定坚实基础。

(二)黔西市政务宣传平台建设情况

在县域融媒体中心推动下,黔西市盘活其资源,融合黔西报刊社、黔西市广播电视台、"黔西发布"等媒体平台,通过多种平台建设政务宣传平台。目前,在黔西市融媒体中心建设有《黔西报》《黔西》2家纸媒,而在微信公众号建设上,原有的"黔西发布""黔西广播电视台""花都视界"经由整合,停用了"黔西广播电视台"与"花都视界"公众号,转而建设"人文水西"App与"黔西融媒"App。尤其是"人文水西"App,在功能建设上较为完善,拥有如"水融云商城""手机电视""水西之声""数字报"等专栏,以及政务服务、缴费、外卖、购票、违章查询等便民服务选项。在短视频方面,融媒体中心开设了抖音账号与快手账号,由于受到近年来民众的使用倾向及平台本身的优势影响,抖音账号取得的成效更明显。除融媒体中心开设的新媒体平台账号以外,黔西市在媒体融合的宣传平台矩阵覆盖范围逐步扩大,各级部门、乡镇机构、企事业单位、人民团体也开通了各自的宣传平台账号。

(三)黔西市逐步健全舆情应对机制

在"人人都有麦克风"的全媒体时代背景下,民众有了畅通表达意见的渠道,尤其是近年来,舆论场总是受到一些别有用心之人的推动,潜移默化影响民众对事件的看法。这是对舆论阵地带来的挑战,也是给基层单位的舆情应对机制提出的更高要求。在此背景下,网络舆情应对处置相关工作受到各级政府部门的高度重视,为建立健全相关工作机制,黔西市通过采用与外包公司合作的形式,增加了舆情研判、常态化监测与引导处置的专业资源,规避了网信从业人员专业度较低、无处置经验与不知道如何开展相关工作等问题。

此外,对属地自媒体运营人的管控也是健全舆情应对体制的重要方面。就黔西市而言,本土化自媒体"大V"通常拥有较大基数的本地"粉丝"群体,其内容和定位具有以下特点:一是接受网民投稿,通过平台发布本地便民资讯,如寻人、招聘等;二是收集民意,向有关部门进行申诉;三是配合当地有关部门,发布相关政策或澄清谣言。正因其内容定位与民众的关系密切,且属于个人用户,在发布信息时部分自媒体"大V"不经核实就将信息推送至网络,一旦出现此类情况,其粉丝基数将会导致信息传播量不断扩大。为避免因自媒体账号的介入,导致负面言论在县域传播扩散的情况,黔西市加大对自媒体账号个人信息的收集,保障其在发布的负面言论时能够精准定位,在一定程度上避免了负面言论进一步扩散的可能性。

(四)调查研究的设计及实施

在对黔西市宣传工作机制创新现状的研究中,选取的调查者主要是黔西市各基层社区及乡镇等地方的人员,通过线上及线下的两种方式来进行问卷发放。针对部分受访者文化程度较低等问题,部分问卷在发放过程中由调查人员进行口头讲解并协助完成。本次调查回收问卷共计200份,具体分析如下。

(1)被调查者基本情况。对被调查者的基本情况进行分析,有助于了解问卷在设计过程中的合理性与代表性,具体情况详见表4-2。

表4-2 被调查者基本情况

项目	分类	数量/份	占比/%
性别	男	83	41.5
	女	117	58.5
年龄	16~25岁	82	41
	26~35岁	52	26
	36~45岁	50	25
	46~55岁	13	6.5
	56岁及以上	3	1.5
文化程度	小学及以下	19	9.5
	初中	55	27.5
	高中/中专	29	14.5
	大学/专科及以上	97	48.5

对表4-2进行分析可知,受调查者在性别比重上差距不大,较为平均;在设计调查中,针对16周岁及以上的人群进行发放,有关调查的内容也有一定的接触与了解,较符合问卷收取的需要;此外,调查者的文化程度在一定程度上决定了对宣传内容的理解度与接受度,由此可知,受访者过半数学历都是高中及以上,对问卷问题具有一定的理解能力。

(2)被调查者与媒体接触情况。为调查黔西市民众日常接触媒体的具体情况,本次调查选取了人们日常生活中较为常见的几种媒体进行调查。调查显示,民众日常接触最为频繁的媒介主要是手机,其次是网络与电视,而报刊、广播与其他媒介形式接触较少(图4-4)。

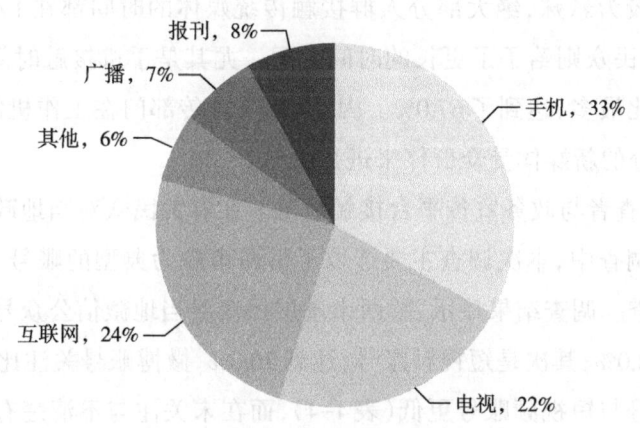

图4-4　被调查者与媒体接触情况

就媒体接触时间而言,在传统媒体中,不接触报刊或接触报刊时间在1小时以内的占比达到了91.5%,接触时间在2小时及以上的占比仅为7.5%;不接触电视或接触时间在1小时以内的占比为73.5%,而接触时间在2小时及以上的占比为26.5%;不接触广播或接触时间在1小时以内的占比为88.5%,接触时间在2小时及以上的占比为11.5%。在全媒体中,不接触网络或接触时间在1小时以内的占比为57.5%,接触时间在2小时及以上的占比为42.5%;不接触手机或接触时间在1小时以内的占比为11.5%,而接触时间在2小时及以上的占比达到了88.5%(表4-3)。

表4-3 被调查者媒体接触时间

题目/选项	不接触/份（%）	接触率/份（%）			
		1小时以内	2~3小时	3~5小时	5小时以上
报刊	112(56.0)	71(35.5)	9(4.5)	3(1.5)	3(1.5)
电视	40(20.0)	107(53.5)	40(20.0)	7(3.5)	6(3.0)
广播	101(50.5)	76(38.0)	16(8.0)	4(2.0)	3(1.5)
网络	34(17.0)	81(40.5)	35(17.5)	29(14.5)	21(10.5)
手机	5(2.5)	18(9.0)	43(21.5)	58(29.0)	76(38.0)

经由总结分析,如广播、电视、报刊等传统媒体与手机网络等新媒体在民众接触时间上较为悬殊,绝大部分人群接触传统媒体的时间都在1小时以内,而对于新媒体,民众则给予了更长的时间分配。尤其是手机接触时间在3小时以上的人次占比最多,达到了67.0%。因此,基层宣传部门在工作机制创新中,完全需要有充分的新媒体受众群体来进行尝试。

（3）被调查者与政务宣传平台接触情况。在有关民众对当地政务宣传平台的使用情况调查中,本次调查主要选取了黔西市较为典型的账号、客户端与电子报进行调查。调查结果显示,黔西市基层民众对当地微信公众号的关注比例最高,达到78.0%;其次是短视频账号,达到70.0%,微博账号关注比例为51.5%,较微信公众号与短视频账号更低（表4-4）,而在未关注与不清楚有相关账号的选项中,微博账号则是最高的。

表4-4 被调查者政务宣传平台使用情况

题目/选项	关注度/份（%）	未关注/份（%）	不清楚有无相关账号/份（%）
微信公众号	156(78.0)	30(15.0)	14(7.0)
微博账号	103(51.5)	69(34.5)	28(14.0)
短视频账号（如抖音、快手等）	140(70.0)	38(19.0)	22(11.0)

对黔西市微博、微信及短视频账号的使用情况及线下的调查访问发现,受当地民众个人媒体使用习惯影响,微信与短视频的使用频率要更高。当地民众更习惯通过微信公众号的形式体验相关办事服务,通过短视频平台进行评论区的互动交流,而微博平台的使用频率则较低。

"黔西融媒"App是黔西市融媒体中心为黔西市本地用户打造的综合新闻服务平台,包括时政、经济、文化、旅游等新闻信息板块。根据统计,目前该App安装次数小于1万次。在对黔西市基层民众对"黔西融媒"App的使用调查中,发现使用该App的人数较少,仅47人次,占比23.50%,而未下载及不清楚有该App的人数达到153人次,占比76.5%(图4-5)。

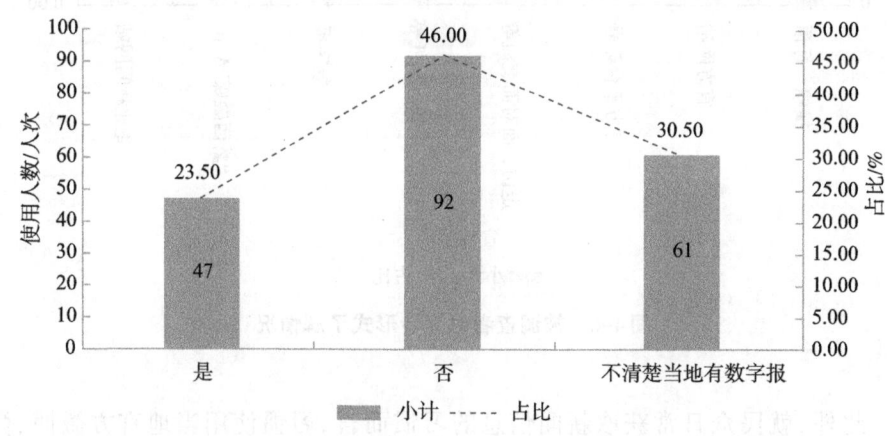

图4-5 调查者与"黔西融媒"App接触情况

《黔西报》是由黔西市委宣传部指导县刊社和广播电视台指导下打造的新媒体平台,由黔西市报刊社制作,并在黔西市人民政府网上开设了数字报。近年来,随着媒体融合进程的发展,《黔西报》也在黔西市广播电视台开设的客户端"人文水西"上设置了专门的阅读入口。调查显示,阅读过《黔西报》的人为47人,占比23.50%,而未阅读过该数字报,甚至不清楚当地有电子报的人数为153人,占比76.50%。

据调查,黔西市基层民众所熟知的宣传工作开展形式中,横幅、标语位列第一,共计135人,占比67.50%;官方平台账号(微博、微信与短视频)位列第二,共计128人，占比64.00%；官方网站位列第三，共计119人，占比59.50%；而电视、广播、报纸等则位列第四，共计116人，占比58.00%。具体情况如图4-6所示。

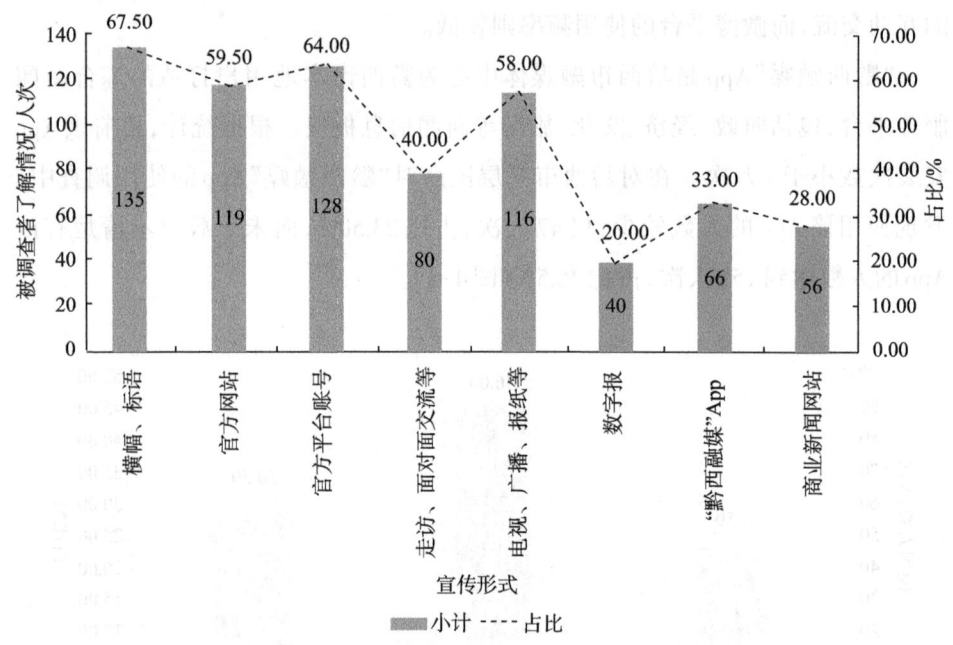

图4-6 被调查者对宣传形式了解情况

此外，就民众日常获取新闻信息的习惯而言，习惯使用当地官方微博、微信、短视频账号等的人次最多，为135人；通过电视、广播、报纸等的人数则是118人；而习惯使用当地官方网站的人数是102人（表4-5）。同时，这三类媒体平台发布的同类本地信息，也最受当地民众信任。

表4-5 被调查者最信赖的获取信息的来源平台

获取信息的来源平台	单位/人次
官方微博、微信、短视频账号等	135
电视、广播、报纸等	118
官方网站	102
横幅、标语	97

续表

获取信息的来源平台	单位/人次
走访、面对面交流等	72
商业新闻网站	56
"黔西融媒"App	45
数字报	40

(4)媒体融合背景下基层宣传工作存在的问题。基层宣传工作作为宣传相关政策、传递中央精神、提升公信力的重要举措受到各级单位的高度重视,在与媒体融合相结合的过程中,虽积极采取多种措施,在"报、刊、台、网"的融合机制上不断进行尝试,但是仍然存在一定的问题,宣传思维的老化,专业人才的匮乏,新媒体运用意识不强等都是目前面临的主要问题,而就以上对黔西市基层宣传工作机制创新现状的研究,目前黔西市在媒体融合背景下基层宣传工作存在的问题主要有以下几点。

①平台使用率低。为调查黔西市媒体融合背景下基层宣传工作机制创新过程中存在的问题,除了对黔西市基层民众进行了问卷调查,也实地调查了部分民众的使用体验。通过访问,发现黔西市在媒体融合背景下,宣传工作机制的创新过程中存在的一些问题。在平台建设方面,以本次调查的"黔西融媒"App与《黔西报》为例,这两种媒介均是黔西市在媒体融合策略下构建的典型产品,但其使用率与普及率却一直处在一个很低的水平。根据对"黔西融媒"App的使用,以及线下的调查访问中,可以看出黔西市当地的基层民众对"黔西融媒"App的使用率较低,甚至不清楚该客户端的存在。使用该客户端的受访者表示"该软件的内容较为单一,均与政务相关,平时较为关注的本地房产、医疗、教育等内容都较为缺乏,且由于使用人数少,讨论与互动的空间也较小"。

此外,在对黔西市《黔西报》的阅读,以及线下的调查访问中,了解到部分民众不清楚该数字报的原因在于不经常接触当地人民政府网,以及不使用"人文水西"客户端,而据阅读过的民众反馈,《黔西报》在该地人民政府网站上并没有一个直接的入口可以点击,不易查找。且有时因阅读终端的不同,数字报的版面比例会存在无法缩放的情况,会给阅读造成一定的困难。

由此可见,黔西市在宣传工作机制创新过程中,在客户端、报网融合上仍存在平台建设不完善、致使媒体融合进程浮于表面、脱离群众使用习惯的情况,没有用心对宣传阵地进行维护和打造。

②政民互动不够。通过媒体融合形式进行政民互动渠道的拓展,不仅有利于拉近民众与官方的距离,提高民众的归属感和认同感,也有利于树立积极回应意识,注重民意地提升自身形象。在对黔西市当地政务宣传方面的平台官方账号进行研究的过程中,主要选取了微博、微信与短视频平台进行研究。经分析发现,在黔西市当地政务机构微博账号中,"粉丝"量前三名分别为(截至2024年6月3日):新浪微博@黔西公安,粉丝16300人、新浪微博@黔西政务微博,"粉丝"2755人、新浪微博@共青团黔西市委,"粉丝"1372人。其内容发布形式多为"文字+图片""文字+视频",或纯文字微博,但此类账号发布的文章鲜少有转发、评论与点赞的情况。

而在短视频平台的运营上,黔西市融媒体中心官方抖音账号取得了一定的宣传成效,几乎每条视频都有民众进行评论,且部分网民会在评论区进行个人诉求、公共管理等方面的诉求反映,但均未发现与官方进行互动交流的情况,而县内其他机构的政务宣传短视频账号则在传播力与影响力上较小,未能达到相应水平。通过各平台使用调查,目前县内民众反映诉求的途径多集中于微信公众号平台与官方网站,但部分政务微信和政务客户端仍存在咨询投诉功能缺失的情况,而在本次的问卷调查中,绝大部分民众都愿意通过当地官方微信号、微博账号、短视频账号、官方网站与相关部门进行互动交流,但在有通过相关平台与相关部门进行互动交流的经历的47人中,有22人未能得到官方部门的回应。

由此可见,黔西市在短视频账号运营上虽取得一定的成效,但即使民众参与热情较高,在评论区进行社会问题反映与个人诉求时,也通常得不到官方账号的回应与解决渠道建议。因此,对于当地宣传工作而言,存在部分将平台账号当作宣传展示的工具,而不注重与群众进行实质性的互动交流的情况。

③传播影响力不足。发布内容的宣传力度、传播效果与"粉丝"量、阅读量息息相关,而黔西市政务部门平台账号以及客户端在粉丝量、阅读量、下载量上都处于较低的水平,导致基层宣传工作在此类政务平台上的传播范围存在一定

的局限。根据本次调查数据显示,民众更青睐在相关账号查看本地民生服务类资讯,而转载至官网的会议类、政策类稿件则阅读量较低,"一稿通"式的内容发布形式,也是政务宣传账号普遍在关注度上低于本地资讯账号的一个重要原因。基层宣传工作机制的创新,还应更加注重政务账号的推广。以微信公众号@黔西教科为例,该账号所属机构为黔西市教育科技局,作为教育系统的官方账号,在受众上本就具有一定的优势,如教师、学生、家长等群体,在一定程度上有极大的推广空间。因此,基层单位在宣传工作上,可充分借助不同机构的自身属性,在相关人群中做好推广与宣传,拓宽其受众群体,从而扩大自身的传播影响力。

三、基层新闻宣传工作创新路径优化

(一)建立完善舆情研判应对机制

(1)加强属地"意见领袖"管理。全媒体时代背景下,应防范的网络"意见领袖"通常呈现为自媒体"大V"与敏感KOL(Key Opinion Leader)形式,加强社会自媒体治理有益于基层媒介单位好声音的传播和负面网络舆情的管控,基层媒体单位既要依法依规对社会自媒体进行管理,同时又要积极和社会自媒体构建良好关系:在全媒体时代的浪潮下,那些具有显著影响力的网络意见领袖,常以自媒体"大V"及敏感KOL的面貌出现。强化社会化自媒体的治理工作,不仅有助于基层媒介单位正向声音的广泛传播,还能有效管控负面网络舆情的蔓延。为此,基层媒体单位在依法依规对社会化自媒体实施管理的同时,更应积极构建与之良好的合作关系。首先,务必严厉打击违规发布信息的平台和其运营者,以维护网络空间的清朗。其次,要理性看待自媒体的监督作用,高度重视民生、环保、教育等问题的反映,并积极协调相关部门予以解决。再次,基层媒体单位应努力争取自媒体"大V"的支持,引导其从"灰色"地带向"红色"阵营靠拢。可以通过邀请自媒体运营者参与大型活动,增强其对社会自媒体宣传工作的参与感和组织认同感。最后,基层媒体单位必须保持警惕,防止部分自媒体运营者与其他市州自媒体运营者串联,通过集中曝光负面舆情、联动炒作等方式增加管理难度。

(2)建立完善舆情监测机制。在舆论引导工作上,基层媒体单位若要保障其顺利开展,须利用移动互联网、大数据等新兴技术,通过专门的舆情监测软件做好网上涉地域舆情信息的监测,为后续处置民众诉求与引导舆情发展走向夯实基础。就目前而言,部分地区网信部门仍存在专业度较低、人手不充足的情况,这在一定程度上会导致监测工作落实不到位。因此,舆情监测工作应受到高度重视,基层媒体单位需进一步完善相关舆情监测体制,或通过与有关的外包公司建立合作关系,提高网络舆情从监测、研判到处置整个流程的专业程度。

(3)完善舆情研判应对机制。宏观分析舆论走向与舆论观点,对舆情事件的处置应对有着重要作用。在传统媒体时代,舆情事件的发酵速度较慢,相关部门有充分的反应时间,但全媒体时代,舆情事件的发酵呈现"出现—扩散发酵—全网燃爆—深挖背景—追责"的演变过程。尤其是在特殊的时间背景下,有效地进行研判是处理舆情的重要方法。在建立健全舆情监测体系的基础上,将舆情研判机制纳入舆情监测体系,面对突发性的舆情事件,要善于分析判断后续的发展趋势,为下一步的舆论反应打下良好的基础。此外,对于主动宣传的新闻内容也要作好舆情风险评估分析;避免因宣传内容与民众需求脱节,致使民众质疑而产生负面舆情的情况。

(4)加强县域网评队伍建设。在舆情引导工作中,构建一支勇于发声的网络评论队伍具有举足轻重的地位。此举的意义在于,一方面,当面临突发舆情事件时,这支队伍能够迅速响应,以"意见领袖"的身份发挥关键作用,对评论趋势进行正向的引导和塑造,同时通过抢占热门评论的方式,有效避免恶意解读在评论区蔓延,进而保护舆论场的健康秩序;另一方面,针对舆情事件中的不实报道和误导性言论,网络评论队伍能够迅速组织起来,针对各媒体平台的负面评论进行有针对性的举报和清理工作,从而净化网络环境,遏制不实信息的传播。此外,在日常宣传工作中,核心网络评论队伍同样发挥着不可或缺的作用。他们积极撰写网评文章,针对负面舆情事件进行深入剖析和正面引导,帮助公众形成正确的舆论认知,有效缩小并消除负面影响。

(二)建立健全完善相关运行机制

(1)构建政民互动机制。媒体平台功能的不断完善及民众维权意识日益增强,使基层单位面临更多的民众诉求与反映,在此背景下,基层单位需客观看待民众的发声,及时回应,有效解决。这样不仅有利于帮助民众解决难题,也有利于维护自身形象与公信力。因此,在网络时代,基层单位仅在人民政府网开通政民互动通道,或依赖网络舆情监测进行处理已远远不足以满足民众的需求。政务宣传新媒体平台的利用,应该是要做到构建多层次的民意回应机制,若基层单位的宣传平台下方多发民众诉求,而官方却长期不予回应,在一定程度上会割裂民众之间沟通的渠道,易引发网民对于官方"高高在上"的主观判断。因此,构建良好的政民互动机制,只有从微博、微信、客户端、短视频等多平台联动入手,做到及时了解民众呼声,并以诚挚的态度进行交流,才能真正赢得民众的支持与信赖。

(2)提升人员专业素养。在媒体融合背景下,实现县域媒体的资源整合、完善基层宣传体制创新、运营好政务宣传新媒体平台,离不开专业的人才团队。引进具备专业素养的人才,可以在保障"内容为王"的基础上,促进传统媒体和新媒体的融合机制的再次创新。因此,基层单位在媒体融合背景下开展宣传工作还需完善相应的人才培养及晋升制度,为引进的人才团队提供合理的发展空间,打造兼备专业能力和综合素质的新闻宣传工作者团队。同时,对于已有的媒体从业者做好相关的培训,提升其综合运用各项新媒体技术的能力;树立良好的政治理论素养和社会责任意识,做好相应的宣传工作。

(3)提高信息内容发布质量。在以算法、算力和数据为核心的生成式人工智能媒体时代,人们获取信息的方式愈发多元,选择空间愈发广阔。相关部门在推进媒体融合策略的过程中,必须坚定秉持"内容为王"的核心理念,致力于提升和优化宣传平台的内容质量,以此吸引并维持民众的关注度与使用热情。根据一项调研数据显示,黔西市在官方微信公众号及客户端的运营过程中,涉及政策、会议、活动等内容的文章阅读量普遍偏低。同时,大多数民众在参与线上线下的调查中均反映,官方宣传文章常显露出文风生硬、缺乏活力的弊端。在媒体融合的大背景下,基层宣传工作的推进主要依赖政务新媒体平台,但过于刻板的风格往往难以赢得网民的青睐。因此,为了创新宣传工作机制,首要任务是在确保信息发布合规性的基础上,进一步改进文风,使其更加贴近民众的阅读习惯,提升文章的可读性和吸引力。我们还应拓展信息稿件的来源,除了关注领导会议、政策文件等官方内容,还应加大力度发布民众关心的当地热点新闻和便民信息,从而丰富宣传内容,提升民众的参与度和满意度。

(三)完善平台建设与运用模式

在针对各新媒体平台的独特性进行深入剖析时,我们以微信公众号与客户端为例。微信公众号由于其用户群体广泛,微信用户习惯于通过转发分享信息,因此在很大程度上影响着新闻宣传的成效。同时,微信本身的私密性特点使微信公众号服务栏目更具信任度,有助于增强用户黏性。相较之下,客户端平台在功能选择上更具多样性,能够为用户提供更为丰富的使用体验。在媒体融合的宣传机制优化过程中,我们应当充分考虑不同媒体平台的特性及用户阅读偏好的影响,摒弃以往单一的"一稿通"策略。例如,可以通过微信公众号平台或短视频平台对相关政策文件进行解读,以补充政策详解功能,提高用户对于政策的理解度和接受度,而对于客户端平台,则应注重功能的完善与丰富,提升用户体验。以黔西市目前的官方客户端为例,"黔西融媒"App主要侧重新闻信息的发布,但在功能方面尚显不足,而"人文水西"客户端则提供了更多的服务入口,功能更加完善,能够满足用户多样化的需求。因此,在后续的媒体融合工作中,应结合不同平台的特性,制定更具针对性的宣传策略,以实现宣传效果的最大化。

合理有效地完善宣传平台,对宣传机制创新有着重要的推动意义。在平台建设上,无论是客户端平台还是微信公众号,相关部门都可以在服务栏目上与办事窗口进行补充,以此对相关机制进行更进一步的创新与完善。尤其是在政民互动方面,民众始终保持较高的热情,大部分愿意并希望在相关的新媒体平台与相关部门进行沟通与交流。此外,在对平台建设与运用模式的转变过程中,还要加强对相关平台账号的宣传与推广,各部门、乡镇均可以通过定位目标人群,进行平台账号的推广。只有将平台建设、平台推广与平台运用模式转变相结合,才能真正做到既便民利民,又有利于机制创新、合理有效。

第五节　构建全媒体传播体系新路径

当前,在生成式人工智能技术驱动下,媒体的传播生态与格局正发生着改变,将推动从外部形态的简单相加向媒体本质内涵融合的发展。全媒体是媒体融合在中国语境下的本土化探索,地方媒体作为全媒体传播体系中的重要组成部分,但由于各地区之间的文化特色、人文风貌、资源构成等存在差异,只有进行地方有特色的融合,才能促成中国特色全媒体传播体系的建构。地方全媒体传播体系的建构在"四全媒体"的蓝图下,应有不同的方案,有各地之特色、各地之重点。

一、媒体融合发展进程

（1）初步探索:"互联网+"阶段。随着互联网的出现,国内各行各业开始积极探索互联网,传统媒体也纷纷踏入"互联网+"的新传播渠道,探索内容的互联网化转型,形成了人与网络有机融合的新型社会形态,不断改变着媒体的发展轨道和传播方式。但是,这一时期许多媒体对转型的理解只是将传统媒体的内容搬运到互联网上来,针对新渠道进行运用,缺乏对传播方式的创新。传播内容与新趋势的融合只停留在了表面,传播效果未被新渠道进一步释放出来。

（2）重构实践:"中央厨房"阶段。随着通信技术的迅猛进步,互联网产业逐步迈向成熟,公众对互联网的认识也日渐深刻,应用层面不断拓宽。早在2014年,媒体融合就得到了理论层面的支撑,这一概念逐渐深入民心,因此这一年也被誉为媒体融合的元年。在理论指引之下,传播形式得到了前所未有的重视,"中央厨房"模式崭露头角,"一网两端多平台"成为行业标配。"中央厨房"作为升级版的编辑部,担任着内容生产调度中心的重任,能够轻松调控、指挥媒体矩阵。此外,它还为全媒体的发展培养了大批创新型、综合型人才,进一步凸显了团队合作的力量。体制机制也随之不断完善,资源投入大量增加。然而,尽管如此,这一时期互联网媒体在受众中的普及程度仍未能达到理想状态,媒体融合仍面临着留不住受众、效果不佳等核心问题。

（3）融合下沉:县级融媒体阶段。2018年,媒体融合的探索走入更深层阶段,媒体建设开始触及基层,发力开展县级融媒体建设,打造本土化信息枢纽,更好地将基层与中央连接起来。这一阶段开始重视传播流程、经营管理、受众参与,注重融合模式多元化,着力打造有影响的县级媒体品牌。县级融媒体的建设使主流媒体更易坚守舆论主阵地,提高公信力,推动信息由量到质的根本性转变,以充分发挥主流媒体的引导作用,连接基层综合服务,提高基层治理能力。

(4)建构蓝图:全媒体传播体系构建阶段。当前,随着以算法、算力和数据为核心的生成式人工智能技术不断发展,移动互联网已成为信息传播主渠道,移动媒体进入加速发展的新阶段,全媒体传播体系着重外部各要素资源与媒体的融合及回归媒体本质内涵的融合,主流媒体要深刻认识全媒体时代的各种挑战与机遇,在多元的媒体格局中不断提升传播力、引导力、影响力和公信力。

二、新时代全媒体传播体系构建的新要求

2020年6月30日,中央全面深化改革委员会第十四次会议顺利通过了《关于加快推进媒体深度融合发展的指导意见》强调,加快推进媒体深度融合发展,要深化主流媒体体制机制改革,大力培养全媒体人才,尽快建成一批具有强大影响力和竞争力的新型主流媒体,逐步构建网上网下一体、内宣外宣联动的主流舆论格局,建立以内容建设为根本、先进技术为支撑、创新管理为保障的全媒体传播体系。[1]全媒体传播体系的建设过程需不断进行创新、完善,实现动态发展,同时必须遵循社会发展的内在规律。只有这样,我们才能切实强化新型主流媒体的建设,构建出高效、优质的全媒体传播体系,进而推动地区乃至国家的经济、政治、文化等各个方面的蓬勃发展。

(一)全媒体传播体系维护社会稳定

全媒体传播体系的作用首先要突出在社会整合作用上,稳定是发展的前提,更是蓬勃发展的催化剂。面对当前新媒体环境所出现的热点议题频出、舆论话题跑偏、流言谣言泛滥及多元化表达的现状,媒体舆论引导开展困难,出现

---

[1] 崔士鑫. 加快推进媒体深度融合发展 建立全媒体传播体系[EB/OL]. (2020-11-02)[2025-05-15]. https://m.thepaper.cn/baijiahao_9819462.

低效传播,妨碍对信息资源的有效利用。因此,全媒体传播体系的建设要把人作为关键点,内容与人的互动、融合,是全媒体传播体系建设的重点,一方面,是如何将信息传递给受众;另一方面,是如何让受众参与到全媒体的建设中来。全媒体传播体系的建设要围绕凝聚社会共识开展,要延伸到日常的生活中来,并强调人与信息交互的"全程、全息、全员、全效"的特性,使媒体具备组织动员的能力,同时使越来越多的人通过创新、互动来辅助内容发挥效果,二者进行有机互动,以维护社会稳定。

(二)全媒体传播体系推动经济发展

全媒体传播体系的建设过程中,对于受众而言,要减少受众的信息筛选成本,同时受众自身要增强对信息的把关能力,加快有效信息互动,提高信息传递的准确度,以推动个人经济和社会经济的发展。媒体产业和媒体事业两者是辩证统一的,文化产品的意识形态属性与产业属性是一致的,两者相互促进,共同发展,既要注重媒体的社会效益也要注重媒体的经济效益。对于社会而言,应重视整合媒体优质资源,增强自身的核心竞争力,具备与各种社会资源对接的能力,以及统筹各种传播要素的能力,创新内容供给体系和传播方式,提高内容触达率,全方位满足受众的多元化需求,以促进地区、范围经济的高质量发展,有效连接产品的生产、流通及消费,加快构建以国内大循环为主体、国内国际双循环相互促进的新发展格局。

(三)全媒体传播体系促进文化自信

随着生成式人工智能技术的发展,全媒体传播体系的作用还要突出在文化传播领域,这是社会稳定及发展的基本保障。对内要结合新形势、新要素、新资源,创新文化传播路径,增强受众对文化内涵的接触、了解,推动以个体为主的节点式自发传播,进一步转化为更深层的文化自信,以更好地帮助人民找到归属感,产生认同感,使之转化为事业建设中的价值导向与精神支柱。文化自信不仅在于我们自身的文化生命力,还在于中华文化是否能够赢得尊重、理解与认同,获得世界的认可。因此,全媒体传播体系的建设对外要整合国内外优质资源要素,推动传播过程既要突出中华文化的特色,也要符合国外不同受众群体的信息接收习惯,同时还要吸收国外优秀文化,形成国内外优秀文化相互交流、相互促进、相互发展的局面。

综上所述,全媒体传播体系的建设必须坚持正确的政治方向、舆论导向和价值取向,在多元中主导,在多样中谋共识,以维护社会稳定,高效传播;必须将社会效益和经济效益都放在重要位置;同时必须在文化传播领域进行引领,树立文化自信。

三、当前全媒体传播体系的基本现状

(一)人才短缺,民众参与度低

通过发放关于贵州媒体使用情况的调查问卷,共有1007人参与。其中,无效问卷数0份,有效问卷1007份。通过上述问卷调查和资料收集分析,一方面,在用户上,根据随机抽样调查数据,大约有90%的人会主动关注新闻,并且有约80%的人对于新闻的态度是肯定的,却只有约30%的人会主动参与新闻评论或投稿,参与度过低,反映大部分人还是停留在接收信息层面,反馈、互动甚少,参与度与关注度还未达成正比,在提高民众参与度方面仍需发力。另一方面,在人才上,习近平总书记提出:"媒体竞争关键是人才竞争,媒体优势核心是人才优势。"人才短缺会限制技术发挥,但现状是一些县、市仍然存在人才稀缺的问题。人才转型、人才数量与实际需求之间也有差距,十分缺乏能够通过创新运用新型传播手段的全媒体传播人才。加上体制机制跟不上媒体现有发展趋势,留不住人才,用不好人才,媒体运营难以完善,还有许多地方媒体入不敷出,仅能依靠财政收入来维持运营,自身造血能力不足,难以突出自身的效能,导致新闻舆论阵地面临重大隐患,受众和人才严重流失,自身艰难发展。

(二)技术发力不明显,缺乏创新突破

技术对内容效果的释放起着助推力,5G、人工智能、物联网的发展使新闻信息在内容呈现形式上有所改变,但从数据反映来看,大部分人还是通过视频和文字来接收新闻信息。音频、直播等形式较少,AR、VR、新闻游戏等新型新闻信息呈现形式更是只有极少部分人知道,显示了技术带来的力量还未全方位

地融入内容本身,技术与内容的融合还有待发展。贵州本地的新型新闻信息呈现形式还有待完善,如众望客户端的众视板块有小视频、直播、VR专栏,小视频缺乏关注度,VR呈现还待完善,大部分用户能够接触到的新闻信息呈现形式还是文字与视频,技术发力还未能够辐射基层民众。其他客户端及网站仍以文字、视频为主,新形式的新闻呈现还未出现并下沉至用户。另外,本地占据优势的大数据技术还未普遍运用到新闻信息的呈现上,以大数据为支撑的数据新闻有待创新突破,应牢牢把握住大数据技术现有的地区优势,不断进行探索、开发及应用,打造具有贵州特色的全媒体。

(三)产品体验仍需提高,效能发挥仍不突出

贵州本地的各个新闻客户端,如多彩贵州网的众望、贵州广播电视台的动静、《贵州日报》的天眼,都有不同的分类、不同的专题、重点。如众望新闻客户端分为众闻、众问、众要、众视、众听五个板块,设有头条、推荐、要闻、众圈、都市、金融、旅游、教育、茶、大数据等各类特色和各地区自选频道,其优点是设有众点积分与问政和有偿投稿充分连接用户,提高用户的参与性。动静新闻客户端以资讯、新闻联播、视听进行分类,资讯设有精选、两会、视频、直播、贵州"三农"、民生、财经、房产、教育、健康、公益、文艺、旅游体育、文化、活动、贵商、专栏和专题,同时连接电商销售地方特色食品,还连接了教育,开设空中黔课及其他兴趣培训。天眼客户端分为新闻、报刊汇、视频和音频四大板块,新闻设有要闻、推荐、贵阳、脱贫、天眼号、都市新闻和贵州政要板块。其中,贵州政要直接连接相关人物的所有政要,便于查找及阅读。

从各个新闻客户端来看,内容多样化且各具特色,但在产品体验上存在以下问题:新闻信息在重点要素上很难以第一感知分辨内容要点,而调查显示有部分人喜欢简洁的新闻呈现形式、有人喜欢深度报道,还有人喜欢一看标题就能概括内容的。因此,浏览界面在符合人们的使用习惯和视觉舒适上还有待完善,如可以从本地热搜排序或重要新闻排序的显示上,满足部分喜欢先从标题了解新闻的用户。在深度报道中可以通过标记部分重点内容来满足简洁阅读的用户需求等。相同的内容可以用不同的呈现形式,满足不同的受众群体。这些方式都有助于社会主义核心价值观大众化传播和分众化投送。

(四)内容同质化程度高,覆盖率低

数据显示,在获取有关贵州的新闻信息时,更多的人还是选择在微信公众号了解,其次是抖音、快手,再次是微博、电视,只有很少部分人使用新闻客户端和新闻网站。这反映了大部分人仍喜欢通过社交媒体来获取新闻信息,专业的主流媒体客户端和网站使用的人还甚少。

在微信公众号、抖音、快手等平台,新闻信息的内容同质化程度较高,很难在与其他信息同时接收中产生吸引力且沉淀用户,尤其是在充满软内容的社交平台,人们更容易被浅层的、娱乐的信息所吸引。在媒体发布的各类新闻信息中缺乏以主流新闻媒体为核心的平台占据优势,以主流媒体为核心的新闻客户端、新闻网站等覆盖率较低,并且新闻网站和客户端在内容上以硬新闻为主,延伸信息及服务少,缺乏吸引特质,用户下沉难。特色内容在大环境中并不突出,很难扩大对于本地以外的用户的传播效果,更难进行对外传播。

综上所述,全媒体建设不仅要重视用户和人才,还要灵活运用技术,赋能内容建设,并结合自身优势,创新机制体制,使内容呈现形式更加全方位、多层次,应用体验更加完美。当全媒体建设不断显现成效,就能够吸引更多用户,满足更多用户的信息需求,还能留住更多人才、发挥人才潜能,促进媒体融合不断往深度发展。当媒体有了足够的用户和人才,便能更好地拓展、延伸业务服务,展现自身的质量和力量,整合、统筹各要素,以增强社会治理能力。

四、全媒体传播体系构建路径与方法

(一)全员参与信息生产,共创信息传播新生态

随着媒体融合向纵深方向发展,信息生产的参与者不再局限于新闻从业人员,信息生产逐渐社会化,但从贵州的民众参与度来看并不明显,贵州全媒体传播体系的构建还应从扩大受众参与度着手,在全员参与的过程中,不同个体能够更加自如地表达自身的诉求。这既有利于有效信息更快流动,也有利于地方更加全面地了解及传达本地区人民的诉求,以做出更为明智、更加有效的决策。

(1)逐渐提高公信力,适时加强宣传。让越来越多的人参与,首先需要提高

主流媒体的公信力,这是人们参与的首要前提。公信力是逐渐积累的,主流媒体只有注重优质内容,及时回应受众关切,及时发声,深入群众,挖掘真相,杜绝一切虚假信息,才能逐渐建立起媒体的公信力。只有有了公信力,才能体现媒体的信誉度和权威性,把握话语主动权,才能更好地凝聚共识,发挥效用。主流媒体还要适应不断变化的传播环境,改变现有僵化的宣传模式,在合适的时机做恰当的宣传增加地区人民对本地主流媒体及其内容的接触率,以获得更好的社会传播效果。

(2)向内留住人才,向外激发参与。适当提高待遇,留住本地的精英人才。引进全媒体人才是全媒体发展的有效途径,全媒体人才要能够进行快速精准的决策统筹、要有创新精神、有高质量内容生产制作的能力,还要有对于传播大环境的把关能力。鼓励各学科之间的交叉融合,倡导打造团队合作能力高、沟通能力强、应变能力快的人才。媒体还应创新激发大众内容生产、创作、反馈的机制,促进信息传播从单向度变为以个体为节点的网状式辐射传播,建立"优质作品优先"的评价体系,凸显优秀用户的内容生产能力和表达能力,给予充分认可,使公民用户从新闻生产与传播中获得成就感,形成"全民办报"场景。只有扩大主流媒体的影响力,践行群众路线,才能架好媒体这座联通沟通的桥梁,实现新闻生产全员参与。

(3)打造传播矩阵。在抓住受众和人才后,要建设以主流媒体为核心的传播矩阵,发挥综合优势,创新新型传播平台,打造传播品牌,改变盈利模式,增强自身造血能力,以占领市场为核心,构建传播市场强大主导力量。在具备一定的主导力量后,也能反过来吸引更多的受众和人才的参与,打造实力强大的新型主流媒体。

(二)探索数字新闻地图,构筑全过程信息图景

在生成式人工智能媒体时代,媒体可以突破时空界限,实现即刻传播。为此,我国主流媒体纷纷尝试"直播新闻",在新闻报道中,同步跟进、记录和播报新闻生产的全过程。全媒体建设要求主流媒体对事件实现全程跟进和捕捉。在生成式人工智能的全媒体时代,内容生产过程非常重要,产出后的信息分发也重要,即时分发更重要。若光有内容生产力而忽视分发,主流媒体的内容生

产就很可能沦为其他平台的廉价优质内容提供商。

为使信息从采集到传播的过程更加清晰、实时,突出优质内容的效力,本地主流媒体应占据核心竞争力、扩大用户覆盖率,形成以主流媒体为中心延伸的媒体矩阵。结合运用本地大数据优势尝试数字新闻地图,以地区及时间线来划分,既能简便搜索各地不同时段的新闻信息,又能接收当前呈现直播态的新闻信息,使新闻信息呈现实时数据化的状态,同时还能成为结构清晰的新闻数据库,便于媒体跟随外界变化调整自身结构。在数据可视化下呈现全程新闻信息图景,尽可能链接其他相关的服务,转化为主流媒体主导的综合性平台,成为基层民众的实时信息枢纽,实时反馈也能缓解当下普遍存在的信息焦虑。

(三)把握新技术驱动,推动信息呈现立体化

在信息交流过程中,由于每个人的生活经验和文化背景不同,编码和解码的过程中都存在着一定的差异。但如今,对于外部世界的认知,越来越依靠机器采集的数据和感官感知相结合而产生。5G将深度改变传媒业态,赋予媒体多样化的信息呈现形式及多样化的场景,更多内容将以飞速、超高清、全视角的方式呈现,同时将更加注重用户信息接收的体验感,万物皆被赋予感知力,实现沉浸式传播。

未来物联网、人工智能等技术的发展必将催生一批新型应用,将会更加便捷、全面、立体地满足人们的信息需求。贵州全媒体传播体系的建设应驱动新技术、把握智能化,不断适应万物皆媒人机共生的全媒体传播体系,将人放在更高的位置上去释放更大的创造力和生产力,人机融合,能使信息传播方式更加全方位、立体化,减少不同个人在传播信息过程中所产生的信息差,更好地满足用户对于客观事实的全面了解,有助于越来越多的人去客观地认识世界、改造世界。

(四)内容建设本土化,走入民众生活空间

本地媒体在内容建设上既要坚守新闻专业主义,又要创新突破。整体内容要适当,深度内容需要有质量,才能在海量的信息中凸显出来,但硬新闻、硬内

容要配比相当的软内容,软内容不仅能为硬新闻增加点击量,相关软内容、活动,还能为硬新闻增添色彩。

(1)产品内容设置。产品内容要合理实用,这是增强用户黏性的关键,能够实实在在地解决当地人民的疑问,简约便捷,自然会成为人民的需求品。但深层的内容要想被更多的人发掘,除了纯宣传,产品本身的内容也能够为自身进行宣传,尤其是软内容。这是留住新用户的辅助剂,能够在碎片化时间里发挥效力。产品还要注意社区枢纽和社群运营的建设,通过社区、社群的互动提升内容生产力和传播力,这既能扩大传播范围又能增强用户黏性。

(2)坚持高质量内容。要坚持"内容为王",这是真正打动用户的内核。技术上坚持体验为王,但无论信息技术发展到什么水平,内容为王始终是媒体应追求的初心,也是社会的共同期待。主流媒体的内容生产力占有相当的优势,因此媒体在追求形式的同时,更应该追求自身的优势——高质量内容,加大对内容生产的投入,推进内容生产供给侧结构性改革,以高质量的内容促进全媒体的建设发挥真正的效能。

(3)软内容具有辅助效用。即使是软内容也应当力求精准,可以将相关的软内容、活动赋予社交属性。当其中某项内容成为社交需求,其作为主要方面的硬性内容自然会被广泛关注、研究,走入生活空间成为常态,内容建设会更容易受到关注。例如,河南春晚的成功"破圈",让沉睡千年的文物"苏醒"。通过十四名舞蹈者的精湛演绎与现代技术的有力支撑,大唐盛世的传统文化得以生动再现。尽管相隔时空,但这次巧妙的表达却使传统文化焕发出新的生机,走进了大众的视野,赋予了文化以社交属性。这一过程中,大众与传统文化的亲近感和认同感得到加强,河南的文化传播也因此收获了广泛关注。数据报告同样凸显了软内容的重要性,提出在新闻评论中应注重严肃性与幽默感的融合。这种表达方式既能增强原阅读用户的黏性,又能吸引新用户的关注,并为他们带来新颖的见解,从而驱动民众更积极地参与媒体活动,使媒体更好地融入民众生活。当软内容建设展现出足够的吸引力和价值时,主流媒体的内容与议题将逐渐深入民众生活的方方面面。要吸引年轻一代,我们必须以足够的速度和丰富的内容来满足他们快速适应新媒体变化的特点。了解各类年轻群体的喜好与需求,有助于我们更好地把握全媒体建设的方向。通过语言表达的年轻化和内容建设的不断创新,我们能够在潜移默化中赋予内容更广阔的讨论空间,使其不断融入民众的生活空间。同时,对于年老一代的人来说,全媒体的发展也不能忽视他们的需求。我们不能单纯以新为好,而是要全面照顾到更多、更特殊的群体,确保全民都能参与信息交互,共享全媒体发展的成果。

全媒体传播体系的建设过程既是挑战也是机遇,主流媒体应提高自身的公信力和知名度,推动更多的人自发参与新闻传播,吸纳更多人才,释放技术的力量,以更快地找到联通其他服务、业务、商务的方式,同时要提高自身对舆论环境的把控能力,把握新技术的趋势,结合地区优势,打造各地特色媒体,抓住发展过程中的一切机遇。全媒体建设是一个过程,需要不断探索,进而加深融合,不断随着技术发展创新更多内容呈现形式,促进高质量内容效果进一步释放,以获得人民的认可,成为社区、基层民众信赖的信息枢纽。我们要迎难而上、顺势而为,不断解决建设过程中出现的问题,不断预防将要发生的问题,一步步推动媒体融合向纵深发展,逐渐增强主流媒体整合统筹内外部各要素的能力,打造人民满意的全媒体传播矩阵。

第五章　GAI时代网络传播风险应对策略

新闻媒体不仅是社会舆论引导、舆论监督的重要工具,更是推进社会治理的必备利器和社会公共服务的重要力量。尤其是在各种突发事件发生时,如何充分发挥媒体的中介桥梁作用,积极有效引导舆论、安抚社会公众情绪,从而避免此类事件产生的放大效应,已然成为当前媒体的重要职责和社会担当。在生成式人工智能技术助力媒体发生急剧变革的时代背景下,需要转换思维——从单纯的新闻宣传向公共服务领域拓展,充分发挥媒体的平台优势,构建"媒体+问政""媒体+服务"的全媒体矩阵,加强和推进社会治理创新,不断满足人民群众的美好文化生活需要。

第一节　网络传播风险治理重新审视

当前,纵观媒体融合发展的实践模式,以"县级融媒体建设"为核心的媒体融合发展战略已在全国范围内顺利实施,成为基层社会风险治理和引导社会公众舆论的重要指引。然而,由于建设历程尚短,"县级融媒体建设"模式在实践经验与运作模式方面尚显稚嫩,特别是在应对突发性社会安全事件时往往显得无所适从,难以有效引导社会舆论朝着健康方向发展。因此,本节内容将从协商民主的视角出发,对当前融媒体中心的建设情况进行深入审视,剖析融媒体建设与社会风险治理之间的调和关系,重新审视两者之间的内在逻辑;思考融媒体建设在社会风险治理中所扮演的角色与地位,以期梳理并探索出适合当前社会风险治理进程的融媒体发展模式。通过充分发挥融媒体在社会风险治理进程中的桥梁作用,旨在构建畅通、和谐、民主的社会治理环境,为打造共建共治共享的社会治理格局提供坚实的理论支撑和行动指南。

一、当前网络传播风险治理范式问题

"协商民主"这一理念的核心在于协商与共识的达成,它是对西方传统"自

由民主与批评理论"概念的深刻超越。其精神实质在于,通过广泛激发社会公众的积极参与,使大家能够就国家的政策方向、重大决策等议题形成共识。这对于强化政治共同体意识,具有不可忽视的方法论意义,并已成为新闻传播学、政治学、社会学、管理学等多学科领域的重要理论基础。从协商民主的理念出发,我们可以看到,当前中国的社会治理范式在发挥民主监督、民主自治、民主沟通、民主参政议政等方面仍有待进一步拓展空间。特别是在基层、农村等相对薄弱的地区,对政策认知不足、对国家行政决策了解不深入、民主参与决策积极性不高等问题仍存在。

(一)基层社会组织参与决策的互动性不强

长期以来形成的传统工作经验模式和办事作风,特别是在一些基层组织的决策形成过程中,诸如"一言堂"和"家长制"等陈旧陋习在当前社会基层治理中仍旧屡见不鲜。这些陋习忽略了广泛征求民主决议的重要性,对于涉及社会公众群体利益的问题,往往采取漠视态度,或奉行"我的地盘我做主"的自私原则。这种单向性的决策制定方式严重损害了社会公众的知情权和表达权,挫伤了他们参与社会基础治理的积极性,进而影响了工作决策的贯彻落实。

(二)基层社会公众参与的代表性不足

在现今社会转型的关键时期,借助协商民主稳步加强基层社会治理,无疑是推动国家治理体系和治理能力现代化的坚实基石。社会公众,作为基层社会治理中最为核心且广泛的参与群体,理应发挥其民主参政议政的积极作用。然而,在我国众多县、乡、村的社会治理实践中,社会公众的民主参与能力尚未得到充分的展现和发挥。据对"中国乡村民主协商会议召开情况"的调查数据显示,仅有20.3%的受访者表示"基本上都开会"或"经常开会",而25.4%的受访者则选择"偶尔开一下会",更令人担忧的是,高达21.6%的受访者坦言"从来不开会"。这一现象清晰地反映出,在广大乡村、街道、社区等基层社会单位中,决策过程往往缺乏必要的民主协商环节。这种"会而不议、议而不决、决而不行、行而无果"的办事议事作风,无疑在一定程度上阻碍了基层社会治理的有效推进。

(三)基层媒体行使监督权的影响力不够

在生成式人工智能技术和智能媒体时代,媒体作为公众获取国内外信息的关键渠道,发挥着举足轻重的作用。它不仅是相关部门制定决策、汇聚民意、反映民情、沟通民众的重要平台,更是推动社会进步、促进民主发展的重要力量。然而,我们必须正视的是,在众多偏远的乡村地区,媒体的发展却面临诸多挑战。一方面,由于公共媒体的长期缺位,当地社会公众对媒体的感知逐渐减弱,缺乏对媒体在公共决策监督中重要作用的深刻认识。这导致了他们难以充分利用媒体这一平台来表达自己的诉求和意见,从而影响了媒体在基层社会治理中的积极作用。另一方面,基层媒体的市场化、社会化水平相对较低,其日常运营往往依赖于国家财政的支持。这种现状使基层媒体在履行职责时,更多地侧重新闻宣传的单一功能,而缺乏政民互动、民意征集等涉及社会民生、公共事务、舆论监督等关键板块的内容。这无疑削弱了媒体在基层社会治理进程中的舆论监督功能。综上所述,在这种复杂的背景下,基层社会治理的协商民主机制未能充分发挥其应有的作用。

二、融媒体与网络传播风险治理

2016年10月9日,在十八届中央政治局第三十六次集体学习时,习近平总书记深刻指出:"随着互联网特别是移动互联网发展,社会治理模式正在从单向管理转向双向互动,从线下转向线上线下融合,从单纯的政府监管向更加注重社会协同治理转变。"这一重要论述深刻剖析了媒介变革对当代舆论引导所产生的深远冲击与显著影响。尤其伴随着社交网络媒体的蓬勃兴起,传统媒体与新兴媒体相互融合、共同发展,对当前的舆论引导格局产生了深刻而广泛的影响。传统的思维范式和操作模式已难以适应当前社会治理的现实需求。作为一项复杂且庞大的系统工程,舆论引导必须紧密结合当前媒介信息这一无处不在、无人不晓的新兴治理主体因素,充分发挥媒体在信息传播、舆论监督、社会动员等多方面的中介调节作用。我们应积极推动社会治理创新,不断提升防范各类社会安全突发事件网络传播风险的能力。

(一)融媒体在网络传播风险治理中的作用

媒体融合发展的浪潮为当前舆情治理带来了前所未有的新机遇,同时也带来了一系列新挑战。这些机遇与挑战并存,共同推动着媒体领域的不断前进。随着GAI新兴前沿技术的广泛应用,媒体采编平台迎来了崭新的发展机遇。内容创新、技术创新和手段创新已成为全媒体传播体系发展的重要方向,引领着媒体行业的变革。VR、AR、MR、H5等媒体技术在采编制作环节得到不断应用,为用户带来了前所未有的视觉体验,成为自我传播、人际传播、群体传播、组织传播和大众传播的重要表现形式。每一次媒介技术的革新都会催生出新的社会转型,多元化的全媒体传播体系已经成为推动社会经济发展和舆论引导创新的重要力量。回顾整个新闻传播史,我们可以清晰地看到从最初的口头传播,到报纸、广播、电视等传统媒体,再到如今以"一网两端多平台"为代表的社交网络媒体,第五媒体蓬勃发展,而全新的第六媒体,如VR也紧随其后,展现出强大的发展潜力。科学技术的飞速发展不断给人们带来惊喜,让人回味无穷。然而,在给人们带来便捷的同时,每天呈现指数级增长的新闻数据信息也让我们应接不暇。尤其是在各种社会安全突发事件发生时,纷繁复杂的信息噪声和谣言信息让人难以辨析其真伪。日新月异的新兴平台和登录通道有时也让我们感到无所适从,为舆论引导带来了一定的挑战。

(1)新背景。当前,GAI新兴科技力量正推动着媒体融合发展迈向崭新的历史阶段。信息传播的频率愈发密集,数据获取的渠道愈发便捷,人机交互的速度愈发快捷,而舆论场域的复杂性也随之加剧。媒体融合不仅为地方政府部门、企事业单位等创新舆论引导方式提供了崭新的手段和平台,更激发了社会公众积极参与社会治理的热情,为他们开辟了新的渠道和路径。

然而,我们不得不面对一个令人担忧的现实:多元化的信息传播方式正在深刻地改变我们的生存方式,大数据无时无刻不在记录着我们的日常生活轨迹。近年来,国内外时有发生的社会安全突发事件,许多都是在媒体的推动下逐渐升级,最终演变成公共危机。因此,当前的舆论引导工作显得尤为重要。我们既要充分发挥媒体融合发展的中介调节作用,积极利用新兴媒体平台推动舆论引导创新。同时,又要深入了解媒体的传播规律,精准把握媒体受众的心理特点,以免因媒体传播不当而带来负面的社会影响。

(2)新动能。GAI各种社交网络和智能媒体的迅猛崛起,正在对当今社会施加深远的影响,并显著重塑着人们的生活方式及价值体系。面对层出不穷的社会现象及公众日益增长的信息需求,相关部门需紧密结合媒体融合的独特优势,优化社会治理的业务重组与流程创新,致力于构建便捷高效、透明公正的行政运作体系,从而达成"一网通办"的"一站式"服务目标。媒体深度融合的推进,不仅促进了信息的迅速传播,更有助于在社会安全突发事件中引导公众迅速形成价值认同与行动共识,构建线上线下相互呼应的和谐氛围,进而推动职能转变,提升行政效率与社会服务能力。然而,媒体深度融合的发展也为社会公众政治动员提供了有力的平台与契机,同时也为不法分子提供了潜在的作案空间,给社会和个人带来了一定的风险挑战。

加强与创新社会治理与媒体融合发展的关系,二者之间存在着相互作用、相互赋能和相互提升的内在逻辑。媒体的深度融合发展为当前舆论引导工作提供了崭新的平台和丰富的机遇,而创新社会治理又反过来"倒逼"媒体融合在质量与效率上实现新的突破。近年来,媒体融合发展的进程已步入深水区,过去备受瞩目的"一网两端多平台"已难以满足当下社会公众的多样化需求。新兴媒体将在这片崭新的"蓝海"中竞相角逐,然而无论竞争如何激烈,我们始终都要遵循媒体的传播规律,不断推进社会治理创新,科学有效地引导社会舆论。满足人民日益增长的精神文化与美好生活需要,始终是媒体融合发展的核心目标,也是媒体创新发展的必然选择。

(3)新主体。在生成式人工智能技术快速发展的社交网络媒体时代,我们有必要对现有的舆论引导体系进行重新审视。媒体作为推动社会发展的重要社会力量,已经成为当前加强和创新舆论引导的新兴主体。在多元化的社会主体中,媒体发挥着社会公众之间的中介桥梁作用。它不仅是党和国家的喉舌,还是舆论引导的润滑剂,对于拉近与公众之间的距离、营造和谐融洽的社会环境、提升公信力等方面,具有举足轻重的作用。

长期以来,新闻媒体始终肩负着把握舆论导向、坚持正确方向、维护主流权威、保证真实客观、优化新闻结构、生产优质信息的社会责任。然而,在当下信息技术飞速发展的时代,媒体传播的速度和方式日新月异,众多媒体在追求社会效益与经济效益之间陷入困境,新闻报道失实、虚假广告屡禁不止、泛娱乐化现象愈演愈烈、舆论监督错位等问题日益凸显,媒介空间已然成为舆论引导的关键领域。作为承载着喉舌和桥梁功能的媒体,更应以主流媒体的担当,积极回应新时代的期待。我们应当凝聚力量,为实现社会稳定和长治久安的总目标而努力,与社会和时代同呼吸、共命运;应当加强舆论监督,注重自我监督,不断完善法规制度,提升主流媒体践行社会责任的动力,为推进舆论引导创新注入新的活力。

(4)新方式。近年来,在党和国家的高度重视与积极推进下,我国的社会治理能力取得了显著成果,人民的获得感、幸福感、安全感等得到了显著提升,社会繁荣稳定、人民安定团结的和谐氛围正在形成。然而,当前我国城市化进程的快速推进,也给当前的舆论引导带来了新的问题。无论是实施乡村振兴战略,还是推动城乡一体化发展,都带来了城乡公共服务均等化的突出问题。这些问题不仅可能引起社会公众的内心积怨和不满,甚至在某些情况下还可能引发民愤,进而演变为社会安全突发事件。面对这样的形势,社交网络媒体作为当前社会公众最广泛使用的平台,其重要性日益凸显。因此,相关部门应当充分发挥媒体平台的优势,通过政务平台积极与民众进行沟通和情感交流,增加公众之间的对话机会,扩大社会公众与社会联系的关系赋权,从而激发公众积极参与社会治理的积极性。在这一背景下,媒体融合发展应当转变传统的思路模式,坚持"媒体+政务+服务"的融合理念,而非简单地追求形式上的"合作"叠加。我们应当以解决人民群众迫切需要解决的问题为出发点,通过媒体与政务、服务的深度融合,共同推进社会治理的创新发展。

作为一种新兴的舆论引导形式,媒体应当充分利用当今最核心的技术平台,打造出深受民众喜爱、便于民众使用的栏目平台,如求助、咨询、问政和曝光等,以切实解决民众生活中的实际问题,实现解决民众生活困难的"最后一公里"目标。同时,媒体也应致力于提升社会公众使用媒体平台的愉悦体验,不断增强舆论引导的实效性。因此,媒体融合发展必须站在时代前沿,与时俱进,紧密依托当前最前沿的核心技术,坚持"以民为本"的核心理念,以满足民众生活需求、化解民众矛盾、疏导民众情绪为出发点,构建充满活力、富有创造力的媒体融合共同体。

(5)新场景。当前,我们已然置身于一个媒介包容性极高的空间环境中,媒体融合发展已经深入渗透到人类日常生活的各个角落,并成为推动社会治理创新的重要工具。作为一个"公共"的交际场所,媒体融合发展不仅为社会公众带来了别具一格的情感体验与狂欢盛宴,同时也为他们提供了全新的政治参与平台和渠道。回顾往昔,传统媒体时代的人们往往对民主讨论与交流持谨慎态度,受限于报纸、广播、电视等单向传播方式,他们往往只能被动地接受信息,鲜有机会真正参与社会治理中。然而,随着新兴技术的迅猛发展,虚拟场景的实现变得愈发可能,这为智能传播场景的生态环境带来了深刻变革。如今,依靠算法、算力和数据三大人工智能核心技术的应用场景频繁出现在我们的生活中,各大媒体机构纷纷抢抓机遇,布局新领域,标志着媒体融合正迈向更为深入的发展阶段。以2019年8月26日新华智云发布的25款自主研发媒体机器人为例,它们向外界充分展示了AI技术在媒体领域的广泛应用前景,预示着技术赋能智能媒体将成为未来媒体融合发展的新趋势,值得我们期待与关注。

媒体融合平台不仅成为社会公众获取新闻信息和网络问政的重要渠道,承载着丰富人们日常生活、提供多方面信息的重要使命,还成为各级党政机关、事业单位对外宣传的重要窗口。同时,它也成为解决社会公众各类现实问题、接受公众问政监督、积极推进社会治理的重要场景。在智慧社会的大背景下,智慧媒体无疑将成为未来社会的重要景观和生活图景,而媒体融合发展则为智慧社会提供了新的重要平台,成为相关部门、社会和公众之间的重要桥梁和纽带。

因此,我们需要重新审视媒体的生产流程和内容创新,以适应生成式人工智能技术快速发展的趋势。社交网络媒体传播具有显著的互动性、快捷性、多元化和大众化等特点,这使新媒体在社会发展和人民生活中具有显著的传播优势。当前,媒体融合的深入发展进一步促进了各种新兴媒体的蓬勃发展,为社会公众通过媒体平台参与社会治理提供了更加便捷、简化和畅快的体验。这一变革有效地推动了相关部门改变传统的社会治理模式,将更多的服务类别从线下转移到线上。以公安部为例,近年来公安部充分利用新媒体平台优势,有效推进各种便民服务措施。2019年,公安部"政务服务"平台正式上线运行,汇聚了全国公安各类548项服务事项,为群众提供了一站式服务,包括办理、查询、评价等。同时,公安部通过资料减免、一证即办、自助快办等措施,实现了马上办、网上办、就近办、一次办等便捷服务,极大地方便了社会公众办理相关业务,提升了办事效率和服务效果,赢得了公众的广泛好评和高度认可。

综上所述,我们可以清晰地看到,媒体融合在纵深发展的同时,不仅积极推动社会治理创新,还因其平台特性的开放性、扁平化、多元性等,使每个人都有机会在媒介平台上发布信息。这一变化极大地改变了媒体的传播生态格局,使一些微小事件在媒体的放大效应下迅速升级,进而可能引发舆情危机,产生更为广泛的社会影响。鉴于网络传播风险主体的日趋多元化,相关部门必须以媒体融合发展作为突破口,牢牢把控网络传播风险应对的话语权。这意味着,我们需要不断加强对网络空间信息内容的实时监测,深入掌握舆情传播规律,确保主流信息渠道的畅通无阻,并进一步强化主流舆论的影响力。近年来,在中央网络安全和信息化委员会的有力领导下,各省(区、市)均成立了相应的职能办公室,以切实加强对网络空间和媒体平台的强化治理与监督。同时,充分借助各类"云"平台,实现对地区内媒体资源的统一指挥与调度。融媒体平台在舆论引导和舆情处置中的价值日益凸显,其外溢效果不容忽视。

(二)融媒体在网络传播中的舆论引导

基于协商民主理论,从公共决策的最初形成到付诸实施,融媒体中心完全可以通过媒体的多重角色,如充分发挥媒体的新闻宣传、信息公开、社会动员、教育引导、舆论监督等功能,让公共决策在社会公众之间的顺利无缝对接,构建政策议程、媒体议程和公众议程三位一体的多元格局,从而更好地推进社会公众有效积极地参与社会治理。

(1)公共政策议题的设置者、推进者。议程设置作为社会媒体的最主要功能,对于引导社会公众参与社会事务具有积极的推进作用。它犹如茫茫大海中具有指引作用的灯塔,可以赋予特定的"可见性",引发社会公众积极参与社会公共决策的制定,使社会公共决策更加合理化,尽可能地减少社会群体性、社会安全突发性事件发生。从协商民主的视域来看，社会媒体通过议程设置功能，有助于让社会公众对于公共议题的广泛参与讨论。

（2）公共政策协商的组织者、动员者。社会媒体作为社会动员的最有效工具和平台，可以充分发挥"中间人"的中介和桥梁作用，为社会公众和社会组织等不同群体之间的对话交流架起桥梁，为公共政策与社会公众之间的良性互动交流提供有利的平台条件，尤其是对于涉及基层社会公众切身利益的公共事务，媒体可以充分发挥其自身优势，建立社会公众与相关部门协商沟通机制，通过网络媒体平台有效推动政民互动的交流沟通，也可以通过媒体问政等方式回应社会关切、解决社会民生等相关问题。纵观目前的各媒体融合中心（平台），都纷纷开设有"问政"栏目，通过定期或不定期邀请相关部门领导做客，面对面地与社会公众进行交流沟通，化解社会公众疑虑，回应社会公众问题，从而有效疏导社会治理进程中的各种矛盾，有助于加快推进社会治理进程。

（3）公共政策价值的解释者、引导者。如何提升媒体新闻宣传的"四力"（传播力、引导力、影响力、公信力），更好地服务社会公众、造福人民，不断提升新闻媒体的舆论引导能力始终是媒体机构的努力追求和价值目标。近年来，由于工作机制尚未建立完善，许多公共政策在贯彻执行过程中，致使社会公众不积极配合、产生疑虑甚至有怨言心理。因此，作为联系社会公众和组织之间的中介平台，社会媒体需要积极发挥舆论宣传引导作用，尤其是针对社会公众密切关注的热点问题积极进行回应，及时廓清、及时化解和及时纠正，共同营造一个风清气正、团结和谐的网络空间环境，使广大社会公众真正积极、热心地参与到社会治理进程中，为全面推进社会经济文化发展提供强有力的群众基础。

（4）公共政策执行的监督者、评价者、反馈者。尤其是当前无处不在、无所不能的社交网络媒体，社会公众可以不受时空所限，可以通过诸如网络曝光、市民热线等方式，随时随地对公共政策的贯彻执行情况进行积极监督，打破昔日各种社会不公壁垒，让公共政策更公开透明地执行实施。同时，社会媒体还可以充分发挥传媒智库的角色功能，积极为相关部门建言献策，助推公共政策在规划制定过程中更加合理妥当，提升公共决策的有效性和科学性，还可以通过建立各种榜单等排名制度,倒逼公共政策制定者积极进行优化政策,从而提升公共政策的最大效益。

充分发挥媒体平台成为人民群众参与社会治理的重要渠道是当前政府职能转变的重要标志,有助于打造一个行为规范、运转协调、公正透明、廉洁高效的"阳光政府"和"服务政府"新格局。因此,在当前媒体深度融合发展的新形势背景下,我们必须依靠媒体的中介调节作用,充分调动、激发社会公众参与社会治理,使其不仅愿意参与,而且要有渠道参与。为了推动媒体融合迈向更深层次的发展,作为媒体行业而言,必须将提高政治站位作为出发点,始终坚守正确的政治方向、舆论导向和价值取向,根据形势谋划,顺应趋势行动,顺应潮流作为,在把握时代潮流和遵循规律的基础上,坚持守正创新,始终牢记媒体的初心和使命,展现出媒体的责任与担当。我们只有充分发挥媒体在观照现实、追问真相、解疑释惑和明辨是非等方面的舆论监督机制,才能在时代的浪潮中真正展现媒体的本色,不断满足人民群众日益增长的美好文化生活新期待。

三、融媒体时代在舆情治理中构建舆论引导的基本模式

基层融媒体中心作为社会治理体系中不可或缺的一环,在协商民主理论的指导下,其角色定位已然超越了单纯的媒体宣传工具范畴,承载了更为丰富的民主沟通使命。它应深刻反映并凸显社会需求与基层需求,坚定不移地回归"服务公众、造福人民"的初心与使命。为实现这一目标,我们亟须重塑"媒体—公众—部门—社会"之间的多元主体协同治理模式,确保媒体能够"敢于发声、敢于亮剑、敢于担当",真正为人民群众代言,发出他们的声音。这样的改革将有助于推动社会治理的民主化进程,同时也有力促进融媒体中心在社会公众治理模式中发挥更加积极、有效的作用。这一模式涵盖了机制、功能、主体和方法等多个维度(图5-1),共同构建了一个更为完善、高效的治理体系。

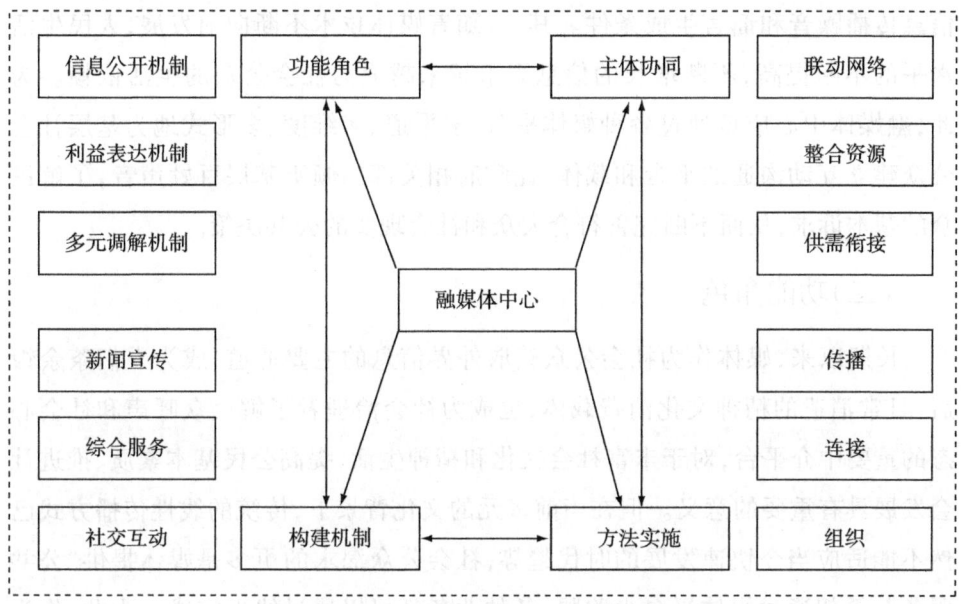

图5-1 基层社会治理的融媒体创新模式构建

从图5-1构建的模式来看,融媒体中心在"机制—功能—方法—主体"这几个维度上,具有多重的逻辑特征和规律。从融媒体中心建设的主要功能来看,新闻宣传、综合服务和社会互动作为融媒体建设的最初出发点,融媒体中心需要通过媒体的传播、连接和组织方法路径,充分发挥媒体的利益表达、信息公开和多元调解机制,通过联运网络、融合资源、供需衔接,最终共同实现对主体的多元需要。诚然,从机制、功能、方法和主体这四个维度的相互关系来看,是互为条件、相互衔接的共同体和闭合系统。

(一)构建机制

机制作为一个调节系统内部各主体之间功能正常发挥的重要因子,对于如何调节媒体与社会治理中的关系显得十分必要。其一,作为媒体而言,需要密切关注社会发展进程中的治理难点,着力解决基层社会公众的信息不对称、信息贫困等关键问题,充分发挥媒体的平台作用,切实保障基层社会公众的知情权和表达权等,尤其是面对突如其来的重大社会安全突发事件,媒体应该在事件爆发的第一时间做好信息公开工作,及时化解社会公众疑虑,减少不必要的信息传播噪音和谣言生成条件。其二,随着媒体技术不断向前发展,人民生活水平的不断提高,不断增长的信息需求越来越成为社会公众的生活依赖。为此,融媒体中心应该通过各种媒体平台,多渠道、多维度、多形式地为基层社会公众建立互动沟通的平台和载体,让政府相关部门倾听基层百姓声音,了解民众的基本诉求,从而不断完善符合大众和社会现实的公共决策。

(二)功能角色

长期以来,媒体作为社会公众获取外界信息的主要通道,成为人们茶余饭后、日常消遣的精神文化消费载体,也成为社会治理者了解民众呼声和社会心态的重要中介平台,对于丰富社会文化和精神生活、提高公民基本素质、推进社会发展具有重要的意义。但在当前多元的文化背景下,传统的线性传播方式已然不能适应当今快速发展的时代趋势,社会公众渴求的更多是媒体提供"公共服务",希望通过媒体平台少跑腿,各种业务都可以通过线上完成。为此,作为与基层社会公众密切联系的融媒体中心,除了认真贯彻宣传党和国家的政策宣传和新闻播报,还需要通过融媒体中心平台,通过在线互动的方式,积极架起民众之间体验的桥梁,对各种不良现象进行有效揭发,讲好中国故事、传播好中国声音,积极引导社会公众营造健康向上的精神文化生活环境和舆论环境。

(三)主体协同

社会治理作为一个系统工程,必须充分发挥各方主体(党委、媒体、公众、企业等)在社会网络中的协同合作机制,并各司其职各得其所。融媒体中心作为一个富有活力的多主体联动网络,具有多方面的资源,具有极大的资源聚合能力。为此,融媒体中心可以承担起从政府到社会公众的多元主体的连接功能,也可以充分激发多元主体的资源和优势,提高社会治理能力。2020年前后暴发的疫情中,各融媒体中心积极发挥自身传播优势,第一时间发布有关疫情发展动态,有效地遏制了各种谣言传播。例如,湖南红网建立了与县级融媒体平台共同合作的辟谣联动机制。县级融媒体中心不仅能在第一时间上报谣言,还能够通过自身优势联系当地相关单位督促核实以迅速辟谣,取得了较好的效果。也就是说,融媒体中心不仅要建立"传播矩阵",更要构建"行动矩阵",以实现加强与各主体的工作对接,共同推进社会治理进程。

(四)实施方法

正如前面所述,融媒体中心不仅要充分发挥自身的新闻宣传优势,还要积极充当社会各主体之间的联结纽带,并组织各方主体认真开展实施、共同推进。具体而言,融媒体中心应该通过跨媒体方式,如"一网两端多平台"各种媒体资源,进行信息公开、民意收集和公共议事,多方面传播接地气、贴合公众口味的信息,打造成为社会公众积极参与基层社会治理的高效载体,既要能"造船出海",又要善于"借船出海",将基层社会公众的呼声和民意传播出去,既能联动、组织各方主体力量积极推进、参与社会治理。例如,由贵州盘州市融媒体中心开发设计的"盘州全媒"App,集权威性、时效性和服务性于一体,秉承"一掌通天下"的理念,突破地域限制,以一流的团队不仅可以提供最快最新的各种资讯,还可以打造最炫最酷的节目,开启最潮最IN的生活模式,汇聚了新闻资讯、直播、点播、电视、广播、爆料和服务等各种信息功能,开设了全媒体直播、求助入口、辟谣入口、早知道、盘州之声等新兴特色通道,极大地提升了盘州市社会公众的民生服务和保障能力。

作为承载宣传舆论思想的重要载体,媒体行业必须紧跟时代步伐,充分利用技术优势对传统传播渠道和方式进行革新,以解决正确舆论引导力不足的问题。推动媒体融合向更深层次发展,构建全媒体传播格局,实现信息的融合共享,对于坚守正确舆论导向、讲好中国故事、传播好中国声音、激发社会正能量、营造良好舆论氛围、推进社会治理创新具有重要意义。同时,为实现"两个一百年"奋斗目标、实现中华民族伟大复兴的中国梦提供强大精神力量。

四、融媒体在舆论引导中的挑战及其超越

当前,融媒体中心建设正在全国加快推进,初步形成了较为完整的传播矩阵。但由于任何一个新兴事物在发展过程中都会遇到来自内外各种因素的挑战,加之基层社会公众对媒体认知、风险感知、社会治理等各方面的意识形成,需要一个循序渐进的发展过程,这就使融媒体中心建设在当前社会发展背景下,加强对人才、技术、资源等各要素的整合提升,更好地推进社会治理进程。

(一)强化顶层设计与政策支持

融媒体建设作为当前我国媒体改革的重要一环,旨在深化媒体服务公众、造福人民的效能,具有鲜明的时代意义。然而,在实际推进过程中,部分地方的教师尚未深刻领会媒体改革的核心理念,未能充分认识到媒体在社会治理中所扮演的关键角色。这导致在政策制定、方案规划、经费保障、人才支撑等方面,与中央全面深化改革委员会发布的《关于加强县级融媒体中心建设的意见》等文件精神存在较大差距。此种情况严重影响了当地融媒体中心的正常运转,限制了其功能的全面发挥,进而阻碍了社会治理的快速进步。因此,当前各级部门亟须提高认识,重新审视全媒体时代下的媒体功能,严格按照中央相关文件精神,从政策、人才、经费、环境等多方面给予大力支持与政策倾斜。同时,在政策制定过程中,应明确要求融媒体中心将推进社会治理这一重要任务纳入其工作范畴,使融媒体中心不仅能够服务于自身需求,更能满足公众的需求,从而最大限度地发挥其功能,推动融媒体中心建设的全面发展。

(二)提升群众积极参与公共事务能力

当前,从社会治理的现状来看,尽管无处不在的媒体为社会公众带来了前所未有的便利与可能性,为公众提供了更为快捷的社会治理途径,但长期以来形成的惯性思维导致许多公众尽管对社会发展中的问题有所看法或怨言,却未能充分发挥现有媒体平台的优势,积极参与社会治理。因此,首先,相关部门需采取一系列措施,提升社会公众的媒介素养,激发他们通过融媒体平台中的互动栏目、网络爆料、民生服务等渠道积极参与社会治理。其次,相关部门应利用公众喜爱的媒体形式或传播手段,坚持"移动优先"战略,优化媒体议程设置。在开设政民互动、曝光爆料等栏目时,应在确保信息安全的前提下,尽量简化社会公众的操作步骤,如优化烦琐的注册登录流程,以提升公众的参与积极性、便捷性和互动性。最后,相关部门需安排专人负责对公众的互动交流进行积极跟踪,及时回复、解释并反馈,以不断提高媒体互动的有效性和实施效果。

习近平总书记的重要文章《加快推动媒体融合发展　构建全媒体传播格

局》强调:"推动媒体融合发展、建设全媒体成为我们面临的一项紧迫课题。"近年来,在党和国家的高度重视下,融媒体中心的建设工作已全面而有序地展开。然而,我们不难发现,融媒体与社会治理之间的逻辑关系尚未达到实质性、有效性的预期效果。其中的原因如下:一方面,源于融媒体建设自身定位尚需进一步明确与调整。当前的制度安排、政策措施等在一定程度上仍未完全契合最初的发展构想。部分地区虽然投入了大量精力建设融媒体中心,但后续配套建设未能跟上发展的步伐,导致这些中心陷入了僵尸化状态,形式化严重,缺乏有效管理。另一方面,社会公众对于融媒体中心的运营模式和服务方式仍缺乏全面而深入的认识,尚未形成习惯性地利用融媒体平台优势为自身服务的意识。这种媒体发展的恶性循环,反过来又制约了社会治理的发展进程。展望未来,如何有效推进融媒体的服务社会公众能力,进而创新社会治理模式,助力国家治理体系和治理能力现代化的构建,仍将是一个亟待解决的关键性课题。

第二节 优化媒体传播风险沟通模式

从一定意义上而言,"风险沟通被看作是个体、群体与机构之间交换风险信息和看法的相互作用过程"❶。在这个定义中,可以看出在风险沟通的过程中,信息传递既可以是单一的也可以是双向的。这些风险信息包括公众对风险事件的关注,对事件的看法及主流媒体对事实的报道,其沟通主体的多样性和沟通方法的互动性成为风险沟通的主要特征。风险沟通的主要目的是知情、说服和咨询,让广大群众知晓事件的起因和结果,引导网络传播风险的发展方向,说服群众相信事实真相,同时提供咨询服务,为群众解疑释惑。风险沟通是网络传播风险引导的重要手段,是疏导公众情绪的主要途径。而传播风险是指由社会中的某些事件引发,最终形成大众广泛关注讨论的舆论现象。传播风险不仅反映了社会情绪,也反映了现实问题。网络传播风险具有以下特点。

(1)直接性。在传统媒体中,受众发表自己的意见需要进行审核,而通过社交媒体,网民可以在某一件事件中表达自己的观点和态度,群众意见的表达更加顺畅,社会公众可以直接发表自己对事件的看法和意见,甚至能成为业余记

---

❶ 马奔,陈雨思.如何构建有效的风险沟通?[J].公共行政评论,2018,11(2):176-186.

者,发布第一现场资料。社交媒体带来的便捷性也让网络传播风险具有了直接性,对事件的影响力也进一步增加。

(2)随意性和多元化。互联网带来的匿名性、无边界性和即时交互性等特点,使基于网络环境下产生的网络传播风险在意见交互和态度传递等方面表现出多样化的特征。再加上传统"把关人"这一信息审核者作用的削弱,在没有对信息发布进行严格审核把关的情况下,网络空间中充满了各种文化、思想、价值观和道德规范,每一个社会公众都可以找到自己的发言点。大众讨论话题内容的范围广泛,从而带来了舆情的随意性。

(3)突发性和隐蔽性。互联网打破了传统媒体在时间和空间上的界限,每条新闻都能在第一时间迅速被公众所了解。互联网作为一个虚拟的空间,虚拟性所带来的匿名性,让公众觉得自己的身份可以不被人所知晓,并且有的社会公众缺乏自我约束和有效监督能力,把网络空间变成发泄自我情绪的空间。目前互联网平台尚未全面实施实名制,在社交网络上的发言大多是匿名的,因此社会公众在面对重大舆情事件时能够畅所欲言,其中不乏许多有理有据、逻辑清晰的发言,但更多的是非理性的情绪化发言。

一、不同媒体间风险沟通差异的主要原因

不同的媒体场域在风险沟通中存在差异,这是因为不同的媒体在传播信息过程中有着不同的方式或语态,这些差异造成了在风险沟通中不同的媒体场域产生了不同的传播效果。

(一)主流媒体:言语表达严肃,不注重与公众互动

主流媒体发布的信息来源主要是文件制度、官方采访及专家学者的意见,带有明显的官方色彩,言语态度呈现的是体制内的新闻表达。在传统的新闻环境下,风险沟通实践对媒体的管制也是以审核把关为主,除了在新闻报道上语言表达的字字斟酌,还体现在社交媒体中与公众互动不强,或是几乎没有互动。将社交媒体作为普通的新闻传播媒介使用后,如果不注重与公众的互动,社交媒体就不能发挥出它应有的作用。在舆情事件发生后,主流媒体开始尝试根据使用平台的不同受众特点,从不同角度报道事件。但是,面对重大突发事件,主

流媒体的风险沟通依旧未能打破传统框架的限制,信息传播的表达方式没有太大改变。

(二)公众:非理性倾向明显

在事件刚发生的时间段里,社会公众可能在社交媒体上表达自己的情绪,但往往这时候公众没有理性思考,反而放纵自己的情绪进行发言。公众发言会注重事件中的矛盾冲突点,将情感与事实结合起来,言语上侧重诉诸情感。特别是在以公众作为最直接受害者的事件中,他们的发言会更加偏激、非理性。网络的开放性使公众在表达对社会热点事件的看法和意见时展现出不容忽视的作用。但是,由于个人的认知能力有限,公众对相关事件的专业知识并不了解,因此大多数人通常通过常识来认识风险,对事件缺乏全面了解,无法理性地思考。面对所谓的"专家发言"更容易信以为真,无法辨别信息的真假。一般而言,在事件初期,社会公众的态度都是非理性思考的情绪化发言,这也是在风险沟通中社会公众的表现特征。但理性思考的发言通常只有少数,更多的是在事件中后期,社会公众对事件的真相重新梳理后,才会进行认真思考。

二、不同媒体舆论场域风险沟通存在的问题

我们深知,网络安全具有极强的隐蔽性特征。一个微小的技术漏洞或潜在的安全风险,可能悄无声息地潜伏数年而不被察觉。这导致了我们往往陷入"谁潜入了系统不得而知、其身份是敌是友无从判断、究竟进行了何种操作一无所知"的困境。这些隐患长期"潜伏"在系统中,一旦触发,便可能引发严重的安全问题。随着互联网技术的快速发展,除了传统的报纸、广播、电视等媒体形式,新兴的社交网络媒体也如雨后春笋般崭露头角。这些新兴媒体所营造的传播环境与传统媒体存在显著的差异,进而导致了风险沟通在不同媒体场域中呈现出截然不同的特征。

(一)主流媒体:对舆论判断失误,信息监测不足

在网络传播风险事件中,主流媒体在舆情研究和判断方面存在诸多亟待解决的问题。

首先,其信息监测能力明显不足。这种监测不仅应涵盖对整体网络环境的把控,还需特别关注"意见领袖"的动向。因为网络"意见领袖"常常是风险传播极端化的导火索。有效的"意见领袖"监测能够洞察信息走势,并据此追踪事件进展,预防其发表可能引发舆论失控的言论或行为。

其次,主流媒体在热点事件的持续跟踪方面存在明显缺失。持续跟踪是信息挖掘的关键,有助于掌握事件发展脉络,及时披露真相,避免舆论危机升级。主流媒体在舆论初起之时便应表明立场,以免自媒体抢占先机,赢得公众心理认同。

最后,主流媒体在事件真实性确认环节上略显不足。部分主流媒体在追求时效性的过程中,往往忽视了对事件真实性的核查。这一现象在"粉丝"基础较薄弱的主流媒体中尤为突出。不实信息的发布会严重损害公众对主流媒体的信任度,进而对传播此类信息的非知名主流媒体产生普遍的不信任感。

(二)媒体从业者:缺乏媒介素养,缺少新闻"把关人"

在自媒体蓬勃发展的时代背景下,自媒体从业者的专业素养呈现出显著的差异。许多自媒体从业者由于缺乏深厚的媒介素养,往往过于追求信息的及时性,而忽视了至关重要的真实性原则。当面对某一事件时,尤其在事实尚未明晰、结论尚未确定的情况下,一些"意见领袖"的言论往往容易将事件推向舆论的风口浪尖。作为行业内的领军人物,"意见领袖"更应具备扎实的媒介素养。当面对网络传播风险事件时,他们不应在第一时间盲目追逐热点,而应当保持对信息的理性思考与真实性调查的坚持。若想在后真相时代继续发挥左右他人思考的引领作用,"意见领袖"更需时刻警惕,提升自身媒介素养。

三、后真相时代媒体风险沟通的优化策略

为了正确应对社会安全突发事件发生后可能引起的网络传播风险,充分发挥各媒体的舆论监督作用,各相关主体应该团结一致,采取合理对策,优化风险沟通策略。本部分根据四种不同媒体存在的问题进行风险沟通,提出优化策略。

(一)主流媒体:及时跟踪报道,改变传播语态

在社会安全突发事件引发的网络传播风险危机中,风险沟通的质量往往取决于主流媒体能否迅速、准确地传递信息。主流媒体凭借其作为传统媒体的权威地位,可以有效发挥舆论引导的作用,掌握议程设置的主动权。当负面信息涌现时,主流媒体应迅速作出反应,通过新闻评论等方式明确表达自身的立场和态度,勇于发声,并以理性、客观的态度进行表述。

在报道过程中,主流媒体应高度重视事件的真实性,力求呈现客观、公正、全面的信息。一旦发现与事实真相不符的新闻报道,应及时予以纠正,并加以引导舆论要朝着正确的方向发展。在全媒体时代的背景下,主流媒体还需具备出色的信息整合能力。面对互联网所带来的海量数据和信息,主流媒体不仅要能够从繁杂的信息中筛选出有价值的内容,还需将这些零碎的信息加以完善与整合,形成对社会公众具有正能量的信息,从而赢得公众的信赖与支持。

主流媒体应坚守新闻专业主义的原则,深入践行其精神内核,全面履行媒体的社会责任。在报道之前,应多方求证信息来源,从源头上杜绝新闻失真的可能性;在报道过程中,应以事实为依据,客观还原事件真相;在报道之后,还应建立新闻首发负责制,以提高新闻失真的成本,确保新闻传播的准确性和公信力。主流媒体作为官方思想的重要传播渠道,为了实现与公众的良性互动,必须转变传播语态,优化风险沟通策略。通过实现信息的有效流通与互换,以贴近民生的内容拉近与公众的距离,传播事实真相,纾解公众情绪。因此,主流媒体应善于利用社交媒体这一新兴平台,深刻把握全媒体时代的传播规律,从而在风险传播中不断提升媒体自身的信誉度,增强媒体的公信力,为社会的和谐稳定贡献力量。

(二)"意见领袖":减少舆论引导行为,注重新闻真实性

在官方媒体、主流媒体及社会公众的视角中,"意见领袖"作为具备中介作用的特殊发声者,其角色尤为显著。他们以个人身份崭露头角,不仅突破了传统的话语传播模式,更能发表专业独到的见解,深刻影响公众对风险的感知,并具备塑造舆论议程、转变舆论走向的能力。

因此，每当社会安全突发事件爆发后，作为舆论事件中举足轻重的信息传播者，"意见领袖"更应着力提升自身的媒介素养，强化新闻专业主义精神，积极担当起大众传播评论员的重任，有效引导舆论走向。同时，作为自媒体人，他们只有秉持新闻职业操守，不断提升职业素养，才能更好地为公众传递正能量信息，揭示新闻事实真相。在发表言论时，"意见领袖"应审慎控制情绪，对自己的言论和行为负责。在信息传播过程中，必须坚守实事求是的原则，避免夸大其词或过度渲染，同时在表达意见时注重措辞，避免使用极端化、情绪化的言语。

（三）公众：提高公众素养，理性思考，客观传播

在社交媒体日益蓬勃发展的时代背景下，特别是在各类社会安全突发事件偶发之际，公众媒介素养的提升显得尤为重要。面对层出不穷的虚假新闻和网络谣言，社会公众需要具备更为敏锐的新闻意识，以有效甄别谣言与虚假信息。当公众接收到各类信息时，首要任务是保持冷静的头脑，进行深入的思考和分析。不应盲目追随信息发布者的脚步，而应具备对信息真伪的辨别能力。在表达个人观点时，尤其要注意语言的客观性，以客观表达来营造积极的网络氛围，维护良好的网络秩序，避免陷入情绪化的漩涡。在"后真相"时代，情绪化发言已成为社交网络上的一种不良现象。因此，公众在面对社会安全突发事件引发的舆情时，应秉持客观理性的态度，做到不造谣、不信谣、不传谣。对于来源不明的信息，更应保持审慎的态度，进行客观分析，并优先选择权威媒体发布的信息作为参考。全媒体时代，公众获取信息的渠道愈发广泛，信息量也呈现出爆炸式增长的趋势。然而，值得我们深思的是，大多数公众在信息的辨识能力上仍有待提高，往往容易轻信媒体所言。因此，如何提升媒介素养，增强对信息的辨识度，已成为当前社会公众亟待解决的关键问题。我们不应仅满足于"人人都有麦克风"的时代，更应努力迈向"人人都是把关人"的新时代。

综上所述，我们可以发现，"互联网+"时代所引发的媒体变革，不仅催生了全新的风险沟通模式，更凸显了风险和信任这两个现代性维度的紧密关联。随着现代性将我们带入一个充满风险的社会，如何维系与增进人与人之间的信任也显得尤为关键。通过深入分析相关部门、主流媒体、舆论领袖及社会公众这四大舆论场域的异同，我们可以清晰地看到，前两者作为官方场域，其信息传递

语态严谨,与受众沟通相对较弱,但信任度较高。而后两者则属于民间场域,发言者通常更倾向情绪化、随意化的表达方式,却能够更好地与受众沟通,甚至在舆情事件中更易引导社会舆论,掌控网络舆论场。在互联网迅猛发展的今天,如何成为一名具备媒介素养的信息接收者,已成为每位社会公众必须掌握的技能和本领。只有具备理性思考的能力,我们才能在纷繁复杂的外来信息中保持清醒的头脑,做出自己的判断,而非轻易被外部信息所左右。作为信息传播者或接收者的我们,更应时刻坚守道德底线,保持理性发言和思考,共同为创造更加美好的互联网空间环境而努力。

第三节 拓宽畅通社情民意表达渠道

群众利益诉求表达机制不仅为群众提供了发声的平台,还能将群众表达的需求与意见以合法合理的方式加以处理,确保得到切实落实。这一机制在加强社会各阶层之间的联系方面起到了关键作用,特别是让上层组织能够聆听到底层群众的真实心声。在生成式人工智能技术时代背景下,要充分利用新兴媒体技术的发展优势,顺应全球信息革命的最新趋势和特点,优化群众利益诉求表达的机制路径。这样不仅可以畅通群众利益诉求表达的渠道,使群众的利益诉求得到有效回应,还能进一步提升群众的满意度、幸福感和获得感,有助于社会的稳定与和谐发展。

一、群众利益诉求表达的构成要素

群众利益诉求表达是一个复杂而系统的过程,它由主体要素、中间要素和客体要素这三个关键方面共同构成。一个系统若要取得良好的发展,必然需要各个形成要素之间实现紧密的协作与配合。因此,在群众利益诉求的表达过程中,若想要有效地满足群众的利益诉求并取得良好的表达效果,就必须确保这三个要素之间能够协调配合、相得益彰。否则,群众的利益诉求很可能无法得到充分的回应和满足。

(一)主体要素

群众作为利益诉求的核心表达者,其主要表现囊括了两大层面。首先,是表达的意愿层面,即群众是否怀揣着想要阐述和传达自身利益诉求的初衷与动机;其次,是表达的行为层面,即群众如何选择适宜的方式、途径及心态来有效传达其利益诉求。通常情况下,这两大层面均受到群众自身文化背景的熏陶、信息掌握程度的影响、资源获取能力的制约,以及社会地位的作用。那些拥有较高知识素养或社会地位显赫的个体,往往在表达能力、表达意识及表达态度上更胜一筹,他们更加擅长阐述自身的利益诉求,展现出较高的表达行为与意愿。

(二)中间要素

利益诉求表达的中间要素,即表达渠道,在利益诉求表达过程中起到了至关重要的桥梁作用。它是联结主体要素与客体要素不可或缺的纽带,是确保利益诉求得到有效回应的关键环节。中间要素发挥作用的显著表现主要体现在表达渠道的数量、效用及通畅性等方面。

构建充足、畅通且高效的利益诉求表达渠道,对于促进执政者或政治精英与人民群众之间的有效沟通具有积极意义。这样的渠道有助于更好地实现人民群众的利益诉求,进而维护社会的稳定与持续进步。相反,若人民群众的利益诉求缺乏制度化的表达渠道,便可能引发群体性事件,迫使他们选择非制度化或非法化的途径来表达自身诉求。由此可见,建设利益诉求表达渠道对于实现群众利益诉求具有极其重要的作用。

(三)客体要素

在优化信息公开程度、信息处理能力及回应效能等方面,客体要素能够充分发挥其关键作用。政府信息公开程度的提升意味着公众能够获取更多信息和资源,从而更加有保障地表达利益诉求;客体若能及时且高效地处理信息,将更全面地了解各类利益诉求,进而在相同时间内关注到更多人的需求;而客体的回应效能则直接关系到公众表达利益诉求的意愿,以及事态的升级程度。若客体回应效能不足,不仅会降低主体表达利益诉求的积极性,还可能因长时间得不到回应而引发群体性事件或促使主体采取非法途径表达诉求,最终加剧社会矛盾。

二、群众利益诉求表达的主要渠道

畅通群众利益诉求表达机制是构建和谐社会的必然要求。当前,群众诉求的内容日趋多元多样,表达诉求的方式日趋活跃,解决诉求的期待日趋强烈,人民群众的权利意识、公平意识、民主意识、法治意识不断增强,对促进社会公平正义、实现安居乐业的要求越来越高。面对人民群众的新期待、新要求,衡量一个地方、一个部门、一个干部践行党的宗旨的重要标准,就是看有没有做到高度重视和始终维护人民群众的根本利益,解决群众合理合法的利益诉求。针对我国目前存在的利益诉求表达机制路径不畅通的现状,我们迫切需要畅通群众利益诉求表达机制路径。此举具有多方面的积极意义。首先,畅通群众利益诉求表达机制有助于满足人民群众日益增长的需求,推动他们追求更加美好的生活。其次,这也有利于维护社会的和谐稳定与发展。更为关键的是,通过充分听取群众的意见和建议,我们能够确保党的决策更加精准、适用。

群众利益诉求表达渠道作为沟通群众利益诉求表达主体与客体要素的关键途径,发挥着举足轻重的作用。当前,我国利益诉求表达的渠道大致可分为制度性渠道和非制度性渠道两大类。

(1)制度性渠道涵盖了各级相关部门、社会组织及大众传媒等多个层面,这些渠道可视为行政组织的延伸。尽管此类表达渠道显得较为正式,然而它们存在的弊端也不容忽视:信息传递的周期较长,表达的有效性往往不尽如人意,导致群众的利益诉求难以得到及时有效的回应与解决。随着大众传媒的迅猛发展,公开舆论表达作为另一种利益表达渠道,逐渐受到了广大群众的青睐。他们借助电视、报纸、电台、互联网等多样化的传播媒介,积极表达自己的利益诉求。然而,这一趋势也无疑给社会带来了不小的压力。全媒体时代的到来,更是加快了媒介技术的发展步伐。新媒体在群众利益诉求表达中所扮演的角色日益凸显,成为人民群众表达利益诉求的重要平台。微信、微博、网站及微信公众号等新媒体渠道备受青睐,不仅方便快捷,还能迅速地将信息传递给更广泛的受众,极大地提升了利益诉求表达的效率和影响力。

(2)非制度性渠道通常表现为群众采用激进方式表达诉求,包括越级上访、聚众闹事、暴力抗议、非法游行等手段。这些行为无疑对社会的和谐稳定发展及群众生活的安定构成了严重威胁。然而,深入剖析其背后的原因,我们不难发现,这往往源于制度性渠道中各行政组织间的相互推诿、延迟处理,以及踢皮球式的责任推脱,使人民群众的利益诉求得不到实质性的解决。因此,他们不得不选择更为激进的方式再次提出诉求,以期得到关注和解决。非制度性的诉求表达行为无疑会给社会管理带来诸多负面效应。一旦发生群体性事件,其后果往往造成不必要的财产损失和社会代价。同时,我们也应看到,人民群众的利益诉求表达意愿十分强烈。他们渴望拥有更多元化的诉求表达渠道和利益保障机制,以满足日益多样化和纵深化的个体利益需求。

三、群众利益诉求表达的基本现状

当前,人们的利益诉求表达方式正经历着深刻的变革,而现有的利益诉求表达机制已然难以有效承载当前群众日益增长的利益表达需求。因此,深入剖析现有利益表达机制的现状,揭示其中存在的问题及所面临的挑战,将有助于我们找到更为畅通有效的群众利益诉求表达路径和渠道。

(一)群众利益诉求表达面临的问题

在整个群众利益诉求表达过程中,影响利益诉求表达结果的关键因素主要包括三个要素:表达主体群众、表达客体及中间要素渠道。然而,当前群众利益诉求表达所面临的问题主要集中在利益诉求表达机制的缺失、渠道狭窄及不畅通等方面。具体来说,这些问题主要表现在以下几个方面:首先,部分机制在回应群众诉求表达时显得迟缓,无法及时有效地满足群众的需求。其次,快速反应机制的缺失也是一大问题。快速反应机制本应按照"轻重缓急,急事特办"的原则来处理群众利益诉求,但在现实生活中,这种机制往往未能得到有效实施。此外,现行的利益诉求机制还存在诸多缺陷,导致群众在表达过程中遭遇重重阻碍。由于现有的诉求反馈机制失灵,群众无法通过正常渠道表达自己的诉求并得到满足,因此他们可能选择更为激进的方式进行表达。最后,利益诉求机制的不合理性也是亟待解决的问题之一。

(二)群众利益诉求表达面临的挑战

随着社会生产力的日益提升,人们的需求也在不断演变与拓展。在社会的持续进步和无限发展潜力的推动下,根据需求理论,民众的利益追求与诉求同样展现出无限的发展潜力。因此,所需的内容和层次持续发生着深刻的变化。然而,社会的发展往往难以迅速满足这些不断变化的需求。例如,当前渠道建设滞后于社会进步的步伐,这就要求我们不仅要拓宽和完善现有的表达渠道,还要积极开辟新的表达途径。这一切都是为了满足群众日益丰富的需求内容和不断提升的需求层次,进而实现群众利益诉求表达数量的增加和表达质量的提升。然而,这一过程既漫长又充满挑战,无疑给群众利益诉求的表达带来了不小的考验。

简而言之,群众利益诉求表达的过程实质上是群众间的信息交互与沟通过程。随着互联网的蓬勃发展,网络社交平台的崛起为政治沟通领域铺设了众多便捷的桥梁。然而,与此同时,这也给群众利益诉求的表达带来了前所未有的挑战。群众对网络平台的高频使用,使政府在应对危机事件时面临了新的考验。为了应对这些挑战,相关部门积极寻求对策,相继推出了政务网站、官方微信、官方微博等政务新媒体平台。然而,对于这些新兴的网络媒体,我们尚缺乏完善的法律规范和监督机制。因此,构建成熟、有效的法律规范和监督机制,无疑是利益诉求表达过程中所面临的重要挑战之一。

四、畅通群众利益诉求表达的路径

在当前生成式人工智能技术时代背景下,群众利益诉求表达的过程中,智能媒体环境这一新兴形态对其产生的影响可谓一把双刃剑。我们既要积极发掘其积极因素所带来的正面作用,助力群众利益诉求表达得畅通无阻;又要警惕其消极影响可能引发的负面效应,确保群众利益诉求表达不受阻碍。随着新时代的来临和社会经济的蓬勃发展,我们拥有了更为丰富的媒介资源、技术资源及环境资源,这为群众利益诉求表达的多样化路径提供了坚实的物质和技术基础。

(一)搭建群众参与的媒介平台

媒介技术的广泛应用深刻地影响和塑造着人类社会,这既体现在对社会物质生产的直接作用上,又体现在对社会文化、人类意识及思维方式等上层建筑层面的改造和调整之中。在全媒体时代的背景下,基于信息技术的迅猛发展,大众传媒已经成为人们获取信息的核心途径,媒介技术对于畅通群众利益诉求表达渠道具有举足轻重的作用。通过优化媒介资源的配置,进一步拓展媒介的延展性,构建融合互通的全媒体传播平台,我们能够为群众利益诉求表达提供一个更为广阔的空间。

在全媒体环境下,部分传统媒介的话语权和影响力逐渐减弱,各媒介之间的信息流动也变得更加开放与自由。因此,我们必须推动传统媒体与新兴媒体之间的交流互通与深度融合,共同打造全媒体互联媒介平台,从而充分发挥传统媒体与新兴媒体的合力,为群众利益诉求的表达提供更为宽广的渠道和路径。传统媒体作为党和政府主导的主流媒体,拥有较强的话语权和影响力,在群众利益诉求表达的过程中扮演着不可或缺的角色。报纸、书信信访等传统方式依然是群众表达诉求的重要渠道。然而,在新媒体时代,我们也必须顺应时代发展的大势,积极拥抱新媒体。原有的官方主流传播媒体已经纷纷建立起政务网站、微博、微信公众号、小程序等新媒体平台,以进一步拓宽利益诉求的表达渠道,更好地服务群众,回应关切。在各行政级别的政府网站栏目数中,信息公开栏目的数量相当丰富,然而针对群众办事的实用栏目却相对较少。此外,经过观察发现,各网站首页的信息更新频率普遍偏低,这导致资源无法得到充分有效的利用。

政府网站管理者需充分发挥政府网站的重要作用,确保网站动态及时更新,栏目内容定期维护与升级,并创设实用便捷的栏目,以满足民众需求。随着新型大众传播媒介影响力的日益扩大,民众表达利益诉求的渠道也日益多元化。此外,近年来,社交网站如雨后春笋般涌现,诸如抖音短视频、火山小视频、"学习强国"等应用层出不穷,其用户数量逐年攀升。随着网民数量与社交网站用户量的不断增长,官方媒体也积极利用这些媒介平台,创建官方账号,与民众分享和交流政务信息。同时,借助这些平台极强的交互性特点,官方媒体与民众进行深入的互动交流,倾听民众诉求,并给予及时有效的回应。在新形势下,搭建群众参与的媒介平台,能够有效拓宽和畅通民众利益诉求的表达渠道,还能进一步增进政府与民众之间的沟通与理解。

(二)充分发挥"意见领袖"的作用

全媒体环境无疑为民众的利益诉求表达提供了更为广阔的渠道,然而自媒体时代赋予网民的权利仍具有相对性。虽然表面看来,每个人都有了发声的机会,但实质上,各人所拥有的话语影响力却不尽相同,这也促成了"意见领袖"的产生。因此,我们需要充分发挥"意见领袖"的积极作用,确保媒介的发展真正能够为民所用。在表达利益诉求的过程中,我们可以借助"意见领袖"或自媒体"大V"的力量,通过他们的媒介平台进行诉求表达。具体而言,可以主动@"大V"和"意见领袖",请他们协助进行利益诉求的传播。当然,"大V"和"意见领袖"在协助表达时,也需设定自己的帮助标准,对诉求的真实性进行综合考量和判断,再决定是否提供帮助。通过"意见领袖"和"大V"的媒介平台进行诉求表达,不仅能够更充分地利用网络资源,还能有效畅通利益诉求的渠道,确保群众的紧急利益诉求能够及时得到关注与解决。这一举措不仅提升了民众诉求的可见度,也增强了诉求解决的可能性。

除了民众可以借助"意见领袖"和"大V"表达利益诉求,作为相关部门的客体要素,同样可以依托这些"意见领袖"和"大V"来回应利益诉求,以及广泛传播政务信息。首先,网络"意见领袖"的传播途径极为广泛,他们凭借各类社交平台和通信工具,及时、高效地表达观点,将信息迅速传递给广大受众。其次,他们具备丰富的专业知识,关注领域广泛,且表达能力出色。在各自擅长的领域,他们积累了丰富的知识和经验,能够深入思考相关问题。同时,他们的关注范围广泛,解读相关话题时能够全面考虑,使解读更加客观具体。相比之下,如果民众自行解读,可能因阶级地位或认知水平的差异而产生不满情绪,进而产生抵触心理。而通过"意见领袖"多角度的解读,再结合他们出色的表达能力进行传播,更能让民众理解和接受政策的客观性和公平性。

(三)采取直播方式进行诉求回应

利益诉求表达的过程是一个互动的过程,它不仅涵盖了主体群众积极表达自身诉求的环节,更包含了客体相关部门及时、有针对性地给予回应的步骤。在如今互联网信息技术蓬勃发展的时代背景下,尽管信息传播的速度与广度都得到了极大的提升,但在实际操作中,客体与主体在围绕主体提出的话题进行深入沟通时,仍常常面临沟通不及时、沟通间隔周期过长等难题,这导致群众的利益诉求无法迅速且有效地得到处理,而网络直播,这一新媒体时代下的新兴网络社交方式,以其实时发布、实时互动的特性,为我们提供了一个高效解决群众利益诉求问题的新途径。通过网络直播的方式,我们可以实现更加及时、透明的信息传递,促进双方的有效沟通,进而更好地保障群众利益诉求得到妥善解决。

近年来,网络直播的用户群体与使用频率均呈现显著的增长趋势,各大媒体平台纷纷推出直播功能。通过这一方式,我们能够以直观、迅速、画面生动和互动性强的形式进行信息传递,同时摆脱空间和时间的束缚。借助抖音、快手、微博等官方账号进行直播,我们不仅可以对新出台的政策进行解读,使广大民众更深入地了解与自身利益息息相关的政策内容,而且在直播间的评论区,群众还能直接表达自身的利益诉求。通过云计算和大数据分析技术,对于关注度较高的问题,平台会在公屏上给予提示,主播便能够针对这些热门话题进行及时回应。这种在各类媒介平台上进行直播的方式,不仅为群众诉求的表达开辟了新的空间途径,能够更高效地处理群众的利益诉求,实现信息传递与民意反馈的有机结合。

人民群众作为社会实践的主体力量,在时代的进步与信息技术的革新推动下,传播环境正经历着深刻的变化,引领我们迈入了全媒体时代的新纪元。在这个时代里,群众对于国家事务、社会热点、思想文化建设等问题的关注度日益提升,他们追求美好生活的步伐愈发加快。与此同时,群众的需求始终处于不断运动变化的状态之中,其需求与利益相互交织、相互影响。一旦其中一个方面发生变动,另一个方面也会随之产生相应的变化。因此,群众通过相关渠道与诉求表达客体之间的互动交流、沟通,便成为他们政治参与的一个重要组成部分。在这一过程中,群众期待通过有效的表达渠道,实现自身利益的诉求,同时积极参与到政治生活中,完成政治参与的过程。

面对时代的飞速发展和社会环境的日新月异,仅仅依赖于传统的利益诉求表达机制,显然已经无法满足群众的需求。我们必须深入剖析社会大背景下信息技术、媒介技术和传播手段等方面的变化,并据此调整利益诉求表达的形式,从而在新时代为群众搭建起更加畅通的利益诉求表达机制和路径。在全媒体时代的背景下,舆论生态、媒介格局及传播方式都发生了前所未有的深刻变革。这些变革既为群众利益诉求表达提供了前所未有的机遇,也带来了前所未有的挑战。因此,在探索畅通群众利益诉求表达路径的过程中,我们必须既要紧紧抓住全媒体发展所带来的机遇,又要积极应对各种挑战。为了满足群众参与利益诉求表达的迫切需求,本书立足于深入研究新时期全媒体环境下信息传播的特点,充分发挥媒介技术的优势,利用新兴媒体,积极搭建群众参与利益诉求表达的平台。同时,我们还需充分发挥"意见领袖"和"大V"在网络上的话语权作用,通过网络直播等方式与群众进行实时交流,为群众利益诉求表达打造新的、更加便捷的路径,从而进一步畅通群众利益诉求表达的渠道。

第四节 创新网络传播风险治理路径

德国社会学家尤尔根·哈贝马斯认为,要避免人的异化,只有通过对生活世界的重建,才能实现人与人之间进行有效沟通的生活世界,来保持公共领域的和私人领域的和谐关系。[1]目前,媒体融合正在不断深化发展,使过去的公众服务逐步拓展至互联网领域,为公众提供了全新的参与社会治理的渠道。这种发展不仅突破了传统媒体时代单向、线性的传播模式,更通过多元互动、网状式的传播方式,使社会公众与"陌生人社会"的交往变得愈发可能。

引领公众参与社会治理体系的构建已经彻底颠覆了传统的话语体系。媒体平台在融合发展的趋势下,已不再是单纯的信息传播工具,而是承载了更多的功能和意义。在全面加强和推进社会治理创新、防范社会安全突发事件网络传播风险、助力推进国家治理体系和治理能力现代化等方面,媒体平台都发挥

---

[1] 尤尔根·哈贝马斯.公共领域的结构转型[M].曹卫东,译.南京:译林出版社,1999:23.

了不可替代的作用。因此,我们形成了"相关部门—主流媒体—社会公众"的舆论引导多元协作机制。

一、强化责任担当意识,完善舆论引导体系

正确的政治方向是引领我们前行的灵魂,是我们坚定信念的基石,更是我们实现目标的根本保障。习近平总书记深刻指出:"做好党的新闻舆论工作,营造良好舆论环境,是治国理政、定国安邦的大事。"长期以来,媒体始终扮演着社会舆论的引领者角色,以反映民声、透视社会现象为初衷,对于塑造社会新气象、激发积极向上的社会活力,具有极其重要的时代价值。随着媒体融合的深入发展,面对当下复杂多变的国内外舆论环境,媒体不仅要遵循新闻传播的内在规律,更要结合社交网络媒体的特性,紧密围绕党和国家的中心工作,以更高的政治站位,增强"四个意识"、坚定"四个自信"、做到"两个维护",以更宽广的战略视野,以满足人民群众日益增长的美好文化生活需求为导向,积极参与社会治理,有效防范和应对各类社会安全突发事件引发的网络传播风险与危机。

(一)以更强的责任主体意识参与舆情治理

1. 重视议程设置,引导社会舆论走向

舆论作为一股强大的力量,深刻影响着社会的发展轨迹。构建一个健康、积极的舆论环境,对于促进民众之间的和谐共处及维护社会稳定具有至关重要的作用。作为新闻媒体,更应该肩负起正确引导舆论导向的重任,致力于深入百姓生活,倾听民众声音。我们应着力在报道中深入探索,贴近实际,触及人心,多关注并报道那些百姓真正关心的热点话题。通过解决社会治理中的痛点与难点问题,积极回应百姓关切,助力提升社会治理水平。同时,媒体平台应增设更多贴近百姓生活的栏目,重点关注教育、医疗、交通、就业等热点领域,让报道更加贴近民生,突出百姓关注的焦点。在议程设置上,我们应强化百姓关注话题的引导,通过报道日常小事中的温暖与正能量,激发社会向上向善的力量。通过不懈努力,我们将媒体平台打造成为传递正能量、服务百姓生活、沟通百姓情感交流的重要桥梁。

2. 搭建对话平台,引导民众成为社会治理的主人

媒体融合发展新平台进一步拓宽了民众参与社会治理的途径。有关部门积极运用"一网两端多平台"等媒介工具,在推出相关政策、措施前,广泛利用媒体平台公开征求民众意见,加强政务互动与交流,积极倾听民众心声,保障民众的知情权、参与权、表达权、监督权,从而有效提升了民众参与社会治理的能力。以2019年4月22日为起点,国务院借助"互联网+督查"平台,开通了"互联网+督查"小程序。该平台紧密围绕中央经济工作会议的部署和《政府工作报告》设定的目标任务,针对不作为、乱作为、不落实、不到位等突出问题,面向社会广泛征集问题线索或意见建议,有效地提升了社会公众的参与权与监督权。

3. 以建设性新闻理念,加强预防和化解传播风险

在当前复杂多变的时代背景下,重大突发公共事件、非常规事件及群体性事件等引发的社会风险屡见不鲜。面对网民群体中频繁出现的各种非理性行为和恐慌情绪,媒体的中介调节作用显得尤为重要。在预防和化解社会风险的过程中,我们必须充分发挥媒体的舆论宣传引导功能,彰显媒体的责任与担当。我们应当秉持建设性新闻理念,积极化解矛盾冲突,纾解社会矛盾。同时,我们还需深入挖掘新闻舆论传播力、引导力、影响力、公信力,自觉承担起"举旗帜、聚民心、育新人、兴文化、展形象"的重要使命。

(二)通过框架策略融合,完善舆论引导体系

社会治理作为一项涉及组织性、生态性、系统性的复杂工程,其涵盖的领域和涉及的利益主体广泛而多样。这就要求我们在深入推进社会治理的过程中,更加注重提升舆论引导过程中各主体间的协作效能,努力构建一个人人有责、人人尽责、人人共享的社会治理共同体。

框架理论作为传播学领域的经典之作,为我们提供了宝贵的理论支撑。通过策略性地整合各框架之间的互动,我们可以夯实基础框架、完善受众框架、优化媒体框架、强化联动框架,从而在价值认同、情感共鸣和共识动员等方面实现各主体间的有效沟通与合作,达到"1+1>2"的协同效应。因此,建立健全多元协同、多方参与、共同治理的舆论引导体系,已成为当前一项紧迫而重要的任务。

1. 构建多元主体参与治理的基础框架

在当下社会高速发展、利益格局多元的时代背景下,如若处理失当,极易触发公共危机,导致社会动荡和民众恐慌,给国家和人民带来深重的创伤与巨大的损失。面对社会发展进程中所涌现的种种社会风险与挑战,在数字化信息时代媒体融合不断深化的今天,传统的舆论引导模式已难以满足当前的治理需求。因此,我们需认真审视多元化的舆论引导主体,并在党和政府的坚定领导与科学统筹之下,充分发挥媒体、公众、法律、技术及各种社会组织等主体的积极作用,形成舆论引导的整体合力,构建一个协同合作、共同治理、相辅相成的舆论引导体系。只有以此为基础,我们才能有效防范各类社会安全突发事件在网络空间的传播风险,推动社会的有序运行,从而为构建一个稳定和谐的社会环境提供坚实的保障。

庞大的社会组织为公众参与社会治理提供了极佳的契机,实现了基层舆论引导从"单一主体"向"多主体开放联动"的深刻转变。多元化的社会组织在积极收集社情民意、有效化解基层矛盾的同时,也充分满足了基层民众多样化的需求。以浙江绍兴为例,在科学的管理与精心指导下,该地区以创新发展"枫桥经验"为引领,实行村级社会组织"5+X"标准化建设,构建了一个门类齐全、层次多样、覆盖广泛的社会组织体系。这一体系不仅为打通服务群众的"最后一公里"提供了坚实支撑,而且通过多层次的服务保障,让基层社会治理更加高效、精准。

2. 完善公众参与的受众框架

在生成式人工智能技术和媒体融合的时代背景下,信息过载成为常态,打开手机,界面上便充斥着各式各样的推送信息。由于媒体准入门槛的降低,以及信息审核发布机制尚待完善,受众在接收这些信息时,往往会调动自己的认知模型,进行深度分析和推理,从而形成各具特色的认知框架。然而,不同的知识背景、兴趣爱好及道德修养等因素,会导致受众在认知上产生偏差,这些误解有时甚至会掩盖事件的本来面目。在"不经意"间,受众在发布信息的过程中,可能偏离事实的正常逻辑,而在其他受众的推波助澜和媒体的放大效应作用下,这种偏离很容易形成一种建构循环机制,误导公众对社会事件的整体认知。

这种"框架效应"不仅影响受众对事件的理解,还可能成为他们下一次认知社会事件的基础,进而产生更为强烈的负面信息和影响效果。因此,在话语构建的过程中,受众框架的作用不容忽视。

因此,在加强和推进舆论引导进程中,需要从受众框架的维度进行重新审视,结合当前媒体融合发展的时代特点完善公众参与的受众框架。一是加强公众的网络媒介素养教育,努力提升自身认知水平。面对多元的信息通道,受众构建自我认知的能动性、主动性大幅度提升。在媒体融合发展平台中,正成为社会文化信息的聚集地和社会舆论信息的集散地。这就需要加强对公众的网络媒介素养教育,正确引导受众能动性地构建自我认知。二是要加强网络空间治理,积极营造和谐的网络舆论环境。综合运用当前最前沿的技术和法律手段,加强对以"一网两端多平台"为代表的媒体融合平台有效管理,提升行业自律水平,通过健全的评估体系加强对各大主流媒体进行动态评估,建立完备的群防群治网络信息监督、治理工作机制,实现网络空间舆论治理的规范化、法治化、制度化,最大化减少对受众群体干扰的信息噪声。

3. 优化多元平台的媒体框架

回顾我国媒体的发展历程,从早期以"党报党刊"为主导,到如今"一网两端多平台"等多元媒体融合发展的崭新格局,已形成了主流媒体的综合化、大众媒体的通俗化及专业媒体的小众化等多层次媒体结构。各种媒体结构均具备独特的新闻叙事框架和特色。在加强和推进舆论引导的工作中,不同的媒体平台应持续优化报道方式,坚守"以人民为中心"的核心价值理念,积极报道人民群众喜闻乐见的新鲜事、身边事,构建"媒体+政务+服务"的多元化功能体系,加快民意诉求融入公共决策的进程,从而为推进社会治理创新营造积极的社会舆论氛围和宽松环境。

媒体融合发展为当前社会治理开拓了更为广阔的天地。媒体是舆论引导的有力工具。回顾网络技术的发展历程,从仅有静态网页的Web1.0时代,到用户可直接交互的Web 2.0时代,再到如今用户能自主控制数据的Web3.0时代,去中心化、安全性、透明度和用户控制等成为当前互联网的主要特征,网络技术的日益成熟和完善为数据信息的普及和实时互动提供了坚实的技术保障。

网络空间中超强的互动性使不同的受众个体得以有效沟通与交流,进而实现社会共识和价值认同,推动社会治理模式发生质的变革。随着媒体技术的飞速发展,我们在监管机制上却稍显滞后,未能跟上媒体发展的步伐。因此,当前构建和谐网络空间环境的紧迫任务,在于建立健全对媒体平台的监管机制,从生产、内容、渠道、传播等各个方面进行规范管理。

二、健全融媒体重大突发事件服务效能机制

当前,融媒体中心已发展成为相关部门发布信息资讯、网络问政及为民服务的关键阵地。特别是在社会安全突发事件偶发之际,当公众尚未完全明了事件真相时,众多媒体平台往往助推了不实信息和谣言的扩散,使社会公众在第一时间感受到深深的焦虑和恐慌。面对重大社会安全突发事件,各地融媒体中心充分发挥其融媒体优势,坚定不移地以移动传播为先导,建立起"全天候式"的网络宣传体系。通过充分应用生成式人工智能技术,融媒体中心有效引导舆论方向,化解风险舆情,为公众提供及时、准确的信息服务。同时,融媒体中心还为群众提供了日常生活各项服务查询与办理的便利,实时更新事件进展,为公众消除心理阴影、增强战胜困难的信心提供了强大的精神动力和舆论支持。综上所述,融媒体中心在信息传播与沟通方面发挥着不可替代的作用,对于促进社会和谐稳定具有重要意义。

(一)多方联动,进一步提升舆论引导效能

目前,从各地方融媒体中心的实践来看,融合度还不够高,信息资源共享度还远远不够,受融媒体中心的发展历程短暂所限,很多地方的融媒体中心在信息采集、传播报道等业务流程上仍然停留在以前的传统媒体时代,观念上尚未完全得到转变。尤其是重大社会安全突发事件发生时,由于受交通、技术、人员等多重因素影响,地方融媒体中心则一片茫然不知所措,延误了最佳的报道时机,引起了严重的舆情危机。因此,地方融媒体中心应该转变这种单打独斗的局面,发挥多方联动机制,与同行业或其他行业的单位机构进行资源共享,形成地方媒体与中央媒体、主流媒体与商业媒体、大众媒体与专业媒体的多方协作媒体矩阵,并根据当前受众的特点,坚持"移动优先"原则,通过"一网两端多平

台"进行分众化、差异化传播,确保突发事件信息及时传达到社会公众个体,让事件发展进程公开、透明,消除公众的内心疑虑。

(二)借助技术手段,进一步丰富传播内容

当前,新兴的信息技术为各级融媒体中心提供了坚实的技术基础,我们应充分利用以算法、算力和数据为核心的生成式人工智能技术手段,致力于打造深受群众喜爱的新闻信息内容,并不断优化传播方式,丰富传播内涵。以北京市延庆融媒体中心为例,他们深刻把握媒体融合发展的内在规律,充分利用"北京延庆"客户端、"延庆融媒"双微及今日头条等政务新媒体平台,结合报纸、广播、电视等传统传播渠道,加大宣传力度,扩大影响力。同时,他们依托融媒体产品的生产优势,运用短视频、快闪、直播、H5交互技术、无人机航拍等新颖技术手段,创作出符合互联网受众阅读习惯和视觉审美的内容,为各平台提供图文并茂、音视频等多元化的媒介产品,营造积极向上的舆论氛围,有效实现精准传播,进一步提升融媒体分众化、差异化的传播效能。

(三)建立网络民意分析机制,拓宽民意表达通道,提升网络问政能力

当前,媒体融合的深入发展不仅为相关部门在收集民意、了解民生方面提供了至关重要的渠道,同时也为社会公众积极参与社会治理搭建了一个卓越的平台。这一变革极大地降低了公众参与网络问政、推动社会治理的成本,同时极大地激发了社会公众参与网络问政的热情与主动性。从当前各融媒体中心的运营模式来看,许多融媒体中心已纷纷设立了集"媒体+政务+服务"于一体的综合性栏目,有效拓宽了民众参与社会治理的途径。然而,面对当前信息技术的迅猛发展和层出不穷的社会问题,现有的问政渠道显然捉襟见肘,尤其是在即将到来的5G时代,目前使用频率相对较低的网络问政通道,已难以满足人民群众日益增长的美好文化生活新期待。

(四)有效整合数据,增强对本地经济形势的预判

在如今的大数据浪潮中,数据的掌握者无疑掌握了话语权,进而在竞争激

烈的市场中占据先机。审视现有的各级融媒体中心,我们发现其所依赖的媒体平台往往面临功能局限、栏目稀缺、本地内容匮乏等诸多挑战。因此,积极寻求与相关部门、机构的深度合作至关重要,这不仅可以强化双方的沟通交流,还能推动数据资源的共享利用。特别是要重点关注与民众生活息息相关的社保、工商业及生活服务等信息的整合,实现多数据、多平台、多终端的政务信息一体化。这样不仅能提升对本地经济形势的预测和预判能力,还能有效增强社会公众对融媒体中心的关注度、吸引力和黏性,使融媒体中心真正成为民众生活中不可或缺的重要平台。

三、提升融媒体防范化解重大风险能力

面对当前复杂多变的社会安全形势,如何切实保障国家安全与社会稳定,如何进一步强化各级政府在重大风险防范和社会治理方面的能力,已成为我们当前亟待深入思考和解决的关键问题。2016年2月19日,习近平在党的新闻舆论工作座谈会上的讲话指出:"推动媒体融合发展,要坚持一体化发展方向,通过流程优化、平台再造,实现各种媒介资源、生产要素有效整合,实现信息内容、技术应用、平台终端、管理手段共融互通,催化融合质变,放大一体效能,打造一批具有强大影响力、竞争力的新型主流媒体。"

从当前状况来看,我国在基层社会治理进程中,媒体转型融合的水平尚显不足,这无疑会削弱部分媒体新平台在信息传播中的效能。部分传统媒体从业者未能以理智、正确的态度面对媒体转型融合的发展趋势,他们一方面,认为媒体产业若不进行转型融合将面临困境;另一方面,又担忧过早融合可能带来更大的影响。同时,也有部分从业者固执地认为,新媒体不会对传统媒体构成严重威胁。因为他们认为传统媒体在发展过程中一直受到国家政策的扶持,所以缺乏积极推动媒体融合的动力。因此,各级传统媒体在融合发展的道路上进展缓慢,未能实现深度整合,形成"一张网"的局面,导致在数据、内容、技术等方面未能实现有效共享。基于以上现状,我们迫切需要科学、正确地认识媒体融合发展的重要性、紧迫性和时代性,不断提升社会传播风险防范能力,以有效应对各种社会安全突发事件网络传播风险。

（一）把握住增强防范舆论风险的时代机遇

习近平总书记指出："我们要强化互联网思维，以先进技术为支撑，以内容建设为根本，以体制机制为动力，以重点项目为抓手，以队伍建设为基础，抓住重点工作和关键环节，加快推动传统媒体和新兴媒体深度融合。"这些论述深刻揭示了媒体融合发展的重要性，并强调必须充分发挥主流舆论的积极作用，为经济发展、社会建设以及文明传播提供坚实的思想基础。这不仅是我国伟大复兴中国梦的内在动力，也是实现战略发展目标的强大舆论支持。媒体融合正掀起一场波澜壮阔的革命浪潮，这场由技术革新引领的变革正深刻改变着信息传播的格局。在这一进程中，信息传播渠道日益丰富多样，公众得以接触到各类纷繁复杂的信息内容。媒体融合不仅将传统报刊、电视等旧媒体与新兴的移动终端等新媒体的优势融为一体，更通过整合多元信息资源，实现集中统一的编辑制作，使信息内容更加全面深入。

媒体融合在表面层面涉及数据、技术和算法等多个维度，但在更深层次上，它实则是平台、内容与渠道的全面融合。在日益彰显包容性的网络空间里，各种观点如雨后春笋般涌现，相互激荡、交融、传播，对人们的价值观念产生了深远且不可忽视的影响。社会思想意识日趋多元化，这一现象对青少年群体的成长与发展也产生了显著的影响。在对社会公众进行思想教育的过程中，我们发现各类媒体均存在着一些空白地带，这些空白点不仅阻碍了我们对思想意识的整合，也给统一社会意见带来了不小的挑战。

传统媒体这一概念本身便是相对而言的，它是与网络媒体这一日益彰显影响力的新媒体形态相对照而存在的。传统媒体主要借助于电视、广播以及纸质媒体三大媒介形式，为社会大众提供丰富的教育和娱乐素材。其中，纸质媒体的历史最为悠久，涵盖了图书、杂志、文献等诸多形式。相较之下，新兴媒体则是以数字媒体为代表的形态，它是在网络信息技术的支持下诞生的新型媒介。通过无线通信网络、卫星等先进技术手段，新兴媒体得以向大众传播信息，不仅拓宽了信息传播的渠道，还丰富了传播的形式，更好地满足了受众对信息的多元化需求，推动了信息服务向娱乐化、多样化、立体化的方向发展。数字报纸、手机App、数字电影等，都是新兴媒体的典型代表。尽管这些媒体形式的历史并不悠久,但它们凭借包容性、个性化和实时性等诸多优势,迅速崛起并获得了广泛的认可,被誉为"第五媒体"。在第五媒体的推动下,信息传播的覆盖面更加广泛,普及率也持续提高,使人们获取信息的手段愈发丰富多样。特别是在大数据时代的背景下,舆论生态、全域媒体等新概念应运而生。这种变革不仅改变了人们获取信息的方式和传播渠道,也给舆论工作带来了前所未有的挑战,形成了一个庞大而复杂的"舆论场"。

(二)增强舆论风险防范能力所需要遵循的原则

在媒体融合发展的进程中,首要任务便是提升主流媒体的传播力、引导力、影响力、公信力。借助多样化信息技术的辅助,传统主流媒体不仅要站在思想引领的制高点,还要强化文化传播的能力。一方面,我们需要从思想层面引领广大民众;另一方面,我们要坚定意识形态,以坚实的凝聚力来有效防范和抵御重大风险。

1. 增强风险意识

为了更有效地防范社会安全突发事件在网络传播中带来的风险,我们首先需要持续强化风险意识。这是识别、应对、抵御和防范风险的基础与先决条件。

首先,我们应当未雨绸缪。习近平总书记强调:"要善于运用底线思维的方式,凡事从坏处准备,努力争取最好的结果,做到有备无患、遇事不慌,牢牢把握主动权。"这样既能掌握主动权,也能在风险真正来临时保持冷静与从容。鉴于当前社会正处于转型期,社会安全突发事件风险层出不穷,特别是在全球经济一体化加速发展的背景下,我们处处都面临着风险与危机。因此,树立危机意识,做到"操治而虑乱",才能确保我们始终能够应对自如。要想在竞争中占据优势地位,底线思维的重要性绝不容忽视。其次,我们要防患于未然。必须理性对待各种风险,提高风险识别与预见能力,以科学的方法分析风险,以合理的手段化解风险。当前,我国正处于世界发展的大潮之中,经济、文化、社会等各个领域都面临着复杂的环境,舆论引导工作面临着巨大的风险挑战。只有提前意识到风险、控制住风险,我们才能做到心中有数、从容应对。为此,我们需要准确把握各种形势的发展趋势,深入挖掘潜藏在其中的风险。最后,我们还要防微杜渐。任何事件的发生都不是偶然的,所有重大风险都是由微小的疏忽和风险逐渐积累而成的。主流媒体在应对重大风险时,要勇于承担责任,不能忽视任何细微之处或点滴小事。因此,我们要时刻保持高度警惕,在识别和防范风险时做到见微知著,将问题消灭在萌芽状态。

2. 强化科学精神

基于辩证唯物主义的视角,各种风险均呈现出真实、客观且长期存在的特性。这些风险虽看似偶然,实则蕴含必然性。为有效掌控社会安全突发事件网络传播风险的主动权,我们需重点从以下几个方面着手。

首先,应以理性的态度直面重大风险,对风险的客观性进行科学判断。我们必须清醒认识到,当前我国各项工作正处于攻坚阶段,在时代发展的新起点上,面对风险挑战是不可避免的。这些风险既源自内部也来自外部,既有重大风险,也有普遍风险,发展之路充满曲折与险阻,各种矛盾交织在一起,形势异常严峻。

其次,强化使命意识与担当精神至关重要。面对风险挑战,我们不能回避、恐惧,更不能盲目应对。只有以合理的方式应对和防范,才能有效化解危机、消除矛盾。主流媒体和相关部门应提高政治站位,时刻保持警惕,增强风险识别与防范能力,力求在这些方面取得显著成效。

最后,运用科学方法防范风险同样是关键。合理有效的方法是应对风险挑战的有力工具。无论选择何种方法,我们都应始终运用辩证唯物主义分析问题,充分发挥现代化技术手段的优越性。根据各地区具体情况识别、挖掘风险,遵循因时、因地治理风险的原则,精准把握风险的性质与特征,从而打好应对风险的主动仗。

3. 坚定人民立场

针对所有各类社会安全突发事件的网络传播风险,其识别与管理的核心目标是为了赢得广大民众的认同与支持。在开展此项工作的过程中,我们必须始终将人民置于核心地位,确保风险化解工作能够深入实际、扎实有效,进而使群众感受到满满的幸福感。为实现这一目标,我们首先要坚持以人民价值为导向,在实践中不断探索"为了谁"这一问题的答案。识别与防范重大风险同每个人的切身利益紧密相连,因此我们必须将维护群众利益作为工作的出发点和落脚点。无论作出何种决策,我们都需深入分析其对人民利益可能产生的影响,并加大风险防范力度。同时,我们还要及时了解并回应群众的诉求,尊重人民的意愿,在风险防范与管理的过程中切实为人民谋福祉。此外,我们还需要将人民作为主体,努力解决"依靠谁"这一难题。

4.贯彻法治观念

为了有效防范社会安全突发事件网络传播风险,我们必须摒弃过去那种遇到问题才临时应对的做法,而是将法治意识和法治观念深入贯彻到日常实践中。首先,我们需加速立法建设步伐。虽然我国已初步构建了具有中国特色的法律体系,但伴随着经济社会的迅猛发展,不少问题逐渐浮现,诸多空白点亟待填补。因此,我们必须运用科学方法和法治思维来化解风险,通过科学分析各领域风险发生机制,及时发现立法上的不足、不严密和模糊之处,并适时进行修订和完善,以增强其完备性。其次,我们必须依法行事。无论是政府部门、企事业单位,还是社会组织,乃至每一个普通公民,都应增强自身的法治意识,树立坚定的规则观念,用法律来规范自己的行为。在执法过程中,工作人员必须充分展现法律的约束力量,积极运用法律武器,努力构建健全的执法体系。

(三)提高防范化解舆论风险能力的具体路径

1.进一步健全体制机制

风险防范工作必须持之以恒地加以推进,而要取得实质性的突破,有效化解各类重大风险,我们务必充分发挥制度的作用,以从容的姿态应对各种社会安全突发事件和网络传播风险危机,而制度的威力得以充分展现,离不开健全机制体制的坚实支撑。首先,我们应当构建一套完善的风险防控机制,将风险识别、评估、研判、决策及防控等环节全面涵盖其中,以确保每一个行业、每一位个体都能切实承担起自身的风险防控责任。其次,建立健全责任机制同样至关重要。在风险防范与控制的过程中,我们必须警惕官僚主义与形式主义的侵蚀,确保各项责任得到有效落实。通过层层抓、层层管的方式,延伸责任链条,切实履行好行政责任和执法责任。最后,我们还应完善基层组织的建设。这不仅要求我们优化组织架构,还需要协调各个部门之间的权责关系,以增强其执行力和感染力。在上下一心、齐心协力的努力下,使垂直管理与分级管理机制发挥出更大的效能。积极推行扁平化管理,确保各部门均能肩负起责任,充满活力地开展工作。

2. 充分利用互联网思维

在媒体融合的进程中,我们必须将构建全媒体作为核心的发展目标,持续巩固并加强思想主阵地的建设。这既涉及对信息内容的深度挖掘与丰富,又需要提升布局的合理性,同时,我们还需不断丰富传播手段,以全媒体融合为指引,积极推进一体化建设。通过整合各方分散力量,我们旨在改变传统媒体与新媒体错位的现象,实现两者之间的有机衔接与融合。尤为重要的是,我们必须将最强大的生产力投向互联网信息生产线,将移动媒体的发展视为重要优势,并将优质内容视为取得成功的关键所在。通过实施"报""端"合一的策略,我们可以将更多的媒体资源进行有效整合,在保持内容优势的同时,充分发挥新媒体的传播优势,使主流声音能够在主流空间中得到更加广泛的传播。

3. 不断提升县级融媒体中心建设成效

在大数据平台的坚实支撑下,我们致力于提升市级、县级融媒体中心的建设水平。在贵州省范围内,融媒体正向纵深方向稳步发展,其中市县级融媒体中心扮演着至关重要的基础性角色。为此,我们需借助先进的网络信息技术,将多个市县有效整合,构建成一个庞大的网络体系。这一举措旨在加强用户、内容、数据等多方面的联系,进而提升信息传播的广度与深度。在组织架构上,我们既要确保上层与中央媒体保持紧密的联系,又要确保下层与市县级融媒体中心实现有效的沟通。同时,我们还将积极寻求与第三方商业媒体的合作机会,共同构建庞大且强大的信息传播矩阵。在省级媒体的统一调度和严格把关下,我们将不断壮大主流声音,确保信息的准确性和权威性。

4. 充分利用人才与技术优势

从内容层面审视,传统媒体在改革进程中,应将内容、服务、需求等核心要素作为改革的重中之重,力求实现"一加一大于二"的协同效应。为实现这一目标,我们需从多角度、多形式对同一内容进行深入挖掘与开发,为各类先进技术的运用与推广创造有利条件。在数据信息加工过程中,应充分发挥数字化手段与工具的优越性,以满足群众日益增长的需求。同时,合理利用门户网站、移动社群等渠道,提升目标群体定位的精准性与合理性。在全媒体融合的时代背景下,高端网络技术、数字技术人才的匮乏问题显得尤为突出。若这一问题长期得不到解决,将对行内媒体整合构成严重威胁。因此,我们应关注以下两点:一方面,全媒融合人才不仅要具备扎实的媒介素养,还需不断更新思维,掌握更多媒体技能,以更好地适应媒体行业的快速发展;另一方面,我们应建立健全的机制体制,特别是在人才选拔、培训等方面,加大资金投入,为人才发展提供有力保障,创造良好条件。

习近平总书记强调:"文化自信是更基础、更广泛、更深厚的自信,是一个国家、一个民族发展中最基本、最深沉、最持久的力量。"面对这一特殊的、至关重要的历史时期,我们更需要全国上下心往一处想、劲往一处使,充分发挥媒体融合发展的平台优势、传播优势、技术优势,不断激活中华优秀传统文化的时代生命力,凝聚起广泛的社会共识和价值认同。为此,我们必须以中华优秀传统文化为坚实基石,增强文化自觉,为新时代坚定文化自信提供坚实的社会共识,为加强和推进社会治理创新奠定深厚的价值认同,为培育时代精神和坚定理想信念注入源源不断的动力。

四、如何增强全媒体传播能力——以"国际在线·贵州频道"为例

贵州作为全球十大旅游首选地之一,在提升对外传播能力、讲述贵州故事、塑造贵州形象方面,无疑是贵州媒体工作的重中之重。在融媒体新时代的背景下,塑造贵州新形象不仅是中国话语和叙事体系的重要一环,更是新时代中国实践、理论、精神的精彩呈现。因此,如何坚守正确的舆论导向,拓宽媒体生产与传播的新格局,塑造贵州的现代形象,提高自身传播能力,传递贵州的优美声音,展现真实、全面、立体的贵州形象,已成为贵州媒体义不容辞的责任。

(一)研究设计

1. 研究对象

1998年,由中央人民广播电台精心打造的中央重点新闻网站"国际在线"正式问世。该网站以44种语言覆盖全球,并在其他国家设有近50个驻外记者站,

如今已成为中国语言种类最为丰富的网站集群。更值得一提的是,"国际在线"已拓展至61种语言的全球传播,让信息触及更广泛的受众。此外,用户还可以从华盛顿、莫斯科等12个不同城市轻松登录访问,享受便捷的信息服务。"国际在线·贵州频道"作为该网站的重要组成部分,致力于对外宣传贵州的独特魅力。该频道共设有11个丰富多彩的板块,包括讲习所、国际漫评、国际锐评、国际3分钟、国际微访谈等,全面展示贵州的文化、风土人情和发展成就。此外,还有老外在中国、外媒看中国、国际甄选、城市远洋、企业出海、文娱体育等板块。

2. 数据梳理

为了直观地了解贵州对外传播的新闻报道,本书选取了2022年6月1日至23日的68篇报道与2021年6月1日至23日的99篇报道进行横向对比。在深入分析之前,课题小组成员先对其编写了内容分析编码表,最终确定从报道形式、报道主题及新闻类型三个方面进行数据分析。由于其内容定义无法通过爬虫工具进行排序和分类,因此需要手动识别每篇文章并同时分析其内容。

(二)"国际在线·贵州频道"报道现状

1. 报道类型

第一,软新闻与硬新闻的定义界定。甘惜分在《新闻学大辞典》中解释了"硬新闻"和"软新闻"之间的区别"硬新闻"是指那些具有更严重新闻主题的新闻事件;"软新闻"的新闻内容倾向于娱乐报道和时事报道。[1]根据以上所述的概念,以及后续学者的界定,二者似乎被描绘为相互对立的主体概念。然而,在深入分析后,我们不难发现,仅从差异和观念层面出发,不能全面而准确地揭示两者的本质区别。此外,现代人在价值取向、知识能力等方面的差异,以及生活、工作等情境中的实际状况,都使这一问题更为复杂。事实上,这两者之间的关系更倾向于相辅相成、相互完善。因此,在后续的区分过程中,我们将以新闻事实的时效性和事件性作为统一的标准。第二,硬新闻多于软新闻。根据前述确定的定义,在此次的研究当中,2022年6月1日至23日的硬新闻为58篇,软新闻为41篇,而在2021年6月1日至23日的硬新闻为59篇,软新闻为9篇。

---

[1] 甘惜分.新闻学大辞典[M].郑州:河南人民出版社,1993.

2. 报道形式

在报道形式方面,我们采用了三种不同的呈现方式。具体而言,2022年,国际在线·贵州频道共发布了45篇纯文字新闻,47篇文字与图片相结合的新闻,以及7篇视频新闻。相比之下,2021年的数据分别为41篇纯文字新闻、25篇文字与图片新闻,以及2篇视频新闻。通过对比两年的数据,我们可以发现,2022年文字新闻与文字加图片新闻的数量相差不大,而相较于2021年,文字加图片新闻的数量有了显著的增长。这一变化背后,反映出在融合媒体时代,传统的新闻传播方式正在逐步发生变革。同一新闻事件被报道时,视频和图片报道的形式更符合网民的浏览习惯。更多地应用于新闻事件,使新闻报道的形式开始有了更直观的变化。❶

3. 报道主题

根据"国际在线·贵州频道"2021年和2022年的165篇新闻资料,课题小组将话题分为11类。依次为政治、经济、文化、社会、科技、基础设施、环保、旅游、美景、教育、体育。统计结果如图5-2所示。

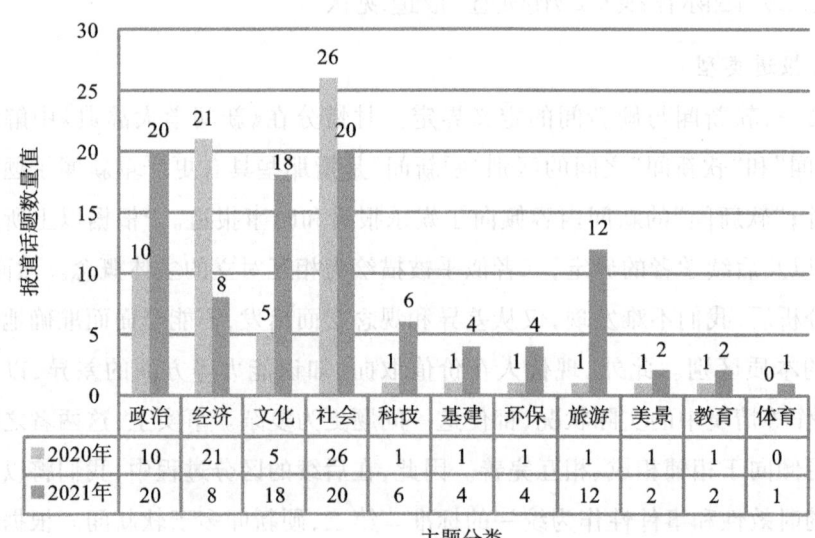

图5-2 2020年、2021年同一时间段按报道主题分类

---

❶ 喻健,苗义程."多彩贵州"形象传播的现状、问题及对策研究[J].贵州民族大学学报(哲学社会科学版),2019(3):1-34.

从图5-2可以看出，2021年关注最多的主题是政治、经济、文化和社会。到2022年，关注最多的主题是政治、经济、社会和旅游业，科技、基础设施、环保、风光、教育等新闻报道都略有增长。其中，正面题材新闻占绝大多数，如《"黔粤物流通道"跑出开放合作加速度》《贵阳"绣花溪"非遗生活馆正式开馆》《贵州铜仁举办国际文化艺术节》《贵州旅游业1到5月接待游客达2.59亿》等，在我们抽样调查的这一个月里，负面报道寥寥无几。

（三）"国际在线·贵州频道"传播策略

1. 硬新闻与软新闻之间的转化

根据上述数据的深入分析，我们可以清晰地看到，人类对信息的需求始终旺盛，新闻数量的增长也呈现出不可逆转的趋势。在这一探索的征途上，"国际在线·贵州频道"的硬新闻数量相对较多，而软新闻数量则相对较少。然而，在融媒体这一广阔的背景下，信息与网络技术的飞速发展，使新闻传播的面貌焕发出全新的生机。

新闻传播的时效性已经从过去的延时逐渐转变为即时，传播手段也从单一的形式变得愈发多样化。这种形式的变革，不仅改变了新闻传播的格局，更使得公众对传播速度、内容质量等方面提出了更高的要求。对于身处这一领域的新闻工作者而言，这无疑是一个巨大的挑战。如何将碎片化的信息集中起来，使其更好地为公众所接受，是我们要提出的首要问题。❶

（1）转变视角，让新闻"落地"，增加新闻与时政报道的贴近度。在现代观众的普遍认知中，传统的时政新闻往往以较为正式、严肃的语态呈现。在长时间阅读时政类新闻时，人们往往难以感受到轻松愉悦的氛围，反而在一定程度上增加了心理负担。为了改善受众的阅读体验，"国际在线·贵州频道"借鉴了《新闻联播》开通官方视频账号的举措，进行深入分析和经验汲取。随着新媒体的蓬勃发展，受众接受新闻的方式也在发生深刻变革。传统媒体正面临着前所未有的挑战，硬新闻如何以更加亲民的方式呈现，已成为一个亟待解决的问题。在这方面，《新闻联播》率先开通官方视频账号，突破了传统的传播模式，为新闻传播探索出一条全新的参考路径。

---

❶ 赵威程.《人民日报》抖音号的短视频内容特征研究[J].西部广播电视,2021,42(9):1-3,6.

(2)要讲好故事,精准把握细节,以此提升时政报道的可读性。在这方面,时事新闻不妨多从民生新闻中汲取经验,力求在报道中展现更多的人性化与趣味性。为达成这一目标,我们需要从多个维度进行改进。在版面设计上,我们应注重标题的准确性和文字的精练性,以吸引读者的眼球。同时,可以借助图表、图片等视觉元素辅助文字,增强报道的视觉效果。

在文笔方面,我们要努力提升报道的可读性,以人性化的视角讲述故事,让读者能够感同身受。此外,我们还应从传播形式上进行创新,如采用纪录片的形式来讲述中国故事,让报道更加生动有趣。贵州广播电视台报送的《我是188万分之一》便是一部成功的范例。该纪录片荣获了2020年度中国新闻奖一等奖。这部作品通过展现易地扶贫搬迁群众前后生活方式的巨大改变,生动地讲述了中国脱贫攻坚的历程。记者们从采访过的群众和干部中挑选出六个具有代表性的故事。这部纪录片通过"大主题、小切口"的方式,还原真实自然的场景,向公众展示这一政策的好处。❶

2. 拓展渠道平台,创新表现手段

(1)传播主体向平台拓展,内容长处与传播优点相结合。从数据成果分析,文字新闻报道的数量呈现出显著的增长态势。由此可见,"国际在线·贵州频道"也在积极谋求变革,以适应时代的发展。早在2019年3月20日,贵州国际传播旗舰品牌"Live in Guizhou"便正式上线,为全球观众带来贵州的独特魅力。该品牌在推特、脸书等平台上设立了四种语言的官方账号,通过精美的图片和生动的视频,向海外受众展示贵州的自然风光、人文历史以及社会风貌。与此同时,在中国境内,微信公众平台"住贵州"、新浪微博账号"这里是贵州"及百度账号"这里是贵州"也同步开通,持续发布贵州的各类资讯。为了更深入地了解贵州的线上传播情况,我们精心筛选了百度百家号中"这里是贵州"账号在4月22日至6月22日两个月间发布的248条动态,进行细致研究。在这248条动态中,与旅游相关的有113条,涉及文化内容的动态有52条,而政治类动态则有18条。

(2)内容与平台适配,运营团队需依据平台特性。"这里是贵州"百度百家号

---

❶ 国际视角全方位讲述贵州故事——大型系列纪录片《这,就是贵州》制作传播做法与经验[J]. 对外传播,2020(9):69-70.

现如今取得的成就是有目共睹的。根据分析得知,发布动态、侧重点在于旅游与文化,这也和它的签名"分享与贵州的一切:自然风光,民族文化等"相契合。从传播内容分析,发布时间间隔具有不确定性,且发布内容质量参差不齐。动态好评的占比并不高。虽然粉丝数量多,但获得的好评数量与粉丝数量不成正比,受到的关注量较小。

从以上案例可以看出,尽管"国际在线·贵州频道"在传播方式上作出了改变,但是在运营方面,仍存在诸多需要解决的问题,这就需要我们在实践中不断探索和学习。截至2021年6月24日,《人民日报》抖音号的"粉丝"数量已接近1.3亿,获赞量66.7亿。在内容创作上,《人民日报》抖音号已经探索出一条具备特有内容生产形态和全新传播渠道的路径,在短视频的生产技术制作上,内容创作更加贴合平台发展特征;在题材的选择上,则更加强调学习内容的属性。具体来说,《人民日报》抖音号的内容题材分为四个方面:展现个性人物、诠释正面观点、关注热点和传递温暖,每个方面都有独特的视角。❶

3. 明确对象和内容

(1)品牌形象聚焦传播,充分解读"多彩贵州"形象。根据目前国内主流互联网搜索引擎——百度指数所提供的查询和趋势研究分析,自2016年春季以来,"多彩贵州"这一关键词在全国范围内的关注度呈现出一定的波动。尽管其流行时间并不长久,但通过多家媒体的广泛报道和宣传,以及贵州省举办的一系列重大活动,该词仍然能够吸引读者的关注,并且全年整体关注度呈现出较为明显的波动。网络受众普遍关注"多彩贵州"在"旅游""民族"和"文化"等方面的优势和特点。近年来,通过"旅游""大数据"和"数字博览会"等关键词的推动,"多彩贵州"逐渐在全国范围内引起广泛关注。然而,社会热点事件和重大突发新闻等并未全面展现"多彩贵州"的丰富内涵和综合价值。"多彩贵州"在很多方面还远没有被充分发现和充分解读,但其在各类网络媒体平台上的广泛传播一直呈现缓慢上升的趋势。❷

---

❶ 马大军,赵先忠."硬"新闻的"软"表达——基层媒体时政报道表达方式创新刍议[J].新闻前哨,2017(12):82,86.

❷ 王健."硬新闻"有了"软表达"——《新闻联播》开通官方抖音、快手账号对时政新闻传播的思考与启示[J].传播力研究,2019,3(36):4-5.

(2)前期调研加持续运营,精准把握受众需求。《欧洲时报》作为目前法国乃至整个欧洲地区最具影响力的华文媒体,其在传播领域的影响力不言而喻。2004年,该媒体独具慧眼地创立了旅行团项目,并针对不同用户群体,精心设置了多个新兴的新闻阵地,涵盖了移动编辑、受众分析师、数字优化员等十个前沿传播岗位❶,这些阵地如同量身打造的高端旅游线路,为受众提供了更为个性化和精准的信息服务。从《欧洲时报》的成功经验中,我们更加深刻地认识到针对不同用户进行差异化分析的必要性。为此,我们必须高度重视前期调研工作,倾听用户的声音,深入了解当地观众对中国的态度和看法。❷

(3)"意见领袖"带动"粉丝"观众。要实现文化走出去,就必须在内容与创新上下功夫。以李子柒的视频为例,她成功地向世界展现了一个温馨而富有魅力的中国形象。在她的作品中,各种雅俗文化得以巧妙融合,为观众呈现一幅幅绚丽多彩的画卷。对于外国友人而言,李子柒并非单纯地展现了中国的高铁、快递等现代元素,而是从农业、传统、历史等多个维度,向世界传递了中国传统文化的独特魅力。她的作品让世界摒弃了对中国长期以来的刻板印象,让更多人看到了中国文化的深厚底蕴和无限可能。❸由此可见,无论在国内还是国外,对于年轻一代而言,"意见领袖"在其信息消费过程中占据着举足轻重的地位,他们对"意见领袖"的依赖已经受到显著影响。以李子柒的视频内容为例,她作为一位"意见领袖",将自己置于与受众平等的地位,通过记录生活、传播内容,与观众建立起了强烈的共鸣。她就像是日常生活的搬运工,却能够触动观众的心弦。主流媒体同样需要放低姿态,转变话语传播的态度,以用户为中心,实现话语的高效传递。

在推进对外传播的过程中,"国际在线·贵州频道"融媒体平台不仅应着重提升传播能力,更应致力于将中外双方的文化内涵和特点深度融合,并巧妙地融入其内容创作中;同时,还需锤炼平台的"自我塑造"能力,善于汲取国外优秀文化资源,精心打造充满灵魂与温度的优质传播内容。为实现这一目标,平台

---

❶ 宋毅.融媒体时代美国的新兴新闻岗位[J].国际传播,2017(3):80-87.

❷ 廖楚薇,邵翠琼,蔡梦虹.浅析东南亚华文媒体中国报道对我国对外传播的启示[J].记者观察,2020(11):138-139.

❸ 粟向军.近十年CNN报道中的贵州国际形象分析[J].新闻研究导刊,2021,12(9):41-43.

可运用多样化的形式和内容,创作出引人入胜的报道,逐步减少传统媒体那种"庙堂式"的话语表达,转而采用更加"亲民"的话语方式,以增强新闻的趣味性。当然,在此过程中也要避免过度娱乐化,保持新闻报道的严肃性与深度。此外,平台还可借助算法等智能技术,实现信息的精准化传达,从而显著提高对外传播效率。特别是在重大事件发生时,平台应迅速抢占信息高地,同时确保新闻报道不仅具备时效性,更兼具深度与内涵。通过这些举措的不断完善与实施,我们将不断提升"国际在线·贵州频道"融媒体平台的对外传播能力,进一步增强其在媒体区域竞争中的优势地位。

结　语

当今,世界正值波澜壮阔的发展变革与深刻调整之际,尽管和平与发展仍是时代的主旋律,但国际局势仍显复杂,地区冲突与动荡屡见不鲜。在当前以算法、算力和数据为核心的生成式人工智能(GAI)媒体时代,一旦社会安全突发事件发生,各种社交网络媒体便如风起云涌,使现场或远离现场的社会公众只需随手一拍,便能在自媒体平台上迅速发布信息,瞬间传遍世界的每个角落。这些信息在虚拟的网络空间中迅速生成热点议题,引发网民的广泛关注、热烈讨论、频繁转发与深入评论。然而,这些行为在无形中严重污染了网络环境,令广大网友深感极度不适。更为严重的是,在主流媒体尚未介入或发布真实、权威信息的情况下,一些网民甚至恶意利用技术手段,将不相关的图片进行拼凑,散播不良信息,企图制造更大的社会恐慌效应。这种行为不仅加剧了网络传播风险的蔓延,更使风险传播的范围不断扩大,给社会稳定带来威胁。

其一,深化网络文明建设,不仅是推动社会主义精神文明建设、提升社会整体文明水平的题中应有之义,更是刻不容缓的时代使命。我国作为一个统一的多民族国家,党和政府始终将社会安定和国家稳定置于首要地位,对网络空间中的各类违法犯罪行为予以坚决而严厉的打击。我们旗帜鲜明地反对任何分裂国家、破坏民族团结的言论和行为,坚持运用法治思维和法治方式,精心构建一套旨在促进党和国家事业发展、保障人民安居乐业、维护社会和谐稳定、确保国家长治久安的制度体系。这一体系的构建,将为新时代推进国家治理体系和治理能力现代化、实现"两个一百年"奋斗目标和中华民族伟大复兴的中国梦提供坚实有力的制度保障。因此,如何顺应时代变迁的潮流,准确把握全媒体时代舆情传播的内在规律,建立健全社会安全突发事件网络传播风险的应对机制,已成为维护社会稳定和实现长治久安的必由之路,也是我们未来必须着力攻克的重大课题。

其二,在这个多元的全媒体时代大潮中,借助先进的传播技术与媒体手段,

结　语

创新社会治理已然成为当前媒体融合发展的核心宗旨与必由之路。我们深知，媒体作为社会信息的传递者和引导者，肩负着推动社会治理现代化的重要使命。因此，我们需充分利用全媒体时代的资源优势，不断提升媒体融合发展的质量和水平，以更好地服务于社会治理创新的实践需求。这不仅是媒体融合发展的内在要求，更是我们应对时代挑战、推动社会进步的必然选择。近年来，随着信息技术的快速发展和新兴媒体的不断勃兴，媒体平台越来越成为社会公众了解外界信息、相互沟通、参与社会治理的重要途径，也越来越成为国家相关部门不断加强社会治理、更好地服务社会公众的主要通道。因此，在新的媒介环境下，创新社会治理，需要运用新媒体技术为当前社会风险治理提供精准化、精细化的服务，科学有效地引导社会舆论，营造风清气朗的网络生态空间。

总而言之，如何打通媒体服务公众的"最后一公里"，仍然是制约当前推进国家治理体系和治理能力现代化进程的关键问题。面对媒体融合向纵深发展的社会历史时期，更需要准确把握媒体融合的发展趋势和特殊规律，充分利用媒体融合发展的平台优势，助推舆论引导信息化、专业化和智能化。不管是当前建设业已完成的县（区）级融媒体中心，还是各企事业单位等的微信公众号或App，也无论是传统媒体集团正在大力实施推进的融合发展战略，都必须坚持"以民为本"的设计理念，精心打造高质量的新闻产品，提供多元化、专业化、品质化、智能化的政务服务，充分运用GAI优势，更好地推动媒体融合，实现"让数据跑腿"代替"让群众跑腿"的发展格局，不断提升媒体的传播力、引导力、影响力、公信力，更好地造福人民。

参考文献

[1]常锐.群体性事件的网络舆情及其治理研究[M].北京:中国社会科学出版社,2015.

[2]陈璟浩.突发公共事件网络舆情演化研究[M].北京:知识产权出版社,2018.

[3]崔鹏.面向突发公共事件网络舆情的政府应对能力研究[M].北京:经济科学出版社,2019.

[4]丁学君.在线社会网络中舆情话题传播机制研究[M].大连:东北财经大学出版社,2015.

[5]杜杨沁.政务微博舆情管理研究[M].上海:上海大学出版社,2017.

[6]方雪琴,梁予昉.网络舆情平抑的修辞策略[M].北京:中国社会科学出版社,2018.

[7]高俊峰,董玥.网络舆情场中信息受众的观点测度[M].北京:中国科学技术出版社,2018.

[8]官建文,等.突发公共事件舆情应对研究[M].北京:中国社会科学出版社,2016.

[9]侯东阳.中国舆情调控的渐进与优化[M].广州:暨南大学出版社,2011.

[10]黄卫东,洪小娟,林萍.动力学视域下的网络舆情演化研究[M].北京:中国社会科学出版社,2015.

[11]黄永林,等.网络舆论监测与安全研究[M].北京:经济科学出版社,2014.

[12]姜胜洪.网络谣言应对与舆情引导[M].北京:社会科学文献出版社,2013.

[13]兰月新.面向舆情大数据的群体性事件预警研究[M].天津:天津大学出版社,2018.

[14]李明德,等.微博舆情:传播·治理·引导[M].北京:中国社会科学出版社,2014.

[15]刘海明.网络舆情预警伦理研究[M].北京:中国社会科学出版社,2018.

[16]刘志明.舆情大数据指数[M].北京:社会科学文献出版社,2016.

[17]马晔风.社会网络舆情事件的情景分析与应急决策[M].北京:中国社会科学出版社,2018.

[18]梅松.网络舆情事件应急处置[M].北京:人民出版社,2019.

[19]齐佳音,张一文,等.突发性公共危机事件与网络舆情作用机制研究[M].北京:科学出版社,2016.

[20]生奇志.面向网络舆情的群体性事件的预警机制研究[M].沈阳:东北大学出版社,2014.

[21]舒刚.基于政治安全的网络舆情治理创新研究[M].武汉:武汉大学出版社,2018.

[22]唐钧.突发事件处置、媒体舆情应对和信任危机管理[M].北京:中国人民大学出版社.2012.

[23]唐涛.网络舆情治理研究[M].上海:上海社会科学院出版社,2015.

[24]万旋傲.网络舆情与公共政策[M].上海:上海交通大学出版社,2018.

[25]王国华.突发事件网络舆情的动力要素及其治理[M].武汉:华中科技大学出版社,2017.

[26]王君泽.网络舆情应对的关键技术研究[M].武汉:华中科技大学出版社,2017.

[27]王灵芝.网络舆情引导与政府治理创新[M].北京:人民出版社,2017.

[28]王秋菊,刘杰,等.大数据视域下微博舆情研判与疏导机制研究[M].北京:人民出版社,2018.

[29]王治莹.突发公共事件情境下舆情成长及其决策问题研究[M].北京:经济管理出版社,2018.

[30]武装,王革.网络舆情的演化机制与应对策略研究[M].北京:科学技术文献出版社,2018.

[31]徐涵.大数据、人工智能与网络舆情治理[M].武汉:武汉大学出版社,2018.

[32]严利华.面向非常规突发事件的网络舆情应急联动研究[M].武汉:武汉大学出版社,2018.

[33] 杨兴坤,周玉娇.网络舆情管理、监测、预警与引导[M].北京:知识产权出版社,2019.

[34] 杨永军.社会舆情预警与控制[M].北京:人民出版社,2015.

[35] 姚翠友,曹海青,杨艳红.特大城市突发公共事件微博舆情演化的建模与仿真[M].北京:中国社会科学出版社,2018.

[36] 于卫红.R语言与网络舆情处理[M].北京:清华大学出版社,2018.

[37] 张春华.网络舆情:社会学的阐释[M].北京:社会科学文献出版社,2012.

[38] 张磊.网络舆情管理关键要素研究[M].北京:国家行政学院出版社,2017.

[39] 张伟.弥漫与消弭:网络舆情的演化模式与应对策略[M].北京:中国经济出版社,2017.

[40] 张玉亮.面向优化管理的突发事件网络舆情信息流导控研究[M].北京:中国社会科学出版社,2014.

[41] 曾润喜.热点事件网络舆情的传播与治理[M].武汉:华中科技大学出版社,2017.

[42] 赵丹.移动环境下微博舆情传播机理及生态治理[M].北京:人民出版社,2018.

[43] 赵磊.网络舆情分析[M].北京:中国社会科学出版社,2019.

[44] 阿克塞尔·马克斯,贝努瓦·里候科斯,查尔斯·拉金.社会科学研究中的定性比较分析法——近25年的发展及应用评估[J].国外社会科学,2015(6):105-112.

[45] 巴特尔.铸牢中华民族共同体意识 奋力实现伟大复兴中国梦[J].民族论坛,2018(3):2,113.

[46] 鲍娴萍,方晴,程艳林,等.网络舆论生态与青少年网络舆情监测体系的创新实践[J].青少年研究与实践,2015,30(3):37-43.

[47] 曹海军,李明.基于系统动力学的社交网络舆情应对策略仿真分析例[J].东北大学学报(社会科学版),2019,21(1):57-63.

[48] 曾繁旭,戴佳,王宇琦.技术风险VS感知风险:传播过程与风险社会放大[J].现代传播(中国传媒大学学报),2015,37(3):40-46.

[49] 柴瑞瑞,刘德海,陈静锋,等.考虑防御拓扑特征的暴恐事件演化博弈模型和仿真分析[J].运筹与管理,2017,26(5):28-36.

[50] 陈安王,星星.欧洲暴恐事件风险分析与应对策略——以巴黎"11·13"事件为例[J].华南理工大学学报(社会科学版),2016,18(4):71-78.

[51] 陈莫凡,黄建华.基于SEIQR演化博弈模型的突发网络舆情传播与控制研究[J].情报科学,2019,37(3):60-68.

[52] 陈强.新时代民族地区地方政府网络舆情治理研究[J].情报杂志,2019,38(12):120-125.

[53] 陈曙.信息生态的失调与平衡[J].情报资料工作,1995(4):4.

[54] 陈薇伶,黄敏.大数据时代我国网络信息安全控制体系构建[J].重庆社会科学,2018(7):95-101.

[55] 陈星,齐爱民.美国网络空间安全威胁论对全球贸易秩序的公然挑战与中国应对[J].苏州大学学报(哲学社会科学版),2014,35(1):81-89.

[56] 陈昱杉,李凤全,王天阳,等.网络舆情信息扩散中距离的影响[J].浙江师范大学学报(自然科学版),2020,43(1):77-84.

[57] 戴烽,朱清.自媒体环境下风险放大的信息机制研究——以2016山东疫苗事件为例[J].西南民族大学学报(人文社科版),2018,39(6):149-153.

[58] 丁迈,罗佳.心理应激影响下突发性公共危机事件的公众舆论流变[J].现代传播(中国传媒大学学报),2015,37(2):50-53.

[59] 杜建华.风险传播悖论与平衡报道追求——基于媒介生态视角考察[J].当代传播,2012(1):67-70.

[60] 杜建华.风险传播视域下舆论安全及其治理——对大众传媒建构舆论安全的考察[J].西南民族大学学报(人文社会科学版),2012,33(7):143-149.

[61] 范晨虹,宇菲.网络舆情事件对城市形象建构的影响研究[J].情报杂志,2019,38(12):114-119.

[62] 方建移,孙欣.人民日报官方微博暴恐事件言论的框架分析——基于对"3·01"和"5·22"暴恐事件的个案研究[J].浙江传媒学院学报,2015,22(3):21-32,148.

[63] 郭春侠,刘惠,储节旺.新媒体环境下网络舆情治理大数据能力建设研究[J].情报理论与实践,2018,41(12):46-54.

[64] 郭乐天.互联网虚假信息的控制与网络舆情的引导[J].新闻记者,2005(2):23-26.

[65] 郭小平.风险传播视域的媒介素养教育[J].国际新闻界,2008(8):50-54.

[66] 郭元源,葛江宁,程聪,等.基于清晰集定性比较分析方法的科技创新政策组合供给模式研究[J].软科学,2019,33(1):45-49.

[67] 贺武华,谢军.后真相时代网民主流意识形态话语权的回归[J].杭州电子科技大学学报(社会科学版),2020,16(1):46-51.

[68] 胡栓,童兵.我国党报国内暴恐事件报道的框架分析——以《人民日报》近十年报道为例[J].新闻大学,2018(2):74-82,152.

[69] 胡悦.食品风险传播的洞穴影像:网媒议程设置研究[J].厦门大学学报(哲学社会科学版),2014(4):140-149.

[70] 黄洁,徐彦峰,李林红.政府干预下技术风险传播机制与控制决策——基于系统动力学的数理论证与实证仿真[J].科技管理研究,2019,39(3):34-43.

[71] 黄微,徐烨,刘熠,等.多媒体网络舆情衰退期形成的评估指标体系构建研究[J].情报理论与实践,2020,43(1):76-81.

[72] 黄微,徐烨,朱镇远.多媒体网络舆情信息传播要素细分及属性分析[J].图书情报工作,2019,63(20):34-42.

[73] 黄月琴.风险传播、政治沟通与公共决策的变迁——对两个石化项目迁址案例的分析[J].当代传播,2011(6):16-20.

[74] 贾鹤鹏,范敬群,闫隽.风险传播中知识、信任与价值的互动——以转基因争议为例[J].当代传播,2015(3):99-101.

[75] 姜新华,薛河儒,张存厚,等.基于主成分分析的呼和浩特市空气质量影响因素研究[J].安全与环境工程,2016,23(1):75-79.

[76] 金艳,沈继斯.风险传播视角下转基因生物科技及产品传播障碍及对策[J].华中农业大学学报(社会科学版),2014(4):127-133.

[77] 李畅. 论移动新媒体在暴恐事件风险传播中的功能与作用[J]. 西南民族大学学报(人文社科版),2016,37(1):188-192.

[78] 李春雷,李巍霞. 青年群体"微政治心理"的过程、表征与风险传播研究——基于PX百度词条修改的实地调研[J]. 国际新闻界,2019,41(7):75-90.

[79] 李丽华,韩思宁. 暴恐事件网络舆情传播机制及预防研究——英国典型案例的实证分析[J]. 情报杂志,2019,38(11):54,102-111.

[80] 李明,曹海军. 面向突发公共事件的网络舆情风险评估研究[J]. 当代经济管理,2019,41(12):49-55.

[81] 李明德,张玥,张琢悦,等. 2014—2017年雾霾网络舆情现状特征及发展态势研究[J]. 情报杂志,2018,37(12):112-117.

[82] 李平,许高雅. "后真相"时代下社交媒体对网络舆论的引导作用研究——以重庆公交坠江案为例[J]. 新闻前哨,2019(10):51-52.

[83] 李希光. 大数据时代的舆情研判和社会治理[J]. 思想政治工作研究,2014(1):10-16.

[84] 李艺全,张燕刚. 高校网络舆情共振现象仿真及应对策略研究[J]. 情报杂志,2019,38(12):107-113.

[85] 李永先,吕诚诚. 基于利益相关者理论的智库舆论影响力研究[J]. 情报资料工作,2018(1):39-44.

[86] 李钊,徐国爱,班晓芳,等. 基于元胞自动机的复杂信息系统安全风险传播研究[J]. 物理学报,2013,62(20):1-10.

[87] 廖宇. 从暴恐事件看民族教育的作用[J]. 吉首大学学报(社会科学版),2014,35(S2):161-163.

[88] 林萍. 网络舆情传播的媒体差异化融合探究[J]. 青年记者,2019(35):4-5.

[89] 林燕霞,谢湘生,张德鹏. 复杂交互行为影响下的网络舆情演化分析[J]. 中国管理科学,2020,28(1):212-221.

[90] 刘冰. 疫苗事件中风险放大的心理机制和社会机制及其交互作用[J]. 北京师范大学学报(社会科学版),2016(6):120-131.

[91] 刘朝晖. 群体性事件中非利益相关者的参与心态[J]. 浙江学刊,2012(6):13-17.

[92] 刘继,李磊. 大数据背景下网络舆情智能预警机制分析[J]. 情报杂志, 2019,38(12):92-97,183.

[93] 刘伟玮,李爽,付梦娣. 基于利益相关者理论的国家公园协调机制研究[J]. 生态经济,2019,35(12):90-95,138.

[94] 刘岩. 风险的社会建构:过程机制与放大效应[J]. 天津社会科学,2010(5):74-76.

[95] 龙健. 政府基础信息资源跨部门共享的影响因素调查[J]. 电子政务,2014(7):105-113.

[96] 龙玥,刘译阳. 新媒体环境下高校负面网络舆情传播特征和路径研究[J]. 情报科学,2019,37(12):134-139.

[97] 罗闯,安璐,徐健,等. 突发事件网络舆情关注点演化研究——基于利益相关者视角[J]. 图书馆学研究,2018(16):36-42.

[98] 罗刚,赵亚伟,王泳. 基于复杂网络理论的担保网络风险传播模式[J]. 中国科学院大学学报,2015,32(6):836-842.

[99] 马奔,陈雨思. 如何构建有效的风险沟通?[J]. 公共行政评论,2018,11(2):176-186.

[100] 马哲坤,涂艳. 基于知识图谱的网络舆情突发话题内容监测研究[J]. 情报科学,2019,37(2):33-39.

[101] 潘顺荣,崔博,乐美龙,等. 系统论视角下的网络风险传播研究[J]. 系统科学学报,2019,27(1):102-107.

[102] 邱鸿峰,吴胜涛. 网络使用、公众信任与水污染风险传播[J]. 国际新闻界,2013,35(10):117-130.

[103] 邱鸿峰,熊慧. 环境风险社会放大的组织传播机制:回顾东山PX事件[J]. 新闻与传播研究,2015,22(5):46-57,127.

[104] 邱鸿峰. 技术安全框架还是环境正义框架?——从东山PX事件看政府风险传播的困局与破解[J]. 中国地质大学学报(社会科学版),2016,16(1):91-101,171.

[105] 瞿志凯,张秋波,兰月新. 暴恐事件网络舆情风险预警研究[J]. 情报杂志,2016,35(6):40-46.

[106] 全燕.风险传播中的新闻生产——以台湾"美牛风波"为例[J].中国地质大学学报(社会科学版),2013,13(2):44-48.

[107] 任声策,范倩雯.基于模糊集定性比较方法的供应链依赖度与企业创新关系分析[J].商业经济研究,2016(22):122-124.

[108] 沙勇忠,刘红芹.公共危机的利益相关者分析模型[J].科学经济社会,2009,27(1):58-61.

[109] 孙少晶,傅华,王帆.H7N9禽流感危机中的健康风险传播与评价——基于上海的经验数据[J].新闻记者,2013(5):55-59.

[110] 汤景泰,王楠.议题博弈与话语竞争:自媒体传播中的风险放大机制[J].陕西师范大学学报(哲学社会科学版),2019,48(1):95-100.

[111] 田世海,张家毓,孙美琪.基于改进SIR的网络舆情信息生态群落衍生研究[J].情报科学,2020,38(1):3-9,16.

[112] 王超.我国突发性网络舆情事件的关联网络结构分析[J].现代情报,2019,39(12):121-130.

[113] 王国华,陈飞,曾润喜,等.重大社会安全事件的微博传播特征研究——以昆明"3·1"暴恐事件中的@人民日报新浪微博为例[J].情报杂志,2014,33(8):139-144.

[114] 王海英,屈宝香.基于定性比较分析(QCA)方法的村级集经济发展影响因素分析[J].中国农业资源与区划,2018,39(9):205-213.

[115] 王积龙.沟通、感知和共识:风险传播中的公众参与研究[J].西南民族大学学报(人文社科版),2018,39(3):143-149.

[116] 王娇俐,王文平,沈秋英.基于风险传播机制的集群抗风险能力研究[J].大连理工大学学报(社会科学版),2012,33(1):60-64.

[117] 王军.《国家网络空间安全战略》的中国特色[J].中国信息安全,2017(1):36-37.

[118] 王雷,王欣,赵秋红.基于和声搜索算法优化支持向量机的突发暴恐事件分级研究[J].管理评论,2016,28(8):125-132.

[119] 王立峰,韩建力.网络舆情治理的风险与应对策略探析[J].西南民族大学学报(人文社科版)2019(3):139-145.

[120] 王蕊,周佳,李纯清.网络舆情事件中的协商有效性评估与测量指标建构[J].当代传播,2019(6):55-58.

[121] 王威,冯霞.基于萨德曼风险感知矩阵模型的风险传播策略[J].新闻界,2015(21):25-28.

[122] 王威.风险传播中公众社会情绪的平衡[J].当代传播,2018(5):68-69,112.

[123] 王晰巍,贾若男,韦雅楠,等.社交网络舆情事件主题图谱构建及可视化研究——以校园突发事件话题为例[J].情报理论与实践,2020,43(1):17-23.

[124] 王晰巍,韦雅楠,邢云菲,等.社交网络舆情知识图谱发展动态及趋势研究[J].情报学报,2019,38(12):1329-1338.

[125] 王岳川.20世纪西方心理学美学的演进[J].广东社会科学,2013(1):183-194.

[126] 伍麟,杨宇琦.网络舆情事件信息风险放大的心理抑制策略[J].西北师大学报(社会科学版),2019,56(1):108-115.

[127] 夏晨,李芮.中国媒体如何面向阿拉伯世界发声——基于对阿拉伯媒体巴黎暴恐事件报道的分析[J].中国记者,2015(12):114-115.

[128] 夏一雪,袁野,张文才,等.面向大数据的网络舆情异常数据监测与应用研究[J].现代情报,2018,38(6):80-85.

[129] 项权,于同洋,肖人彬.突发事件网络舆情演化与干预[J].计算机应用,2018,38(S2):97-102.

[130] 谢健民,秦琴,吴文晓.突发事件网络舆情案例库的本体构建研究[J].情报科学,2019,37(2):65-69,82.

[131] 谢雪梅,杨洋洋.地方政府网络舆情应对能力评价及提升路径研究[J].现代情报,2020,40(1):144-151.

[132] 徐浩,谭德庆,张敬钦,等.群体性突发事件非利益相关者羊群行为的演化博弈分析[J].管理评论,2019,31(5):254-266.

[133] 徐建军,管秀雪.论网络空间舆论生态系统的动力机制与优化策略[J].云南民族大学学报(哲学社会科学版),2018,35(5):42-48.

[134] 杨斌成,李娟.网络群体事件处置与舆论引导联动的模式及程序[J].内蒙古财经大学学报,2014,12(1):19-22.

[135] 杨乃定,刘慧,张延禄,等.考虑项目关联关系的R&D网络风险传播建模与仿真[J].中国管理科学,2019,27(10):179-188.

[136] 杨旎.大数据时代利益相关者理论视角下突发事件的研究范式与治理模式[J].青海民族研究,2017,28(3):55-59.

[137] 杨琴.党报在风险传播中的角色分析——以2010年重大泥石流报道为例[J].中国出版,2011(18):15-20.

[138] 杨阳,王杰.情绪因素影响下的突发事件网络舆情演化研究[J].情报科学,2020,38(3):35-41,69.

[139] 姚翼源.人工智能时代政府网络社会治理的逻辑、困局与策略[J].西南民族大学学报(人文社科版),2020,41(3):205-211.

[140] 叶阳,张杰."把关人"视域下的风险传播监管机制[J].青年记者,2019(32):30-31.

[141] 余慧,杨媛.微博空间有助于公共精神的生发——"2014年两会"、"昆明暴恐事件"和"文章出轨"事件传播的对比分析[J].新闻记者,2014(12):30-34.

[142] 张广文,周竞赛.基于定性比较分析方法的邻避冲突成因研究[J].城市发展研究,2018,25(5):109-116.

[143] 张宏邦.食品安全风险传播与协同治理研究——以2007—2016年媒体曝光事件为对象[J].情报杂志,2017,36(12):58-62,33.

[144] 张乐,童星.加强与衰减:风险的社会放大机制探析——以安徽阜阳劣质奶粉事件为例[J].人文杂志,2008(5):178-182.

[145] 张明珍,杨乃定,张延禄.环境动荡性对研发网络结构与风险传播的调节作用研究[J].软科学,2019,33(9):87-91,127.

[146] 张楠.网络群体极化的形成机制[J].新媒体研究,2018,4(11):36-37.

[147] 张文惠. 风险社会下网络舆情的风险沟通研究[J]. 学理论, 2017(9): 109-111.

[148] 张雯雯, 赵迎红. 后真相时代反转新闻的公众参与及媒介失范[J]. 传播与版权, 2019(7): 23-25.

[149] 张延禄, 杨乃定. 针对研发网络风险传播的控制方法模型及仿真[J]. 系统管理学报, 27, 2018(3): 500-511.

[150] 张岩, 魏玖长, 戚巍. 突发事件社会心理影响模式与治理机制研究——基于虚拟风险体验与风险社会放大理论的整合分析[J]. 天津社会科学, 2011(6): 34-38.

[151] 张玉磊, 贾振芬. 基于利益相关者理论的重大决策社会稳定风险评估多元主体模式研究[J]. 北京交通大学学报(社会科学版), 2017, 16(3): 54-62.

[152] 章文光, 王耀辉. 哪些因素影响了产业升级?——基于定性比较分析方法的研究[J]. 北京师范大学学报(社会科学版), 2018(1): 132-142.

[153] 周敏, 王阳, 何谦. 风险传播图景中的童年: 儿童影像的建构、再现政治与传播伦理[J]. 国际新闻界, 2016, 38(12): 54-75.

[154] 周昕, 李瑞, 黄微. 多媒体网络舆情危机响应机理及风险分型研究[J]. 图书情报工作, 2019, 63(20): 6-16.

[155] 朱代琼, 王国华. 基于社会情绪"扩音"机制的网络舆情传播分析——以"红黄蓝幼儿园虐童事件"为例[J]. 西南民族大学学报(人文社科版), 2019, 40(3): 146-153.

[156] 邹军. 中国网络舆情综合治理体系的构建与运作[J]. 南京师范大学学报(社会科学版), 2020(2): 116-126.

[157] 左璐瑶. 论新媒体环境下公众对案件的舆论监督[J]. 新闻研究导刊, 2019, 10(20): 161-162.

[158] 刘洪, 张天伟, 邓卓明. 总体国家安全观的历史唯物主义审视[J]. 学校党建与思想教育, 2022(12): 84-86.

[159] 姚晗.习近平总体国家安全观的系统原理[J].中国政法大学学报,2022(2):77-88.

[160] 倪春乐,王瑶,汤骁钰,等.总体国家安全观视阈下的"安全发展"[J].情报杂志,2022,41(2):57-64,145.

[161] 戴长征,毛闻铎.从安全困境、发展安全到总体国家安全观——当代国家安全理念的变迁与超越[J].吉林大学社会科学学报,2022,62(6):29-44,231-232.

[162] 李建伟.总体国家安全观的理论要义阐释[J].政治与法律,2021(10):65-78.

[163] 马宝成.坚持总体国家安全观全面推进新时代应急管理体系建设[J].国家行政学院学报,2018(6):52-56,188.

[164] 王瑞香.论总体国家安全观视野中的国家文化安全[J].社会主义研究,2016(5):70-75.

[165] 董慧.总体国家安全观的哲学内涵与时代价值[J].思想理论教育,2021(6):32-37.

[166] 刘跃进.论总体国家安全观的五个"总体"[J].人民论坛·学术前沿,2014(11):14-27.

[167] 袁莎.总体国家安全观视阈下的虚假信息研究[J].国际安全研究,2022,40(3):32-56,157-158.

[168] 蒲攀,马海群.总体国家安全观视阈下的情报新思维[J].图书与情报,2022(1):1-13.

[169] 陈成鑫.总体国家安全观下的国家安全情报学学科建设研究[J].情报杂志,2022,41(11):78-81.

[170] 李志斐.总体国家安全观与全球安全治理的中国方向[J].中共中央党校(国家行政学院)学报,2022,26(1):124-133.

[171] 廖祥忠.总体国家安全观视阈下网络文化安全的内涵特征、治理现状与建设思考[J].现代传播(中国传媒大学学报),2021,43(6):1-7.

[172]满振良,马海群.总体国家安全观下平台经济的信息规制[J].情报杂志,2021,40(10):83-90.

[173]王雪诚,马海群.总体国家安全观下我国数据安全制度构建探究[J].现代情报,2021,41(9):40-52.

[174]刘文博.总体国家安全观视阈下文化安全情报体系建设的思考[J].情报理论与实践,2021,44(6):44-49.

[175]贾珍珍,刘杨钺.总体国家安全观视域下的算法安全与治理[J].理论与改革,2021(2):135-148,156.

[176]张家年,马费成.总体国家安全观视角下新时代国家安全及应对策略[J].情报杂志,2019,38(12):12-20,152.

[177]刘建飞.以总体国家安全观评估中国外部安全环境[J].国际问题研究,2014(5):17-26.

[178]王宝鑫.总体国家安全观视域下高校网络意识形态治理研究[J].马克思主义理论学科研究,2022,8(10):93-101.

[189]何莉.构建大学生总体国家安全观教育新格局[J].中国高等教育,2022(5):45-47.

[180]张丽.总体国家安全观视域下加强高校国家安全教育的多维思考[J].思想理论教育,2021(11):99-104.

[181]朱雪忠,代志在.总体国家安全观下的知识产权安全治理体系研究[J].知识产权,2021(8):32-42.

[182]杨蓉.从信息安全、数据安全到算法安全——总体国家安全观视角下的网络法律治理[J].法学评论,2021,39(1):131-136.

[183]周毅.总体国家安全观视域的网络信息内容治理:进展、内涵与研究逻辑[J].情报理论与实践,2020,43(8):44-50.

[184]赵瑞琦.中国网络安全战略:基于总体国家安全观的特色建构[J].学习与探索,2019(12):57-65.

[185]吴玉军,刘娟娟.总体国家安全观视域下的文化认同问题[J].中国特色社会主义研究,2018(5):47-54.

[186] 杨海坤,马迅.总体国家安全观下的应急法治新视野——以社会安全事件为视角[J].行政法学研究,2014(4):121-130.

[187] 宫承波,王伟鲜.习近平关于网络文明建设重要论述的核心内容与价值取向——基于内容分析视角的探讨[J].当代传播,2022(1):15-18.

[188] 燕道成,陈海明.习近平网络文明思想的内在逻辑、核心要义与时代价值[J].传媒观察,2022(5):5-13.

[189] 高菊.网络文明本质的哲学解析[J].广东社会科学,2007(5):80-85.

[190] 张淑锵,杨国富,王玉芝.高校校园网络文明环境的内涵、结构与特征[J].学校党建与思想教育,2010(10):10-12.

[191] 谢桂山.网络文明与人文精神[J].甘肃社会科学,2000(4):41-44.

[192] 亓利兰.网络文明与青少年健康成长[J].理论学刊,2004(9):96-97.

[193] 吴克明.社会主义网络文明创建论[J].湖南师范大学社会科学学报,2006(3):61-64.

[194] 燕道成,刘世博.新媒体时代网络文明建设的三重维度[J].新闻与传播评论,2022,75(5):52-60.

[195] 郑洁.共建共治共享:数字化时代网络文明建设的实践路径[J].广西社会科学,2022(7):1-7.

[196] 宋来.当代青年网络文明素养的现状审视与提升路径[J].思想理论教育,2019(2):77-80.

[197] 何哲.网络文明时代的人类社会形态与秩序构建[J].南京社会科学,2017(4):64-74.

[198] 宋晟,刘宏达.十八大以来我国网络文明建设的主要成就与基本经验[J].社会主义研究,2022(2):31-38.

[199] 王中军,曾长秋.网络文明建设的三个路径[J].求索,2008(10):87-88.

[200] 高菊.论和谐社会的网络文明[J].社会主义研究,2007(1):106-109.

[201] 张明珍,杨乃定,张延禄.环境动荡性对研发网络结构与风险传播的调节作用研究[J].软科学,2019,33(9):87-91,127.

[202] 黄洁,徐彦峰,李林红.政府干预下技术风险传播机制与控制决策——基于系统动力学的数理论证与实证仿真[J].科技管理研究,2019,39(3):34-43.

[203] 张延禄,杨乃定.针对研发网络风险传播的控制方法模型及仿真[J].系统管理学报,2018,27(3):500-511.

[204] 王威,冯霞.基于萨德曼风险感知矩阵模型的风险传播策略[J].新闻界,2015(21):25-28.

[205] 罗刚,赵亚伟,王泳.基于复杂网络理论的担保网络风险传播模式[J].中国科学院大学学报,2015,32(6):836-842.

[206] 李钊,徐国爱,班晓芳,等.基于元胞自动机的复杂信息系统安全风险传播研究[J].物理学报,2013,62(20):1-10.

[207] 潘顺荣,崔博,乐美龙,等.系统论视角下的网络风险传播研究[J].系统科学学报,2019,27(1):102-107.

[208] 王威.风险传播中公众社会情绪的平衡[J].当代传播,2018(5):68-69,112.

[209] 王积龙.沟通、感知和共识:风险传播中的公众参与研究[J].西南民族大学学报(人文社科版),2018,39(3):143-149.

[210] 周敏,王阳,何谦.风险传播图景中的童年:儿童影像的建构、再现政治与传播伦理[J].国际新闻界,2016,38(12):54-75.

[211] 曾繁旭,戴佳,王宇琦.技术风险VS感知风险:传播过程与风险社会放大[J].现代传播(中国传媒大学学报),2015,37(3):40-46.

[212] 邱鸿峰,吴胜涛.网络使用、公众信任与水污染风险传播[J].国际新闻界,2013,35(10):117-130.

[213] 杜建华.风险传播视域下舆论安全及其治理——对大众传媒建构舆论安全的考察[J].西南民族大学学报(人文社会科学版),2012,33(7):143-149.

[214] 王娇俐,王文平,沈秋英.基于风险传播机制的集群抗风险能力研究[J].大连理工大学学报(社会科学版),2012,33(1):60-64.

[215] 郭小平.风险传播视域的媒介素养教育[J].国际新闻界,2008(8):50-54.

[216] 叶阳,张杰."把关人"视域下的风险传播监管机制[J].青年记者,2019(32):30-31.

[217] 李春雷,李巍霞.青年群体"微政治心理"的过程、表征与风险传播研究——基于PX百度词条修改的实地调研[J].国际新闻界,2019,41(7):75-90.

[218] 金艳,沈继斯.风险传播视角下转基因生物科技及产品传播障碍及对策[J].华中农业大学学报(社会科学版),2014(4):127-133.

[219] 杜建华.风险传播悖论与平衡报道追求——基于媒介生态视角的考察[J].当代传播,2012(1):67-70.

[220] 邱鸿峰.技术安全框架还是环境正义框架?——从东山PX事件看政府风险传播的困局与破解[J].中国地质大学学报(社会科学版),2016,16(1):91-101,171.

[221] 贾鹤鹏,范敬群,闫隽.风险传播中知识、信任与价值的互动——以转基因争议为例[J].当代传播,2015(3):99-101.

[222] 胡悦.食品风险传播的洞穴影像:网媒议程设置研究[J].厦门大学学报(哲学社会科学版),2014(4):140-149.

[223] 张宏邦.食品安全风险传播与协同治理研究——以2007—2016年媒体曝光事件为对象[J].情报杂志,2017,36(12):58-62,33.

[224] 孙少晶,傅华,王帆.H7N9禽流感危机中的健康风险传播与评价——基于上海的经验数据[J].新闻记者,2013(5):55-59.

[225] 杨琴.党报在风险传播中的角色分析——以2010年重大泥石流报道为例[J].中国出版,2011(18):15-20.

[226] 黄月琴.风险传播、政治沟通与公共决策的变迁——对两个石化项目迁址案例的分析[J].当代传播,2011(6):16-20.

[227] 张潘.从郑州"2015·9·7'独狼'暴恐事件"看城市反恐长效机制的构建[J].云南警官学院学报,2018(1):54-57.

[228] 方星,霍良安,黄培清.突发事件后的官方信息与不对称信息传播的交互模型[J].系统管理学报,2018,27(4):722-728.

[229] 靖鸣,娄翠.叠加、同质化:微信传播的大众化及其思考[J].中国出版,2019(6):48-51.

[230] 刘彦君,吴玉辉,李荣,等.科技类不实信息及其传播[J].情报杂志,2016,35(9):111-116.

[231] 潘晓珍.全球化进程中发展中国家弱者世界公民权保护与国家能力建设[J].江海学刊,2012(5):209-214.

[232] 陈磊.新时期新闻传媒的功能和发展路径[J].新闻研究导刊,2017,8(16):298.

[233] 罗梦莹,夏志杰,翟玥,等.博弈视角下社交媒体不实信息控制研究[J].情报科学,2017,35(9):44-48.

[234] 张品良.全媒体环境下网络虚拟社群发展及社会管理创新[J].江西财经大学学报,2014(5):105-112.

[235] 刘波,王彬,姚引良.网络治理与地方政府社会管理创新[J].中国行政管理,2013(12):89-93.

[236] 刘斌,龚冬梅,余飞,等.全媒体环境下地方政府公信力建设[J].唯实,2015(7):25-28.

[237] 陈庭贵,杨俊蓉.网络群体极化现象的形成机理及仿真实验研究[J].重庆科技学院学报(自然科学版),2019,21(1):108-113.

[238] 喻健,苗义程."多彩贵州"形象传播的现状、问题及对策研究[J].贵州民族大学学报(哲学社会科学版),2019(3):1-34.

[239] 赵威程.《人民日报》抖音号的短视频内容特征研究[J].西部广播电视,2021,42(9):1-3,6.

[240] 马大军,赵先忠."硬"新闻的"软"表达——基层媒体时政报道表达方式创新刍议[J].新闻前哨,2017(12):82-86.

[241] 王健."硬新闻"有了"软表达"——《新闻联播》开通官方抖音、快手账号对时政新闻传播的思考与启示[J].传播力研究,2019,3(36):4-5.

[242]宋毅.融媒体时代美国的新兴新闻岗位[J].国际传播,2017(3):80-87.
[243]粟向军.近十年CNN报道中的贵州国际形象分析[J].新闻研究导刊,2021,12(9):41-43.

后　　记

　　本书是在我的国家社科基金项目结题完成之后,进一步深化拓展网络生态文明建设与基层社会治理研究的主要成果,着重深入探讨生成式人工智能(GAI)时代网络空间安全相关问题及应对策略。之所以选择这一具有显著"时代性、前沿性"的热门议题,主要基于以下方面的考量。

　　首先,近年来,随着 DeepSeek 等生成式人工智能大模型迅速崛起,使社会安全突发事件在社交网络媒体和部分社会公众的助推下极易演变成网络传播风险危机。尤其是那些具有突发性、破坏性和公共性的社会安全突发事件,不仅给人们的心理带来重创,更对社会的安全与稳定构成影响。作为公共突发事件中的一种特殊形态,社会安全突发事件对公众的人身或财产安全构成实际威胁,具有爆发时间的突然性、产生诱因的多元性、影响范围的广泛性、处置时机的紧迫性及高昂的处置成本等特点。尤其是在事件发生后,部分网民在缺乏对事实真相了解的情况下,恶意发布不实信息,发泄不满情绪,或将与事件无关的细节进行拼接转发,以博取关注,形成强烈的视觉冲击力。这种"群体思维"导致网络空间中不同社会个体形成一股巨大的网络集体行动力量,对社会舆论导向和国家安全带来一定的影响。

　　其次,面临世界百年未有之大变局加速演进,世界之变、时代之变、历史之变正以前所未有的方式展开,当代中国正处于经济社会发展的关键历史时期,媒体所肩负的使命与功能愈发显得重要。我们如何在纷繁复杂的舆论场中,转变传统的媒体监管模式、优化媒体格局、构建健康的舆论生态和传播体系,弘扬社会主旋律,提升主流媒体的传播力、引导力、影响力和公信力,更好地凝聚民心、提振信心、温暖人心、筑牢共同理想,打破传统媒体与新兴媒体融合发展的障碍与壁垒,实现优势互补、功能叠加的融合路径,已成为当前需要迫切解决的重要问题。

　　再次,融媒体平台在基层社会治理中发挥的作用日益彰显,我们需要充分利用其着力解决社会公众在办事过程中遇到的难题,如办事难、办事慢、多头跑、来回跑等问题,拓宽舆论表达的渠道与方式,不断提升媒体融合发展的舆论引导能力,牢牢把握网络空间意识形态领导权,巩固和壮大主流思想舆论阵地。在全程媒体、全息媒体、全员媒体、全效媒体等"全媒体"的强力支撑下,新形势下的网络生态文明建设更需转变发展理念,创新内容、形式、方法和手段,不断自我革新,以肩负起举旗帜、聚民心、育新人、兴文化、展形象的使命与担当,全面提升社会安全突发事件发生后的公共舆论引导与基层社会治理水平。

最后,感谢知识产权出版社责任编辑李小娟女士的多次催促、耐心编校及宝贵意见,才能让拙著如愿出版面世!诚然,由于笔者写作水平和知识能力有限,本书行文过程中有些观点、数据和资料难免存在不当之处,有些观点的引用未能十分准确地一一标注,敬请作者和读者见谅,并多提宝贵意见和建议,以便进一步完善和修正!

张武桥

2024年8月于贵阳